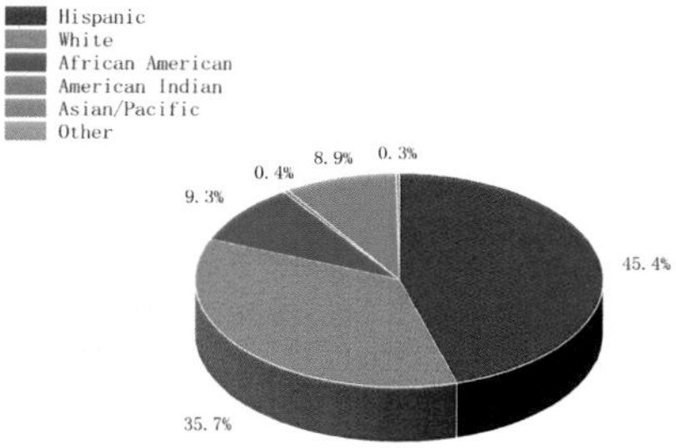

图 1　3D 彩色饼图

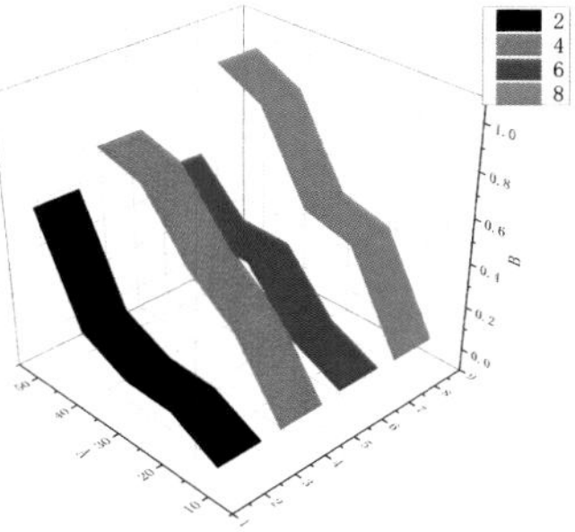

图 2　3D 带状图

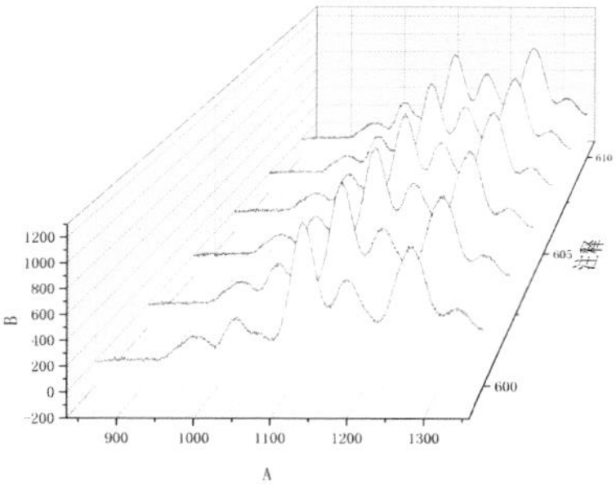

图 3　3D 瀑布图

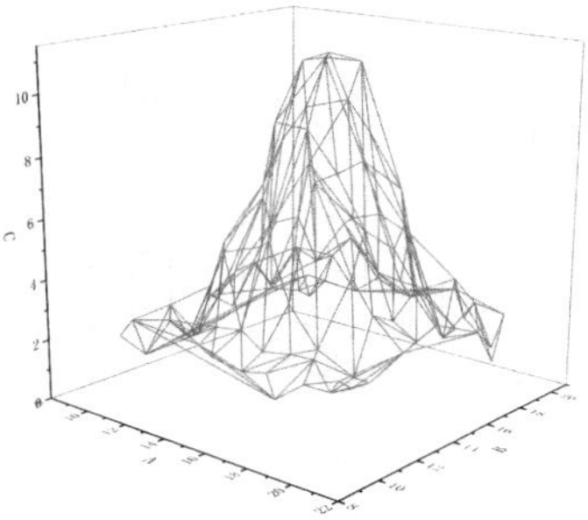

图 4　3D 线框图

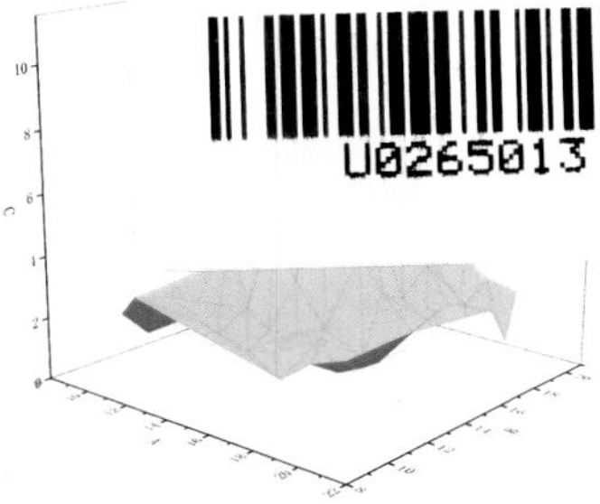

图 5　3D 颜色填充曲面图

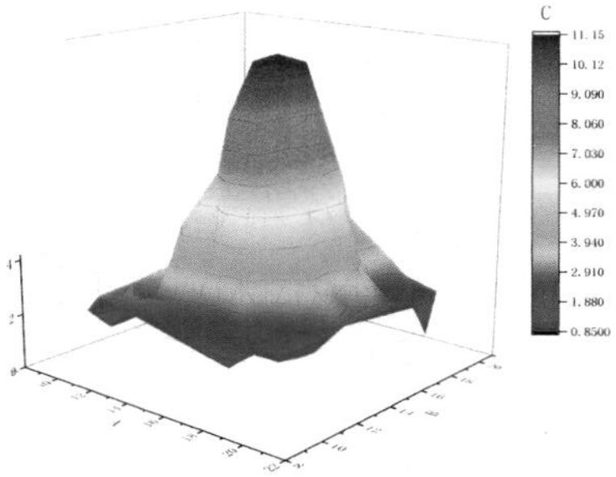

图 6　3D 颜色映射曲面图

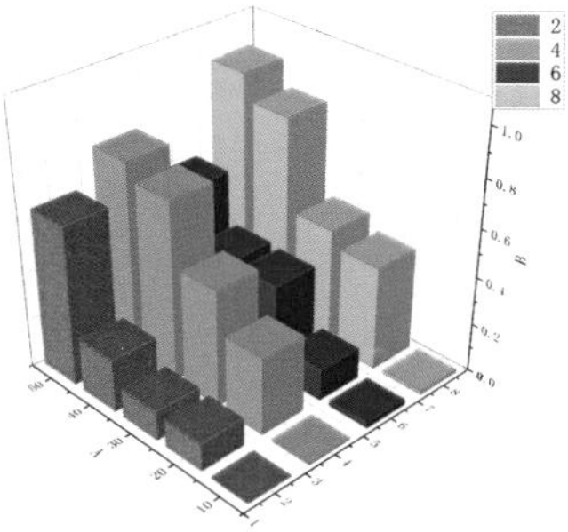

图 7　XYY 3D 条状图

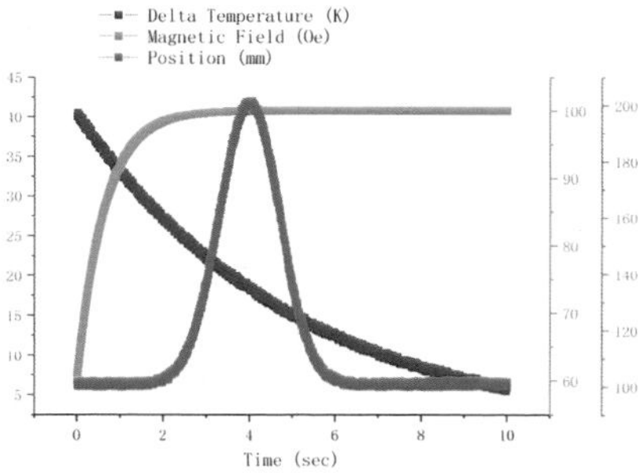

图 8　3Ys Y-YY 图

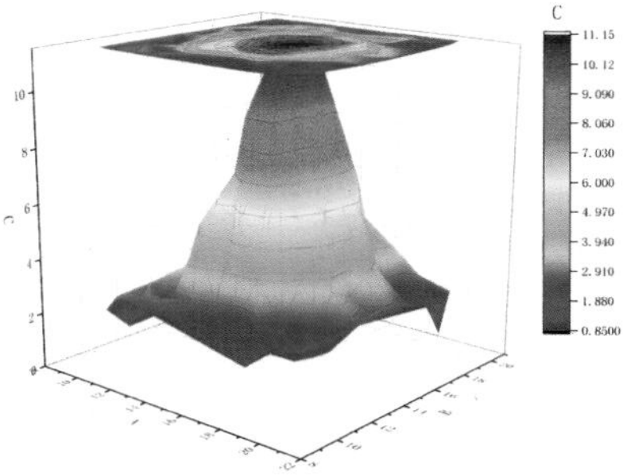

图 9　带投影的 3D 颜色映射曲面图

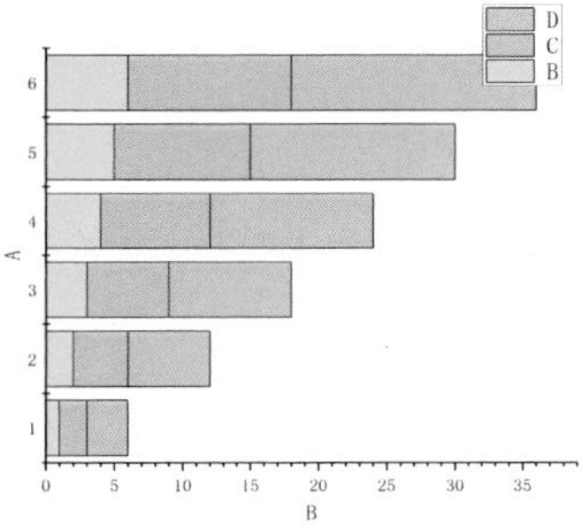

图 10　堆积条形图

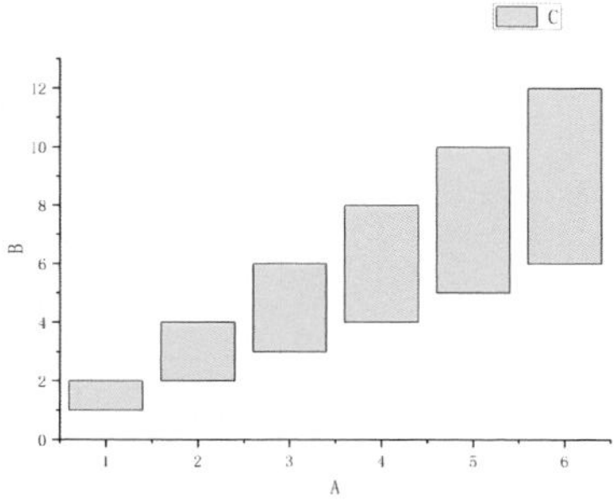

图 11　浮动柱状图

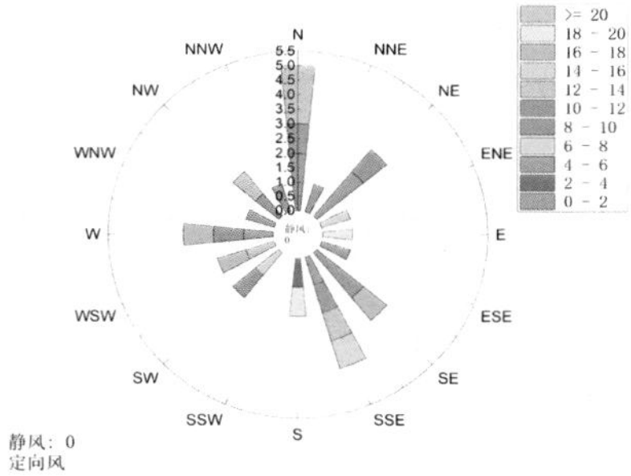

图 12　风玫瑰图 - 分格数据

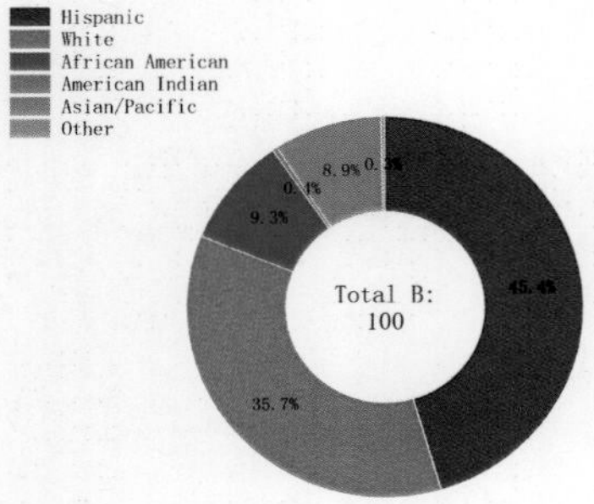

图 13　环形图

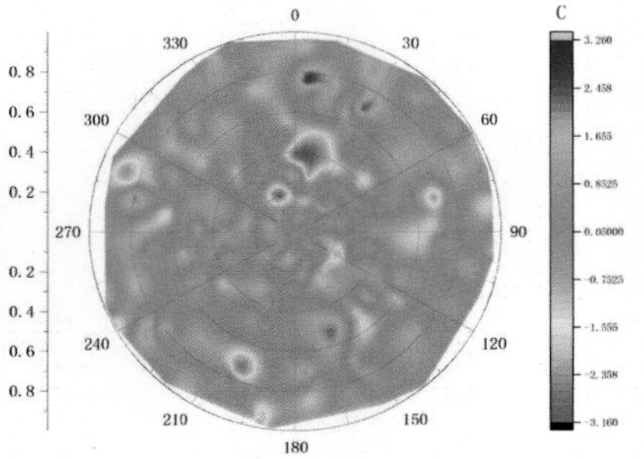

图 14　极坐标等高线图

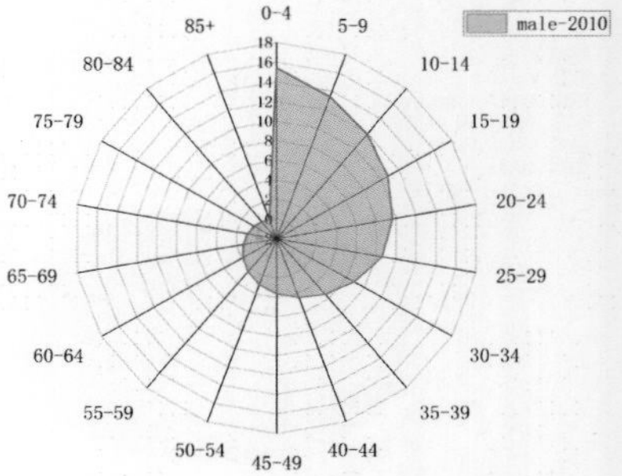

图 15　雷达线内填充图

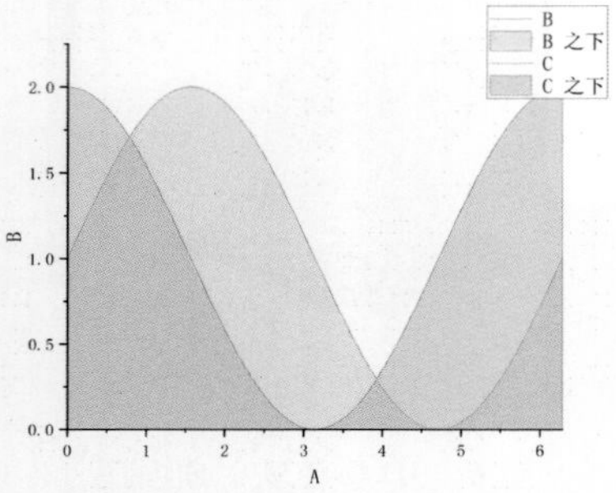

图 16　面积图 (上面积 50% 透明)

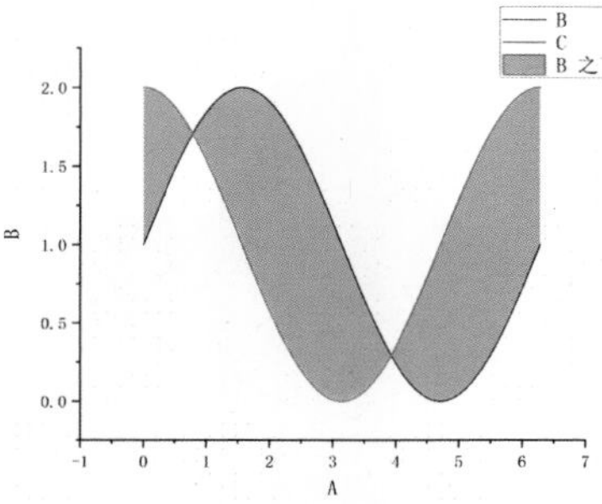

图 17　填充面积图

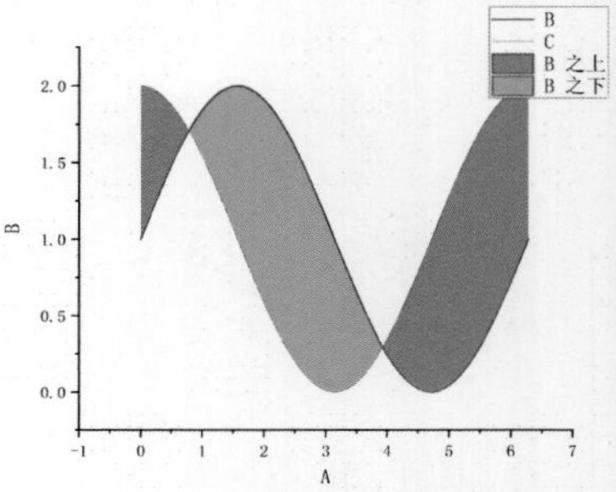

图 18　双色面积填充图

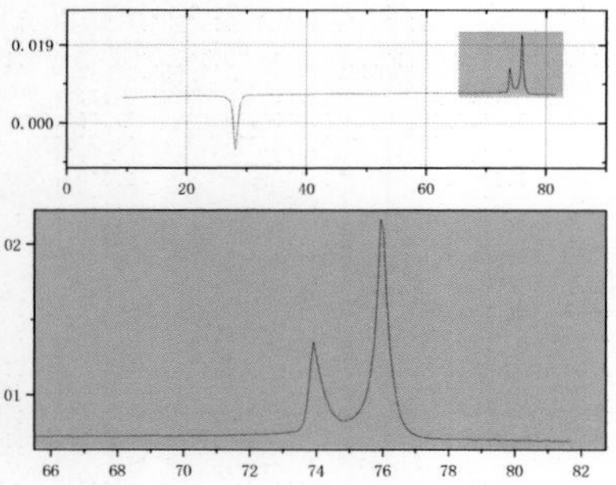

图 19　缩放图

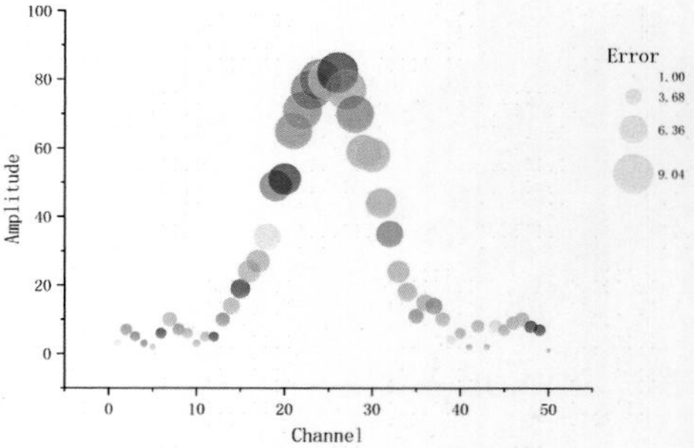

图 20　气泡 + 颜色映射图

Origin

科技绘图与数据分析实战

李润明◉编著

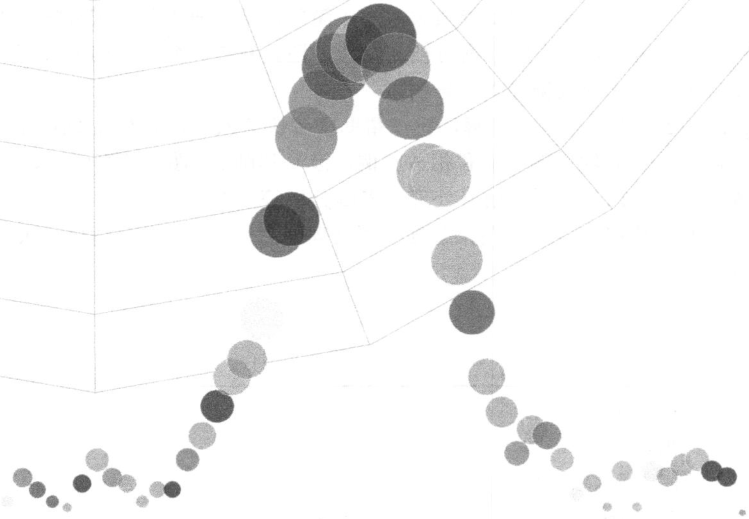

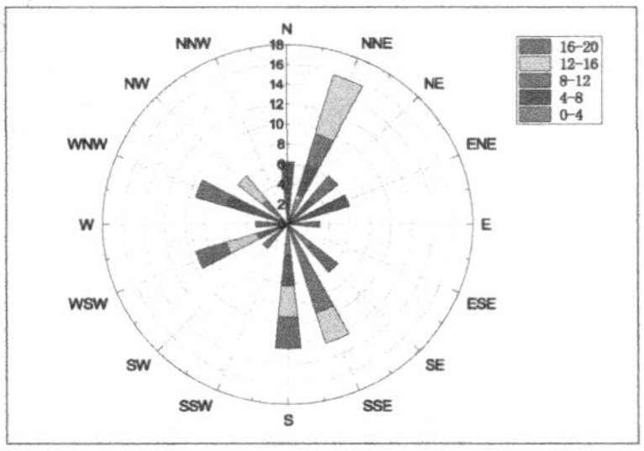

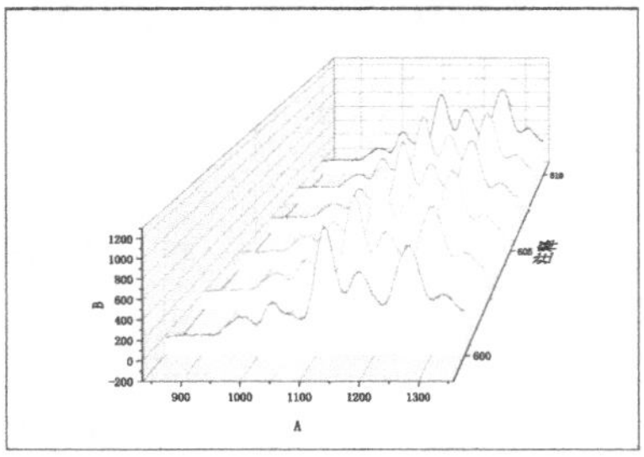

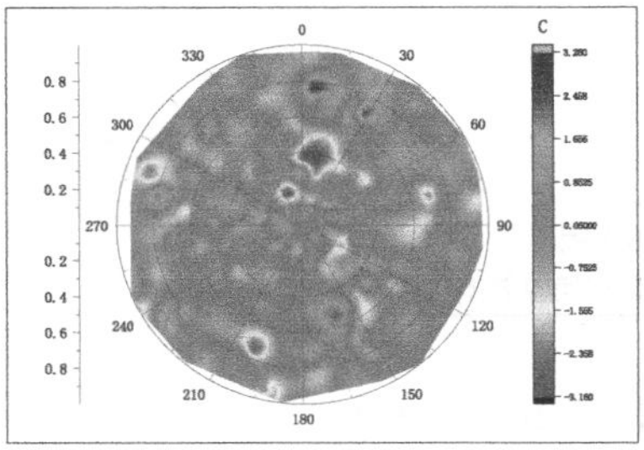

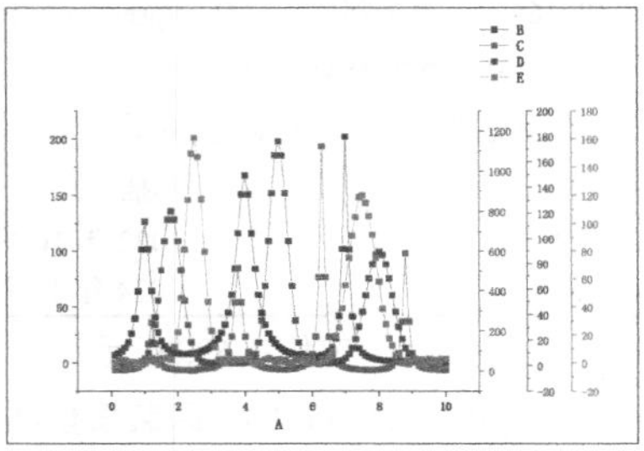

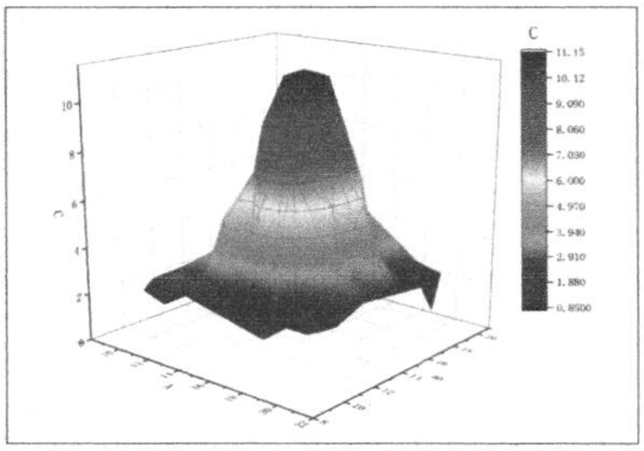

人民邮电出版社
北京

图书在版编目（CIP）数据

Origin科技绘图与数据分析实战 / 李润明编著. -- 北京 : 人民邮电出版社, 2022.10
ISBN 978-7-115-59743-4

Ⅰ. ①O… Ⅱ. ①李… Ⅲ. ①数值计算－应用软件 Ⅳ. ①O245

中国版本图书馆CIP数据核字(2022)第126053号

内 容 提 要

Origin 是国际科技出版界公认的标准作图软件，它功能强大、操作简单，被科研人员、工程技术人员、高校师生等广泛使用。Origin 软件不仅具有强大的数据可视化功能，还具有统计分析、信号处理、函数拟合、峰值分析等功能，且支持多种格式的数据导入和导出。

本书基于 Origin 2021 和 Origin 2022 版本进行案例讲解，旨在帮助读者快速入门，并掌握 Origin 软件的使用技巧。本书由浅入深地讲解了 Origin 软件的功能和相关案例，涉及基础 2D 图、等高线图、3D 图以及专业图的绘制，也涵盖了数学运算、拟合分析、信号处理、多峰分析等主题。

本书适用于 Origin 软件的初学者和希望提高科技绘图及数据分析处理能力的读者，尤其适用于大中专院校的师生以及广大科研工作者。

◆ 编　　著　李润明
责任编辑　胡俊英
责任印制　王　郁　焦志炜

◆ 人民邮电出版社出版发行　　北京市丰台区成寿寺路 11 号
邮编　100164　　电子邮件　315@ptpress.com.cn
网址　https://www.ptpress.com.cn
北京七彩京通数码快印有限公司印刷

◆ 开本：800×1000　1/16　　彩插：1
印张：14.25　　2022 年 10 月第 1 版
字数：259 千字　　2024 年 12 月北京第 9 次印刷

定价：69.80 元

读者服务热线：(010) 81055410　印装质量热线：(010) 81055316
反盗版热线：(010) 81055315
广告经营许可证：京东市监广登字 20170147 号

作 者 简 介

李润明，毕业于上海交通大学材料学专业，获工学博士学位。他长期从事高分子物理、材料分析表征测试技术和材料化学相关专业软件课程的教学工作，且多次担任材料化学相关专业 Origin 使用课程的主讲教师。他接触和使用 Origin 软件始于 5.0 版本，至今已有 20 多年，在 Origin 软件使用和教学方面积累了丰富的经验。

前　　言

背景

Origin 是美国 OriginLab 公司开发的数据绘图和分析软件，它功能强大且操作灵活，是大多数科技工作者在进行数据作图和分析时的首选工具。

Origin 程序操作并不复杂，例如利用 Origin 内置的图形模板可以绘制各式各样的二维和三维绘图，利用 Origin 内置的分析模块可以对数据进行统计、频谱变换、插值和拟合分析等。然而，目前 Origin 的普及程度并不尽如人意，主要原因如下。

首先，尽管有关 Origin 的书籍已经陆续出版，但这些书籍大多侧重于介绍其功能特点，却忽视了应用软件学习必备的操作训练。这使得读者虽然对 Origin 的功能如数家珍，但对其具体应用仍一知半解。

其次，学习数据绘图和分析软件时，准备好合适的数据是十分必要的。以往关于 Origin 的书籍在介绍其功能应用时常采用编著者自己的数据或第三方数据，使得读者无法在阅读时对照练习。

因此，有理由相信读者迫切需要这样一本书：以简单易懂的操作训练为主线，充分利用 Origin 自带的实例数据和运算功能，引导读者边阅读边操作，在进行数据绘图和分析的实战过程中了解 Origin 的功能并熟练掌握 Origin 操作。

本书特点

本书旨在帮助读者学习和使用 Origin 软件。就其组织结构而言，本书主要有以下特点。

（1）注重操作训练。本书以操作训练为主线且每个小节都对应一个具体的操作，引导读者边阅读边练习操作，通过练习操作掌握 Origin 软件应用。

（2）示例数据充分。本书所有示例数据要么采用 Origin 软件自带的数据，要么利用 Origin 运算产生的数据，极大地方便读者在阅读时对照练习。应用 Origin 运算不仅有助于读者掌握运算功能本身，还有助于读者了解某种图形对数据的具体要求。

（3）编排条理清晰。本书按照“数据准备→绘图及定制→数据分析”顺序编排，方便读者认识 Origin 的功能特色，系统地学习 Origin 软件。

（4）阅读方式灵活。尽管本书编排有很强的逻辑顺序，但因每个小节按具体操作组织，因此读者在阅读过程中完全可以灵活地选择章节。例如读者可以直接选择章节对照练习，遇到不熟悉的具体操作再翻到相关章节查阅。

目标读者

本书适用于 Origin 软件的初学者和希望提高科技绘图及数据分析处理能力的读者，尤其适用于大中专院校的师生以及广大科研工作者。

本书内容简介

本书共分为 10 章。

第 1 章　Origin 基础知识，主要介绍 Origin 的主要功能、工作环境和界面设置。

第 2 章　工作表、矩阵和数据录入，主要训练工作簿、工作表、矩阵管理和操作以及数据录入。

第 3 章　基础 2D 图和多面板/多轴图绘制，主要训练利用内置模板绘制各式各样的基础 2D 图和多层图。

第 4 章　等高线图和 3D 图绘制，主要训练使用内置模板绘制等高线图和 3D 图。

第 5 章　专业图绘制和使用图表绘制工具绘图，主要使用内置模板绘制专业图和使用图表绘制工具绘制复杂图。

第 6 章　图形数据操作和图形定制，主要训练图形数据的基本操作和图形的定制。

第 7 章　数学运算和拟合分析，主要训练数据基本处理和常用拟合分析。

第 8 章　信号处理和多峰分析，主要训练基本信号处理和基线、峰等相关分析处理。

第 9 章　数据和图形输出，主要训练数据和图形的导出，以及与其他应用程序的共享。

第 10 章　科技绘图及数据处理示例，主要引导读者了解 Origin 在一些专业领域的常用绘图和数据处理。

本书所演示的操作是在 Origin 2021 和 Origin 2022 版本上完成的。尽管 Origin 各版本存在差异，但书中所演示的大部分操作与 Origin 的其他版本通用。

由于编者水平有限，书中难免存在疏漏和不足之处，恳请广大读者批评指正。

李润明

2022 年 5 月

目　　录

第 1 章　Origin 基础知识

本章学习目标

- 了解 Origin 的基本功能
- 熟悉 Origin 的用户界面和 Origin 子窗口
- 熟悉并掌握 Origin 项目及项目内文件夹管理

1.1　Origin 简介

数据图形化是显示和分析复杂数据的最佳方式。掌握数据绘图和数据分析是科学研究、工程技术人员必须具备的技能。熟练使用计算机制作图表和分析数据已经成为科技工作者的基本科学素养。

Origin 是美国 OriginLab 公司开发的图表制作和数据分析应用软件，是一款简单易学、操作简单灵活、功能强大的数据作图和分析软件，其应用范围在同类产品中遥遥领先。读者可通过访问 OriginLab 公司的网站获得 Origin 应用程序的下载试用和技术支持。

非常值得一提的是，OriginLab 为中国学生提供可免费使用半年的可切换为中文界面的教育版 OriginPro，在校大学生可使用以 edu.cn 或 ac.cn 结尾的电子邮箱向 OriginLab 申请安装序列号和激活码。

1.2　Origin 的主要功能

Origin 主要有四大功能：图表绘制、数据分析、统计分析和图像处理。本书主要介绍图表绘制和数据分析两大功能。

Origin 基于模板绘图，提供了丰富的二维、三维以及复杂图形的绘图模板，用户只要选择所需要的模板即可绘制出高质量的专业图形。

Origin 数据分析包括数据的数学处理，如数据操作、拟合、信号处理、峰值及基线等多种分析功能。

Origin 可以方便地导入其他应用程序生成或科学仪器记录的数据，进而利用内置的二维、三维等图形模板对其进行图形化；还可以利用内置的插值、拟合函数以及部分编程语言对其进行数学运算、分析加工处理等。

Origin 不仅可以通过 Windows 剪切板直接将数据和图形传递到其他应用程序中，还可以将数据和图形分别导出为 ASCII 码文件、Excel 文件和位图、矢量图等多种格式文件，以便与其他应用程序共享。

1.3　Origin 的用户界面

Origin 主界面如图 1-1 所示，主要包含菜单、工具栏、项目管理器、消息日志、提示日志、子窗口和对象管理器等。

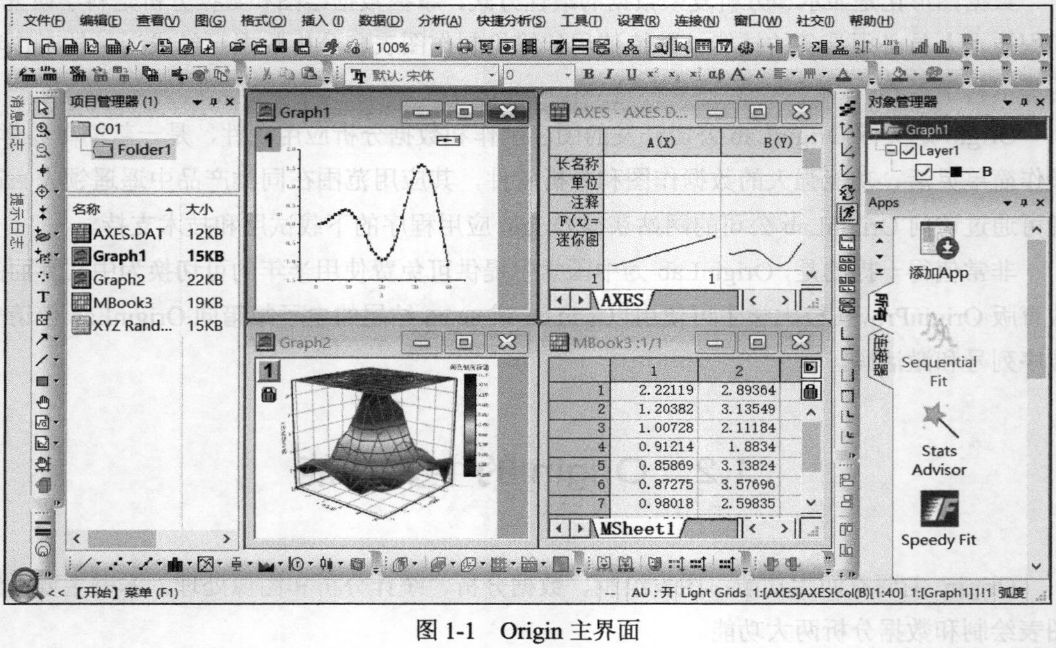

图 1-1　Origin 主界面

1.3.1 主菜单

与其他 Windows 应用程序一样，通过 Origin 的主菜单几乎能够实现 Origin 的所有功能。Origin 的主菜单结构取决于当前子窗口类型，当前子窗口类型不同时，主菜单的组成并不相同，如图 1-2、图 1-3 和图 1-4 所示。

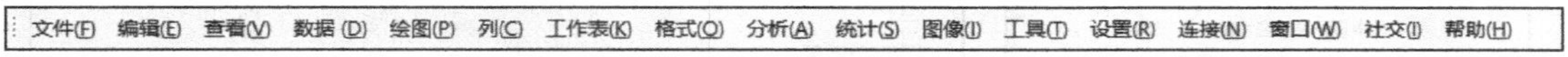

图 1-2 当前窗口为工作表时的主菜单

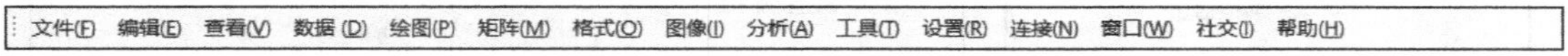

图 1-3 当前窗口为矩阵时的主菜单

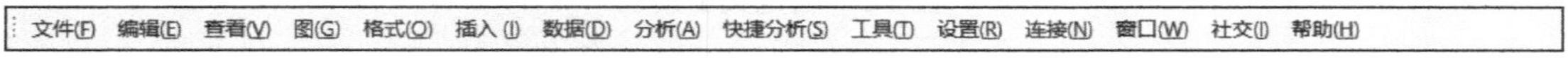

图 1-4 当前窗口为图形时的主菜单

1.3.2 右键快捷菜单

除程序主菜单外，Origin 还对不同的桌面元素提供了功能丰富的右键快捷功能菜单方便用户使用；与主菜单始终停驻在主界面上不同，右键快捷菜单需要通过单击鼠标右键调用。

1.3.3 工具栏

Origin 将不同的命令分门别类地安排在不同的工具栏上，用户可以选择显示或隐藏某个或某些工具栏并将其停靠在用户界面上，以便使用。显示或隐藏工具栏步骤如下。

① 单击菜单命令【查看→工具栏】打开【自定义】对话框，如图 1-5 所示。

② 在【工具栏】选项卡下，勾选需要显示的工具并取消选择需要隐藏的工具，然后单击【关闭】按钮退出【自定义】对话框。

除可以选择显示或隐藏某个工具栏外，还可以对其进行定制并以不同的方式显示。若需要以 Origin 默认的布局显示工具栏，可以将其重新初始化，操作步骤如下。

① 单击菜单命令【查看→工具栏】打开【自定义】对话框，如图 1-5 所示。

② 在【工具栏】标签卡中，单击【重新初始化】按钮并确认“初始化工具栏及所有停靠窗口警告”。

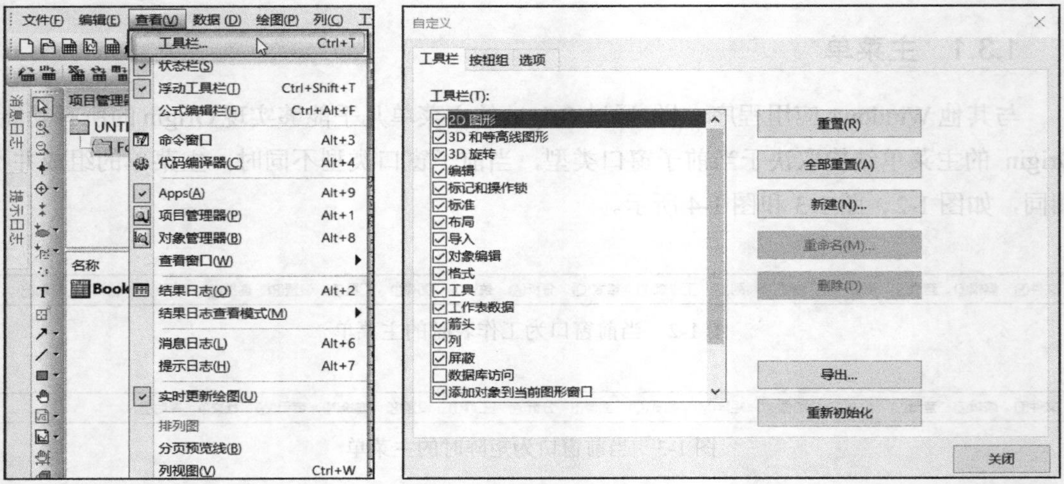

图 1-5　自定义工具栏

1.3.4　迷你工具栏

除菜单、右键快捷菜单和工具栏等传统的 Windows 桌面元素外，Origin 还提供了一种新颖、便捷的迷你工具栏供用户使用，如图 1-6 所示。

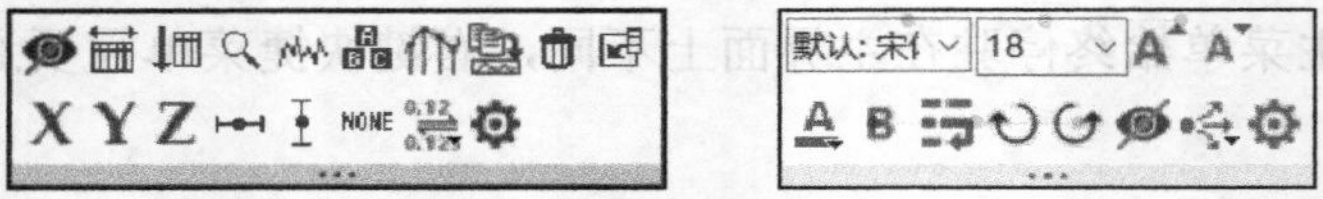

图 1-6　迷你工具栏

与停驻在主界面上的工具栏不同，在没有特定的 Origin 元素如工作表、行、列、绘图区、数据图、数据点、坐标轴和图例等被选定时，迷你工具栏并不显示；而当这些特定的 Origin 元素被选定且光标处于被选定元素附近时，迷你工具栏会立刻浮现在光标附近，方便用户快速进行操作和设置。

1.3.5　项目管理器

项目管理器的主要功能是管理和组织 Origin 的子窗口，如工作簿、矩阵、绘图等。默认状态下项目管理器处于折叠隐藏状态，将光标停驻于项目管理器工具栏处，项目管理器会自动展开，如图 1-7 左图所示。

若需要项目管理器处于停驻状态，则需要单击项目管理器标题栏上的【自动隐藏】开关，如图 1-7 中图所示；当项目管理器处于停驻状态时，单击项目管理器标题栏上的【自动隐藏】开关（如图 1-7 右图所示）或【自动隐藏】开关右侧的关闭按钮，可以将项目管理器折叠隐藏起来。

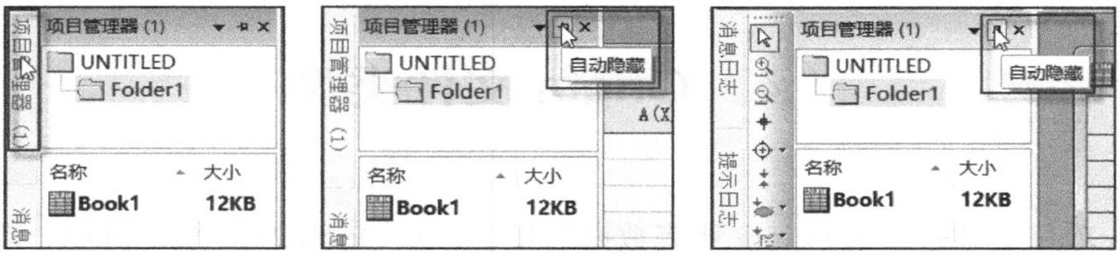

图 1-7　项目管理器

1.3.6　Origin 子窗口

Origin 将工作簿、矩阵和图等对象分别置于不同的子窗口中，这些子窗口既可以集中在一个项目文件中保存，也可以分别单独保存。Origin 的子窗口主要有 Origin 工作簿（Workbook）、矩阵（Matrix）和绘图（Graph）等。

工作簿子窗口既可以是包含一个或多个工作表的集合（如图 1-8 左图所示），又可以是同时包含工作表、图形、矩阵和备注等的容器（如图 1-8 右图所示）。

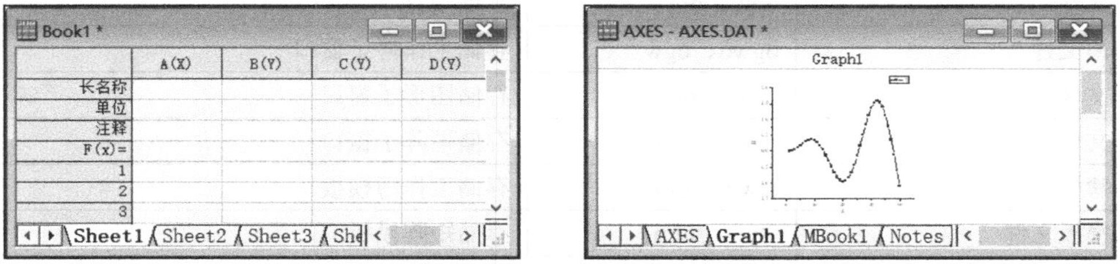

图 1-8　Origin 工作簿子窗口

矩阵主要用来存储矩阵数据，可以方便地进行矩阵运算，也可以根据其中的数据绘制三维图，矩阵子窗口如图 1-9 左图所示。

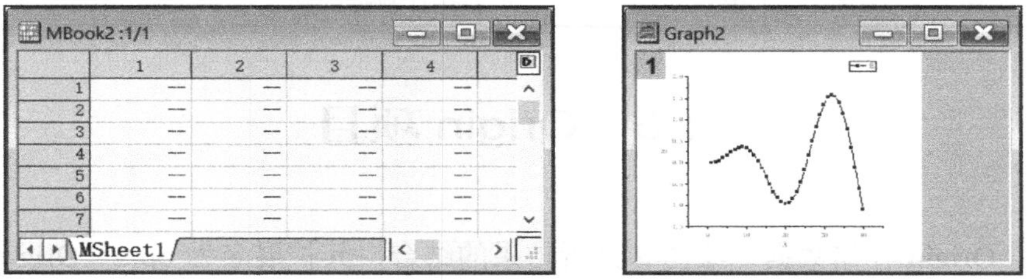

图 1-9　矩阵和绘图子窗口

绘图子窗口主要用于显示绘制的图形，其中包含图层、坐标轴、图形化数据和图例等，绘图子窗口如图 1-9 右图所示。

1.4 Origin 文件类型

Origin 项目文件是存储 Origin 所有数据的集合；从 Origin2018 版本开始，项目文件启用新的 opju 格式以区别于老版本的 opj 格式；虽然 Origin2018 之后的版本仍可打开和存储老版本 opj 格式，但在默认状态下，项目文件采用新格式存储；若要存储为老版本程序可以打开的文件则需要在存储时选择 opj 格式。

除项目文件可以单独存储外，Origin 的子窗口、模板、导入过滤器和拟合函数等也可以单独以文件形式存储，以便传递使用。

Origin 常用文件类型、扩展名及用途见表 1-1。

表 1-1　Origin 常用文件类型

文件类型	扩展名	用途
项目文件	opju、opj	存储项目
工作簿文件	ogwu、ogw	存储工作簿子窗口
图形文件	oggu、ogg	存储图形子窗口
矩阵文件	ogmu、ogm	存储矩阵子窗口
工作簿模板文件	otwm、otw	存储工作簿模板
矩阵模板文件	otmu、otm	存储矩阵模板
绘图模板文件	otpu、otp	存储绘图模板
导入过滤器文件	oif	控制导入数据解析和提取
拟合函数文件	fdf	存储拟合函数
LabTalk 脚本文件	ogs	存储 LabTalk 脚本
X-Function 文件	oxf	执行数据操作

1.5 Origin 项目

项目是 Origin 存储数据、绘图和分析结果的结合，其扩展名为 opju（Origin2018 之前的版本保存的项目文件扩展名为 opj）。

1.5.1 新建 Origin 项目

打开 Origin 程序会自动新建一个未命名的空白项目。如果完成当前项目后希望新建一个项目，只需单击【标准】工具栏上的【新建项目】按钮或者单击菜单命令【文件→新建→项目】，如图 1-10 所示。

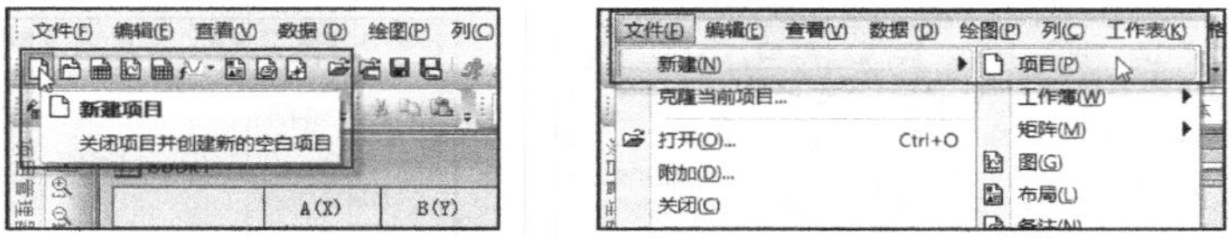

图 1-10 新建项目

若当前项目尚未保存，新建项目会触发保存当前项目的提示，酌情选择单击【确定】或【取消】按钮即可。

1.5.2 保存 Origin 项目

保存当前项目，只需单击【标准】工具栏上的【保存项目】按钮或者单击菜单命令【文件→保存项目】，如图 1-11 所示。

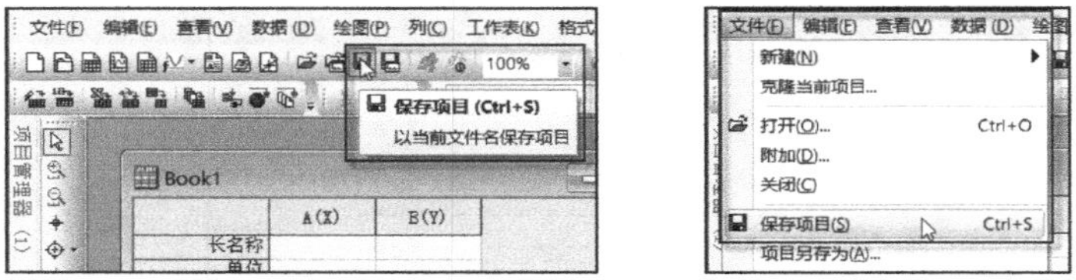

图 1-11 保存项目

若当前项目尚未保存过，保存项目会触发图 1-12 所示的【另存为】对话框，选择存储位置并输入文件名保存。

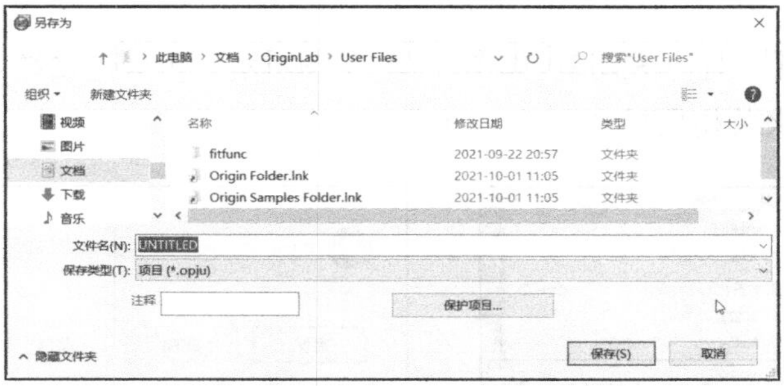

图 1-12 【另存为】对话框

1.5.3 打开 Origin 项目

若 Origin 项目所在的计算机安装有 Origin 程序，可通过 Windows 的“此电脑”或“文件资源管理器”找到拟打开的项目文件然后双击。通过 Origin 程序打开项目操作步骤如下。

① 单击【标准】工具栏上的【打开】按钮或菜单命令【文件→打开】，如图 1-13 所示。

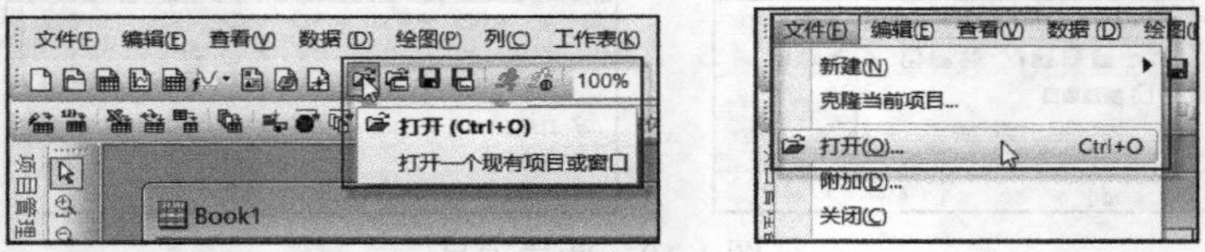

图 1-13 打开项目命令

② 在【打开】对话框中找到拟打开项目所在的文件夹，选中项目后再单击【打开】按钮，如图 1-14 所示。

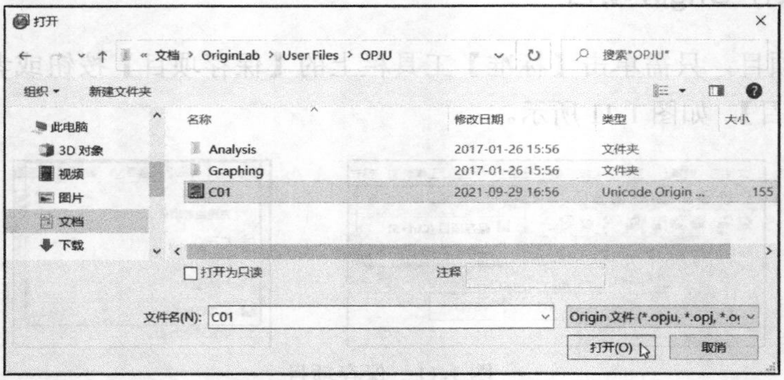

图 1-14 【打开】对话框

1.5.4 关闭 Origin 项目

单击菜单命令【文件→关闭】（如图 1-15 左图所示）可关闭已经打开的项目，也可通过关闭 Origin 程序来关闭项目。

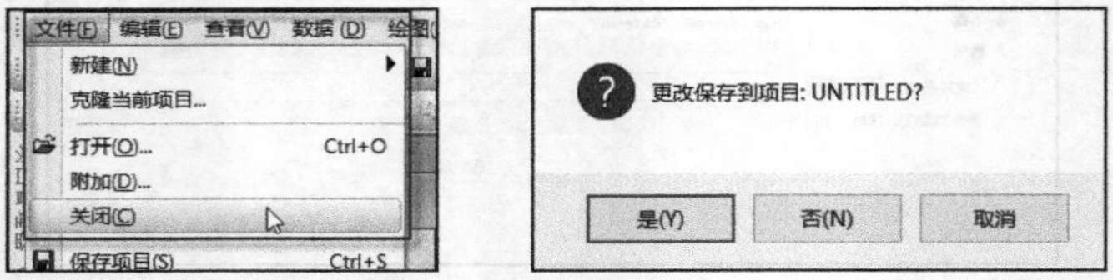

图 1-15 关闭项目菜单命令

如果所做的修改尚未保存，关闭项目时则会弹出如图 1-15 右图所示是否保存提示，酌情选择相应按钮即可。

1.6 Origin 项目内文件夹

Origin 的项目内文件夹是存放 Origin 工作簿、矩阵、绘图和备注等 Origin 子窗口的容器，通过项目内文件夹可以对项目内的 Origin 子窗口进行分类组织。

1.6.1 新建 Origin 项目内文件夹

默认情况下，新建一个 Origin 项目时会在该项目中新建一个名为“Folder1”的根目录文件夹。

新建根目录文件夹的方法是单击【标准】工具栏中的【新建文件夹】按钮（如图 1-16 左图所示），新建根目录文件夹结果如图 1-16 右图所示。

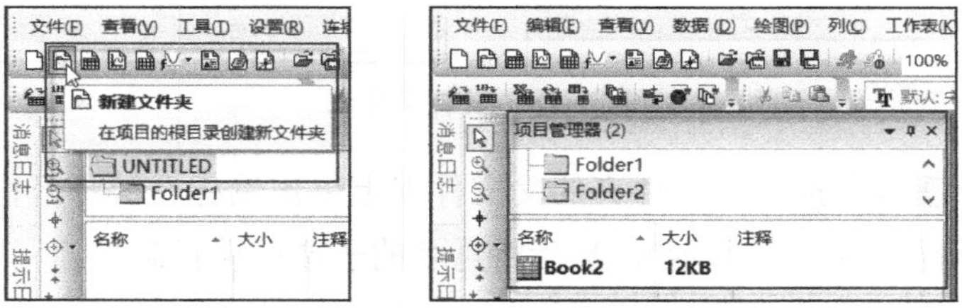

图 1-16 通过标准栏按钮新建根目录文件夹

新建文件夹也可以通过快捷菜单实现，操作步骤如下。

① 在项目管理器中新建文件夹的父文件夹上单击鼠标右键打开快捷菜单，再单击【新建文件夹】命令，如图 1-17 左图所示。

② 输入文件夹的名称（如图 1-17 右图所示），然后在名称输入区之外任意处单击。

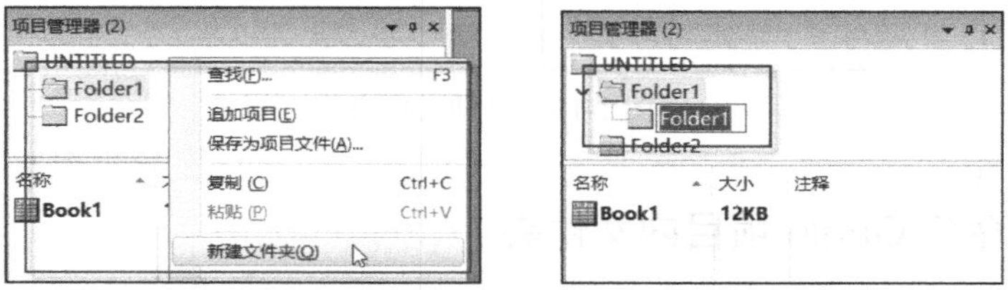

图 1-17 通过快捷菜单命令新建文件夹

注：通过【标准】工具栏上的【新建文件夹】按钮只能新建根目录文件夹，而且会同时在其中新建一个新的空白工作簿；通过快捷菜单既可以新建根目录文件夹还可以新建子文件夹，但新建的文件夹均为空文件夹，即其中不包含空白工作簿。

1.6.2　复制 Origin 项目内文件夹

Origin 项目中的文件夹可以像在 Windows 系统中一样复制；复制文件夹时，文件夹及其中包含的工作簿和绘图等文件将一起被复制，重名的子窗口会被重新命名。复制文件夹操作步骤如下。

① 在项目管理器中拟复制的文件夹上单击鼠标右键打开快捷菜单，再单击【复制】命令，如图 1-18 左图所示。

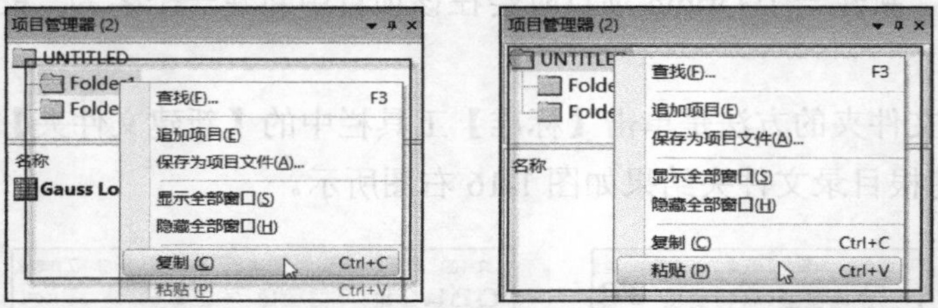

图 1-18　复制文件夹

② 在项目管理器中拟粘贴文件夹的父文件夹上单击鼠标右键打开快捷菜单，再单击【粘贴】命令（如图 1-18 右图所示），然后将重名的子窗口重新命名。

1.6.3　移动 Origin 项目内文件夹

在项目管理器中将文件夹直接拖曳到目标文件夹可以完成文件夹的移动，如图 1-19 所示。

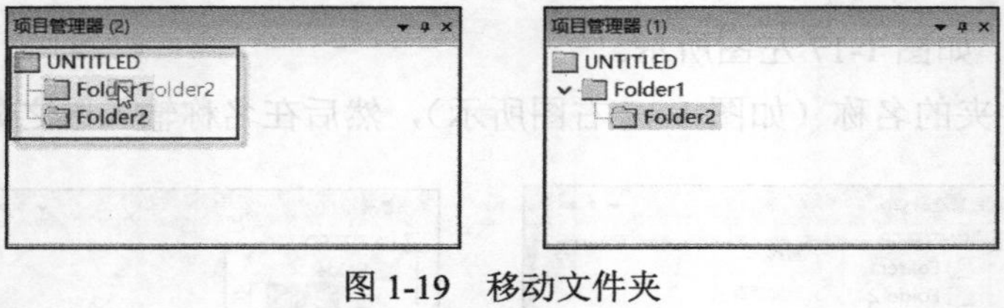

图 1-19　移动文件夹

1.6.4　重命名 Origin 项目内文件夹

重命名文件夹的操作步骤如下。

① 在项目管理器中拟重新命名的文件上连击或者单击鼠标右键打开快捷菜单再单击【重命名】命令（如图 1-20 左图所示）。

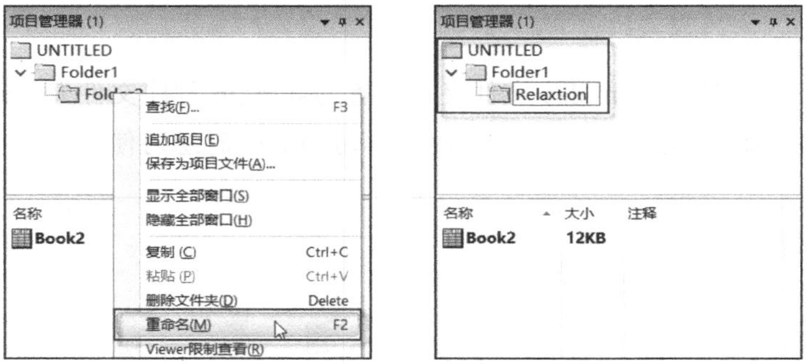

图 1-20　重命名文件夹

② 输入新的名称（如图 1-20 右图所示），然后在输入框之外任意处单击。

1.6.5　删除 Origin 项目内文件夹

删除文件的方法是先在项目管理器中单击选中拟删除的文件夹，再按键盘上的 Delete 键，然后确认删除窗口提示信息完成删除操作。

删除文件夹也可以通过快捷菜单完成，操作步骤如下：

① 在项目管理器中拟删除的文件上单击鼠标右键打开快捷菜单，然后单击【删除文件夹】命令，如图 1-21 左图所示。

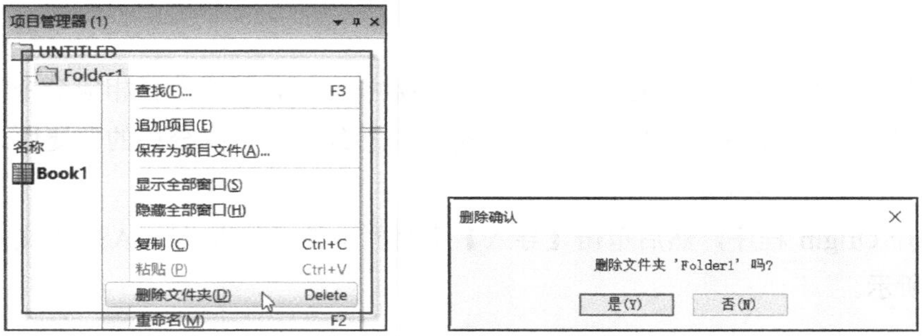

图 1-21　删除文件夹

② 在弹出的删除文件夹确认信息框上单击【是】按钮（如图 1-21 右图所示）。

注：文件夹删除操作不可撤销，因此删除文件夹时一定要谨慎。

1.7 Origin 示例数据

随 Origin 一起安装的 Samples 文件夹（位置为<Origin 程序文件夹>\Samples）中存有大量的示例数据（如图 1-22 所示），方便用户学习 Origin 时练习使用。

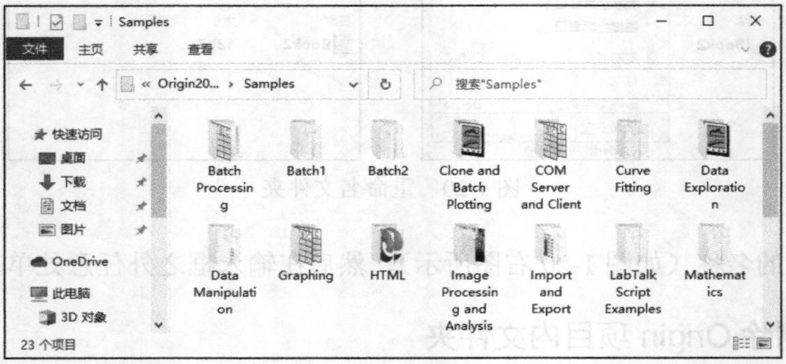

图 1-22 Origin 示例数据

本书中的示例操作除部分数据由运算产生外均采用 Origin 自带的示例数据，以便读者对照练习。

1.8 动手制作一个简明示例

使用 Origin 可以对准备好的数据进行绘图和数据分析，只需选择相应命令即可实现。接下来动手制作一个简明示例以展示使用 Origin 进行绘图和数据分析的便捷性。

简明示例的操作步骤如下。

① 打开 Origin 程序，然后单击【导入】工具栏上的【导入单个 ASCII 文件】按钮，如图 1-23 所示。

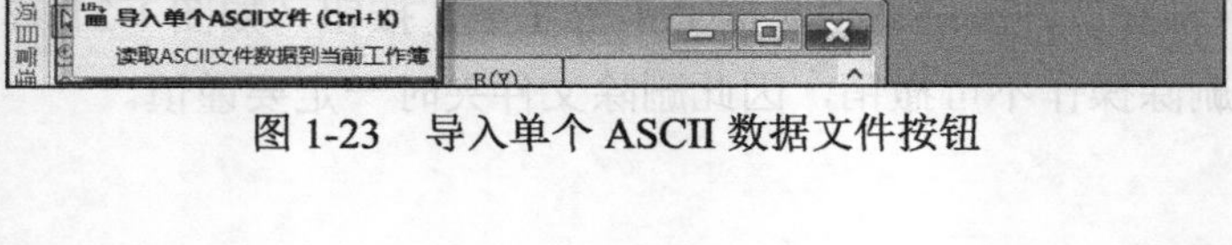

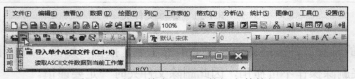

图 1-23 导入单个 ASCII 数据文件按钮

② 在打开的【ASCII】对话框中文件夹列表中找到并打开<Origin 程序文件夹>\Samples\Curve Fitting 文件夹，如图 1-24 所示。

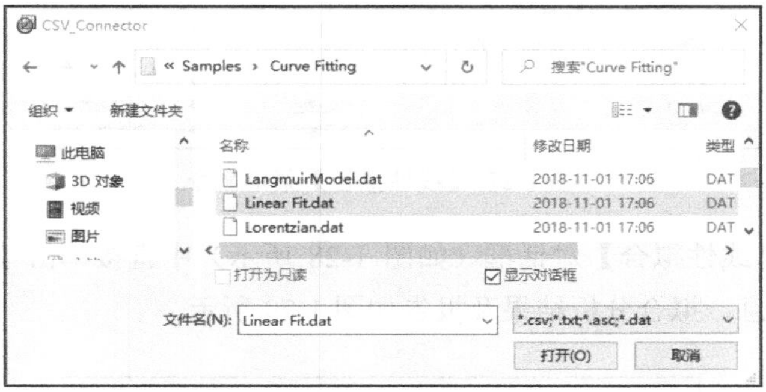

图 1-24 导入单个 ASCII 文件对话框

③ 单击选中 Linear Fit.dat 文件，然后单击【打开】按钮，导入结果如图 1-25 所示。

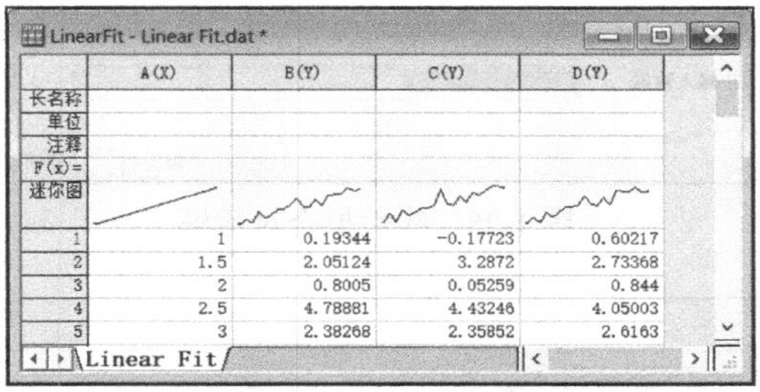

图 1-25 导入单个 ASCII 文件数据结果

④ 单击选中 B(Y)列，然后单击【2D 图形】工具栏中的【散点图】按钮绘制散点图，如图 1-26 所示。

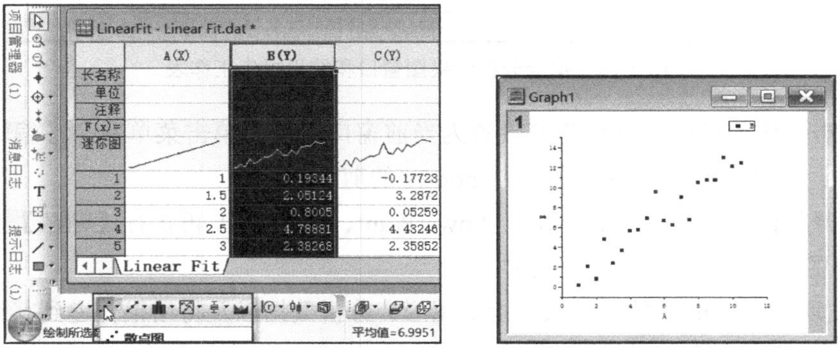

图 1-26 绘制散点图

⑤ 单击菜单命令【分析→拟合→线性拟合】，如图 1-27 所示。

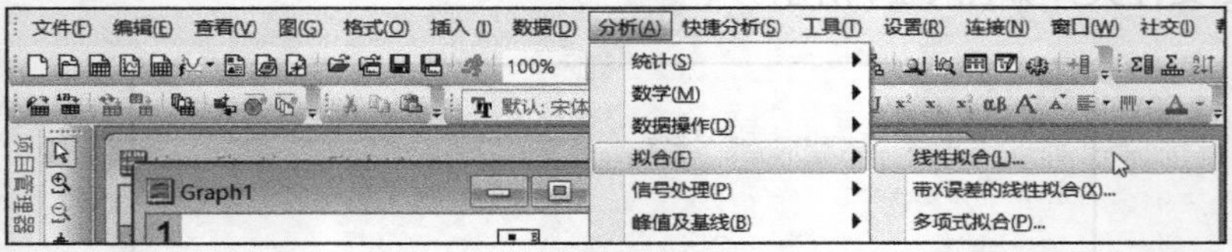

图 1-27 【线性拟合】菜单命令

⑥ 在打开的【线性拟合】对话框（如图 1-28 所示）中直接单击【确定】按钮并直接确认弹出的提示信息，拟合分析结果及报告如图 1-29 所示。

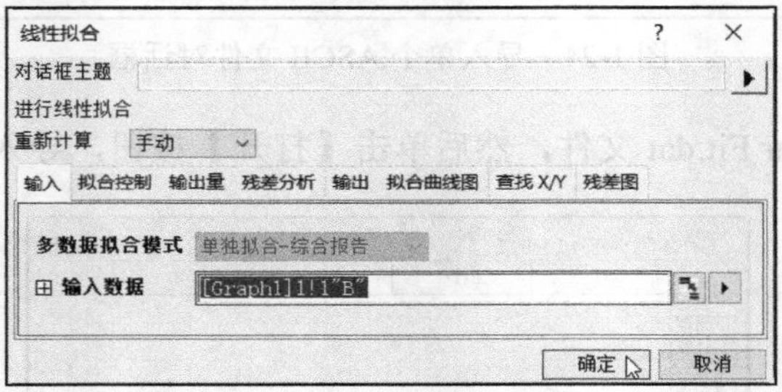

图 1-28 线性拟合对话框

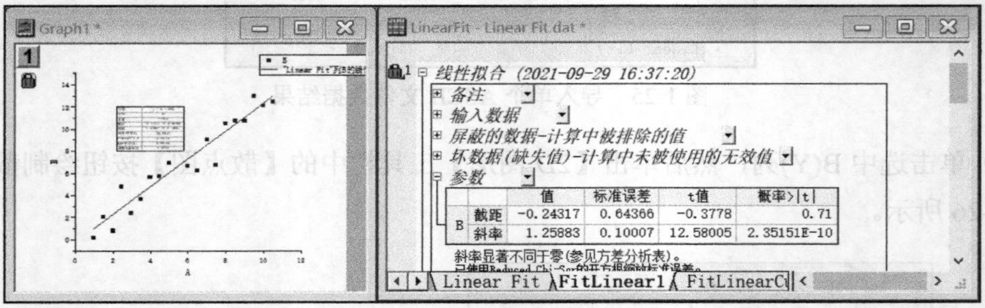

图 1-29 拟合分析结果图窗口和结果报告工作表

⑦ 单击绘图窗口的标题栏将其设置为当前窗口，然后单击菜单命令【编辑→复制页面】（如图 1-30 所示）将该图复制到 Windows 的剪切板。

⑧ 打开其他应用程序（如 Word、PowerPoint、WPS 等）再执行【粘贴】操作即可将 Origin 绘制的图传递到其他应用程序中。

可以发现，Origin 的数据导入、绘制图形、分析数据以及将结果传递到其他应用程序等所有操作都非常便捷。

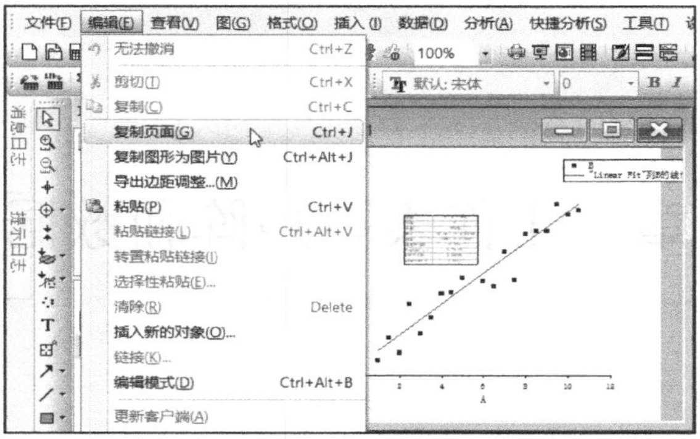

图 1-30　复制图形

1.9 本章小结

本章主要介绍了 Origin 软件的主要功能、用户界面、文件类型和项目等，并系统地展示了 Origin 项目及项目内文件的基本操作，然后在此基础上以一个简明示例展示了 Origin 的功能和易操作性，以期读者能够对该软件有一个初步的了解，树立通过学习本书掌握 Origin 软件使用方法的坚定信心。

第2章　工作表、矩阵和数据录入

本章学习目标

- ■ 熟悉并掌握 Origin 工作簿及工作表、行、列常用操作
- ■ 熟悉并掌握 Origin 矩阵及其常用操作
- ■ 熟悉数据录入方法并掌握连接和导入数据操作

2.1 工 作 簿

2.1.1 新建工作簿

默认状态下，新建一个 Origin 项目时会自动新建一个包含一个空白工作表的工作簿。若需要增加新的空白工作簿，则操作步骤如下。

① 单击新建工作簿拟存放的文件夹将其设置为当前文件夹。

② 单击【标准】工具栏上的【新建工作簿】按钮如图 2-1 左图所示。

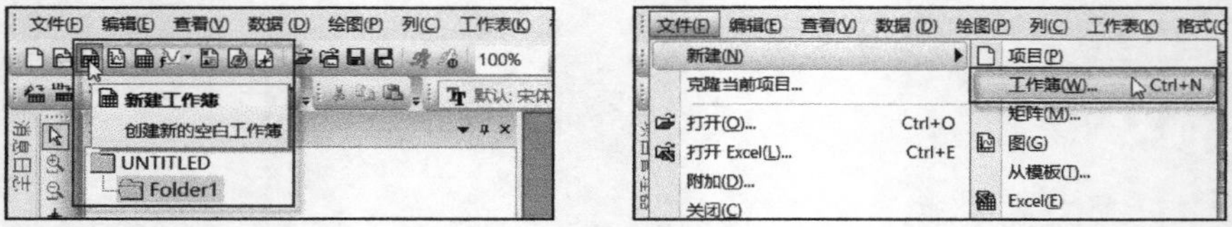

图 2-1　新建工作簿

新建工作簿还可以通过以下操作步骤实现。

① 单击新建工作簿拟存放的文件夹将其设置为当前文件夹。

② 单击菜单命令【文件→新建→工作簿】，如图 2-1 右图所示。

③ 在弹出的【新工作簿】对话框的系统模板中选择拟创建的工作簿（如图 2-2 所示），然后单击【确定】关闭对话框。

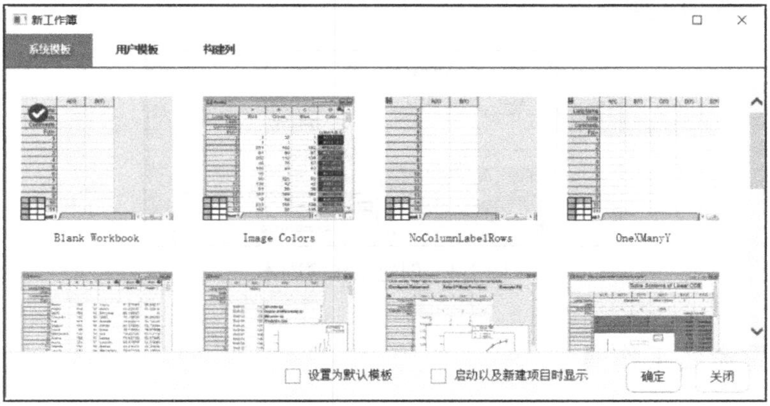

图 2-2　新工作簿模板

2.1.2 复制工作簿

若需要在项目中创建完全相同的工作簿，则需要复制并粘贴工作簿，其操作步骤如下。

① 在项目管理器中拟复制的工作簿上单击鼠标右键打开快捷菜单，然后单击【复制】命令，如图 2-3 左图所示。

② 在项目管理器中先单击拟存放该工作簿的文件夹，然后在该文件夹的列表框中单击鼠标右键打开快捷菜单，最后单击【粘贴】命令，如图 2-3 右图所示。

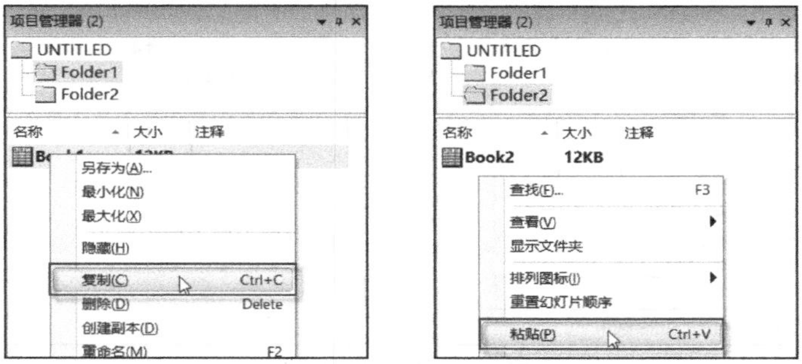

图 2-3　复制工作簿

在图 2-3 左图所示的快捷菜单上单击【创建副本】命令也可以在同一文件夹下创建工作簿的副本。

工作簿副本还可以通过单击工作簿标题栏上的右键快捷菜单命令【创建副本】创建，如图 2-4 所示；而通过该快捷菜单命令【不带数据复制】则可以创建一个与原工作簿结构相同但不包含数据的“副本”。

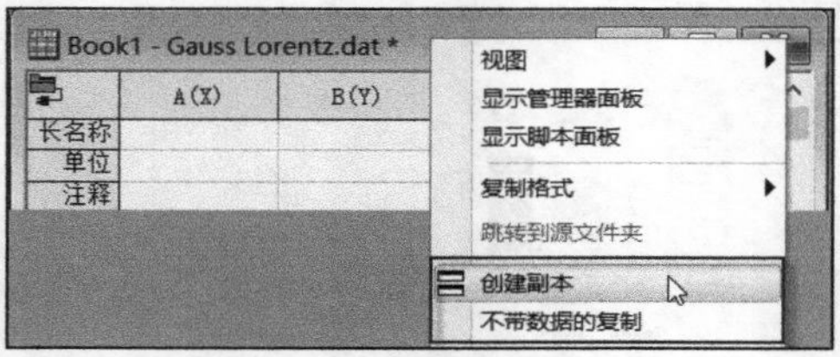

图 2-4　创建工作簿副本

2.1.3　重命名工作簿

Origin 的工作簿有一个短名称和一个可有可无的长名称和注释。短名称是工作簿在 Origin 项目内的标识，必须以字母开头且只能包含字母或数字；短名称长度不能超过 13 个字符且在 Origin 项目内不可重复。长名称可以使用任意顺序的任何字符，最长不超过 5506 个字符即可，在项目内可以重复。

一般不建议对短名称进行重命名，而添加长名称且进行适当命名可以提高工作簿的可辨识程度。长名称重命名操作步骤如下。

① 在项目管理器中的拟重命名的工作簿上连击或者单击鼠标右键打开快捷菜单再单击【重命名】命令（如图 2-5 左图所示）。

② 输入新的名称（如图 2-5 右图所示），然后在输入框之外任意处单击。

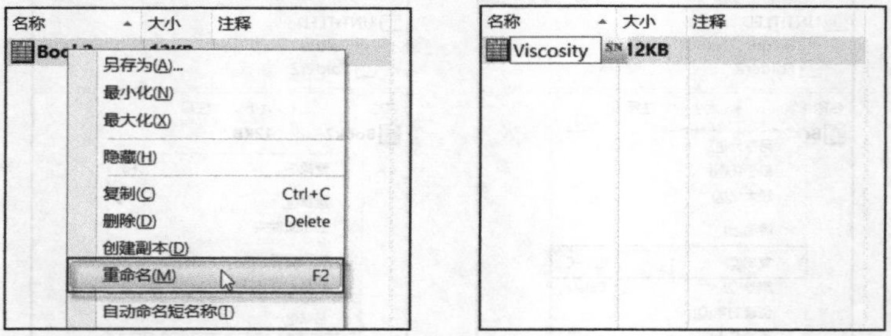

图 2-5　重命名工作簿

若长、短名称和注释都需要编辑，可在工作簿标题栏单击鼠标右键打开快捷菜单并选择【属性】命令，然后在图 2-6 所示的【窗口属性】对话框中进行编辑。

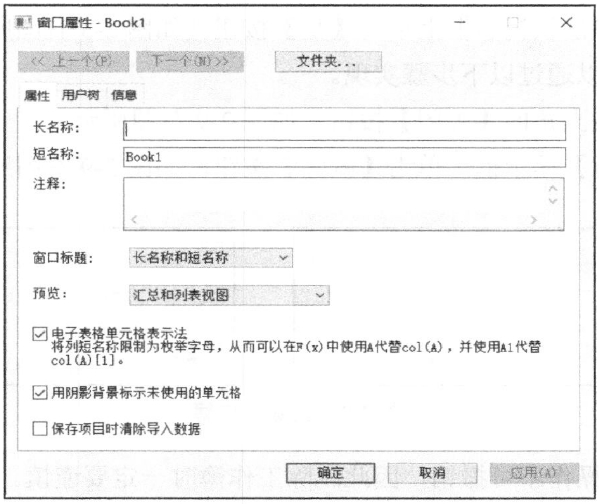

图 2-6　工作簿属性

2.1.4　移动工作簿到其他文件夹

在项目管理器中直接拖曳工作簿可以将其从原文件夹中移动到其他文件夹中，如图 2-7 所示。

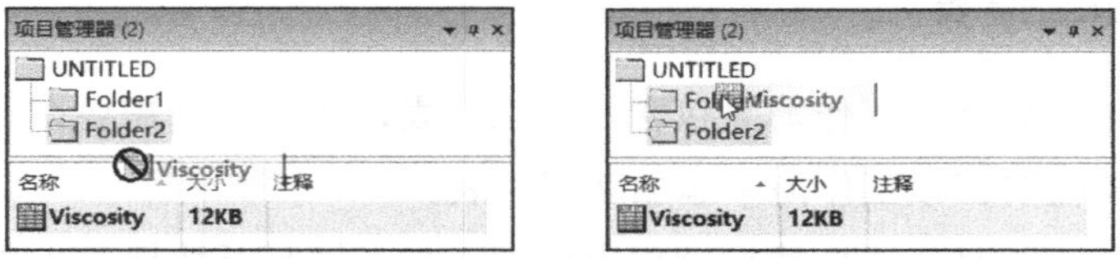

图 2-7　移动工作簿到其他文件夹

2.1.5　删除工作簿

删除工作簿的操作步骤如下。

① 在项目管理器中的拟删除工作簿上单击鼠标右键打开快捷菜单，然后单击【删除】命令，如图 2-8 左图所示。

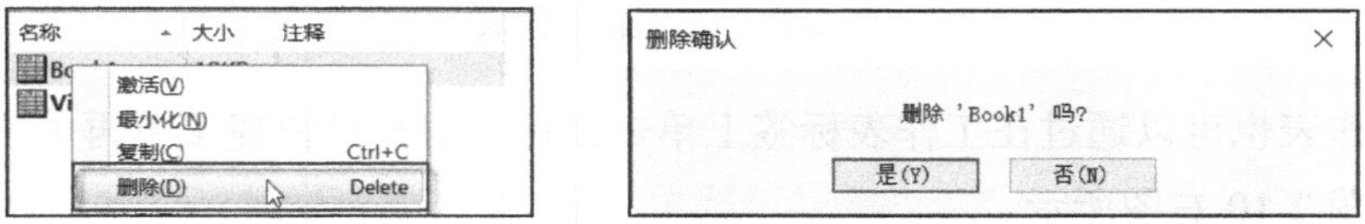

图 2-8　删除工作簿

② 在弹出的删除确认提示框上单击【是】按钮（如图 2-8 右图所示）。

删除工作簿还可以通过以下步骤实现。

① 单击工作簿右上角的【关闭】按钮，如图 2-9 左图所示。

② 在弹出【注意】提示框中单击【删除】按钮，如图 2-9 右图所示。

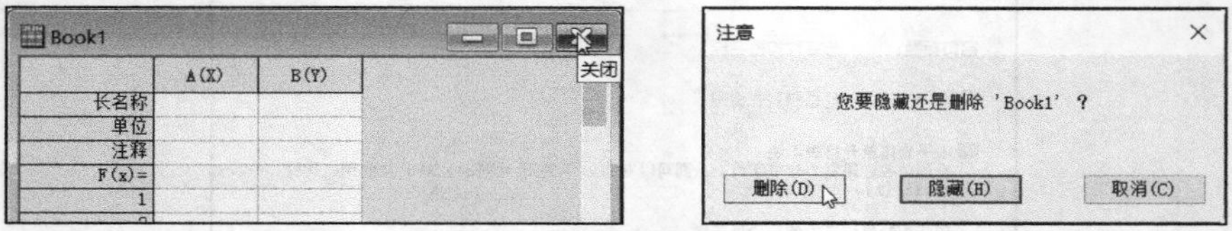

图 2-9　删除工作簿

注：工作簿删除操作不可撤销，因此删除工作簿时一定要谨慎。

2.2　工　作　表

工作表是存储数据的二维表格，一个工作簿中可容纳多达 1024 个工作表。

2.2.1　添加工作表

默认的情况下，新建的工作簿只包含一个工作表，因此，当需要在一个工作簿中包含多个工作表时，就需要在该工作簿中添加新工作表。

添加工作表的方法是在工作簿标题栏上单击鼠标右键打开快捷菜单再单击【添加新工作表】命令（如图 2-10 左图所示），添加的工作表如图 2-10 中图所示。

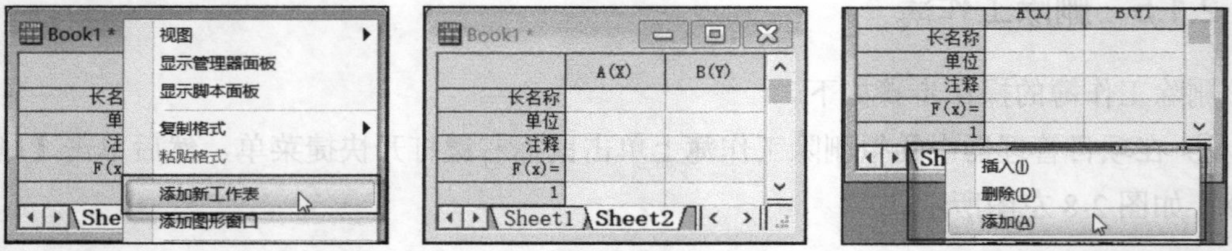

图 2-10　添加新工作表

添加工作表也可以通过在工作表标签上单击鼠标右键打开快捷菜单再单击【添加】命令完成，如图 2-10 右图所示。

2.2.2 插入工作表

通过上述方法添加的工作表位于工作簿最后，若需要在某一工作表的前面增加一个新的工作表，则需要插入工作表。插入工作表的方法是在某一工作表的标签上单击鼠标右键打开快捷菜单再单击【插入】命令（如图 2-11 左图所示），插入工作表后的结果如图 2-11 右图所示。

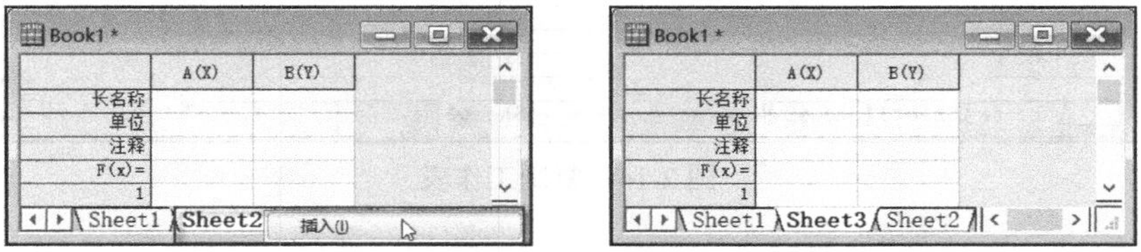

图 2-11　插入工作表

2.2.3 重命名工作表

重命名工作表的方法是在拟重命名的工作表的标签上双击并在弹出的名称输入框中输入新名称，最后在框外空白处单击，如图 2-12 所示。

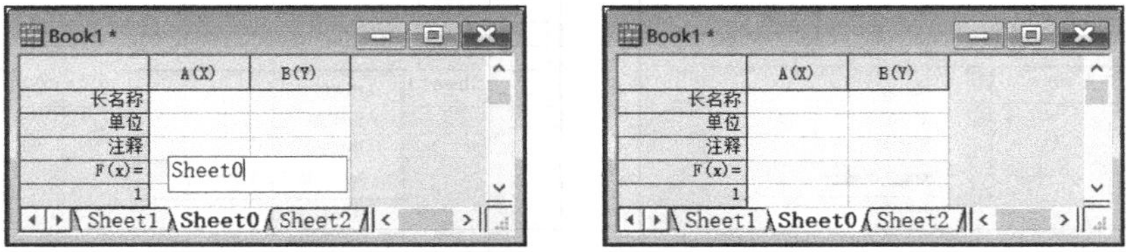

图 2-12　重命名工作表

2.2.4 移动工作表

移动工作表可以在同一工作簿内进行，还可以在不同工作簿内进行。移动工作表的方法是单击工作表标签并将其拖曳到目标位置释放，如图 2-13 所示。

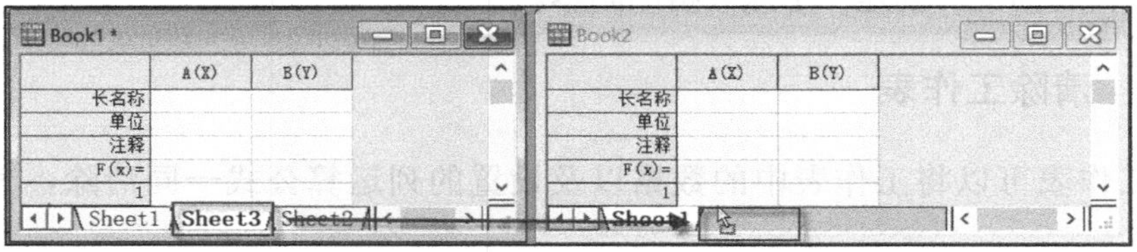

图 2-13　移动工作表

2.2.5　复制工作表

复制工作表的方法是在拖曳工作表的同时按住【Ctrl】键，如图 2-14 所示。

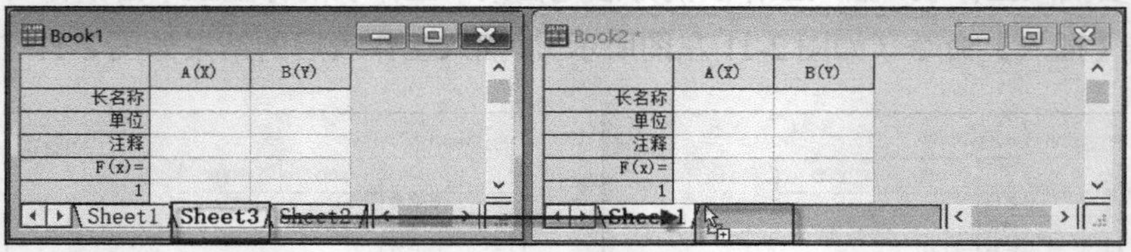

图 2-14　复制工作表

复制工作表也可以通过以下操作步骤实现。

① 在拟删除的工作表标签上单击鼠标右键打开快捷菜单再单击【复制工作表】命令，如图 2-15 左图所示。

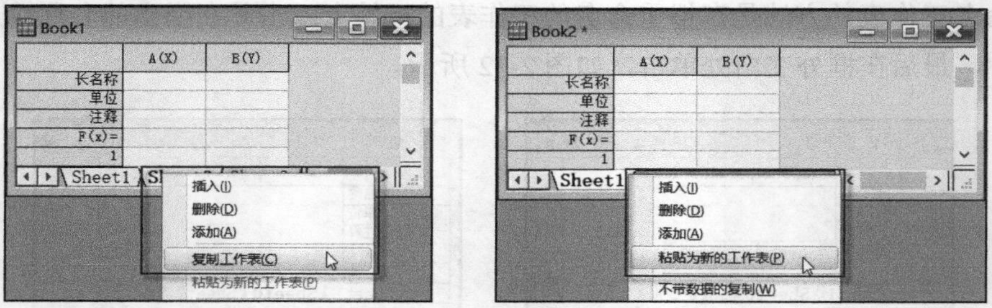

图 2-15　通过快捷菜单复制工作表

② 在拟粘贴位置旁边的工作表标签上单击鼠标右键打开快捷菜单再单击【粘贴为新的工作表】命令，如图 2-15 右图所示。

注：若通过右键快捷菜单复制工作表时选择的是【不带数据的复制】命令，则会复制一个结构与原表格相同但是不包含数据的表格；通过右键快捷菜单中的【创建副本】命令会在同一工作簿的最后创建一个原表格的副本。

2.2.6　清除工作表

清除工作表可以将工作表中的数据以及设置的列运算公式一同清除，其操作步骤如下。

① 单击拟清除数据的工作表标签将其设置为当前工作表。

② 单击菜单命令【工作表→清除工作表】，如图 2-16 左图所示。

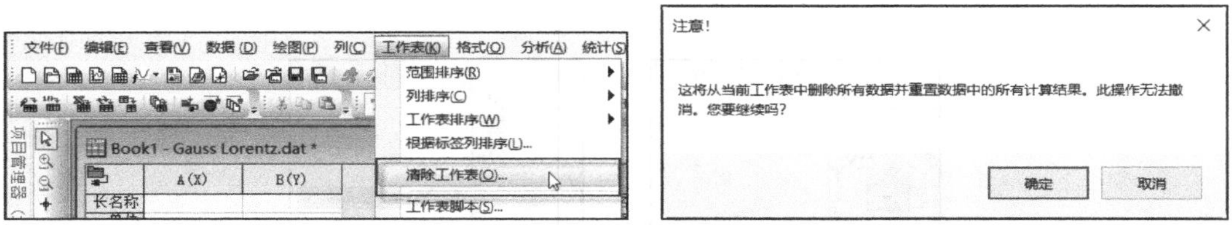

图 2-16 清除工作表

③ 在弹出的提示框上单击【确定】按钮，如图 2-16 右图所示。

注：清除工作表操作无法撤销，因此清除工作表时一定要谨慎。

2.2.7 删除工作表

删除工作表的方法是在拟删除的工作表标签上单击鼠标右键打开快捷菜单再单击【删除】命令，然后确认弹出的删除工作表警告，如图 2-17 所示。

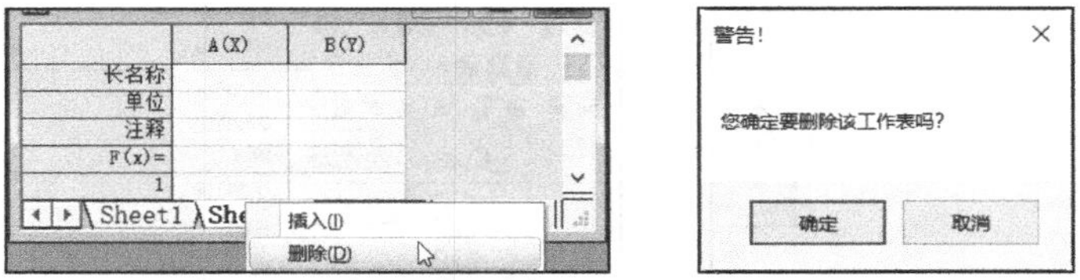

图 2-17 删除工作表

注：如果工作簿中包含多个工作表，删除工作表步骤在未保存操作之前可以即时撤销；如果工作簿只包含一个工作表，删除工作表会将其所在的工作簿同时删除且删除操作不可撤销。

2.3 工作表行

2.3.1 选中行

选中行的方法是在光标变成如图 2-18 左图所示的横向箭头形状时，单击拟选中行的行号，如图 2-18 右图所示。通过上下拖曳光标或按住【Shift】键依次单击位于上下两端的行可以一次选中相邻多个行；按住【Ctrl】键依次单击行可以一次性选中多个不相邻的行。

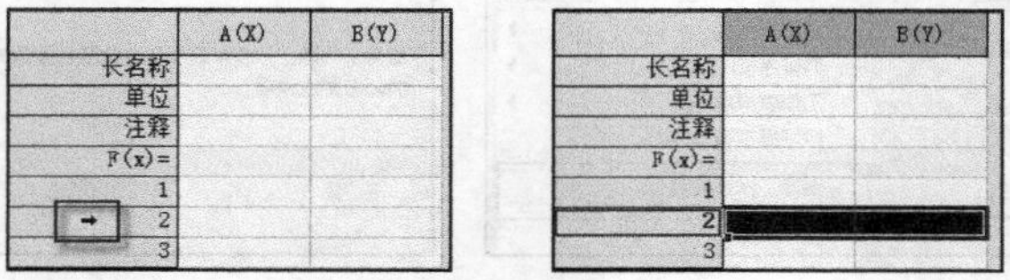

图 2-18 选中行

2.3.2 清除行数据

清除行数据操作步骤如下。

① 将光标定位于拟清除数据的行号处单击选中行。

② 单击菜单命令【编辑→清除】(如图 2-19 左图所示）或单击鼠标右键打开快捷菜单再单击【清除】命令（如图 2-19 右图所示)。

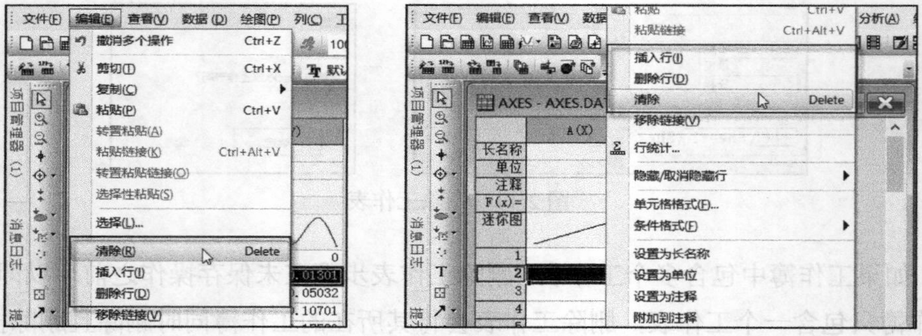

图 2-19 清除、插入行和删除行

注:【清除】命令只清除行中的数据，行还会保留在工作表中原位置处。

2.3.3 插入行/删除行

插入行/删除行操作步骤如下。

① 将光标定位于拟插入行/删除行的行号处单击选中行。

② 通过菜单命令【编辑→插入行/删除行】(如图 2-19 左图所示）或单击鼠标右键打开快捷菜单再单击【插入行/删除行】命令（如图 2-19 右图所示)。

注：删除行会将行及其包含的数据整体删除。

2.4 工 作 表 列

2.4.1 设置列绘图设定

绘图时可能根据需要将某些列的绘图设定设置为 X、Y、Z、误差和标签等，其操作步骤如下（以需要设置列绘图设定为 X 为例）。

① 单击拟设置绘图设定列的标题选中列。

② 单击菜单命令【列→设置为→X】，如图 2-20 所示。

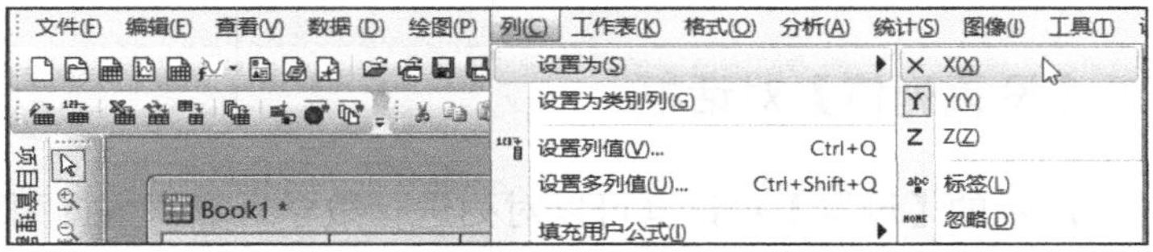

图 2-20 设置列绘图设定

2.4.2 设置列值

当需要输入的数据可以通过数学公式计算得到时，可以利用 Origin 程序中的【设置列值】生成数据。

下面以输入值在 0~2π范围内的 100 个等分点数据到 A(X)列中为例，演示通过列运算生成数据，操作步骤如下。

① 将光标置于 A(X)列的列名称处单击选中该列。

② 单击菜单命令【列→设置列值】，如图 2-21 所示。

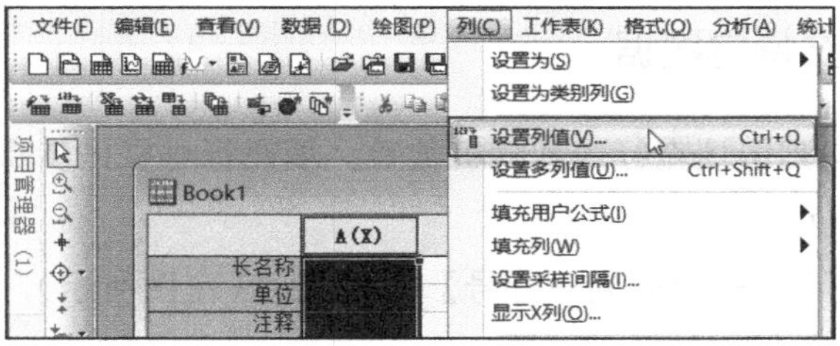

图 2-21 【设置列值】菜单命令

③ 在打开的【设置值】对话框中【Row(*i*):从(F)】后的输入框中分别输入“1”和“101”，并在公式区输入“(*i*-1)*2*pi/100”（这里 *i* 为行变量，pi 为圆周率），如图 2-22 左图所示，然后单击【确定】按钮，结果如图 2-22 右图所示。

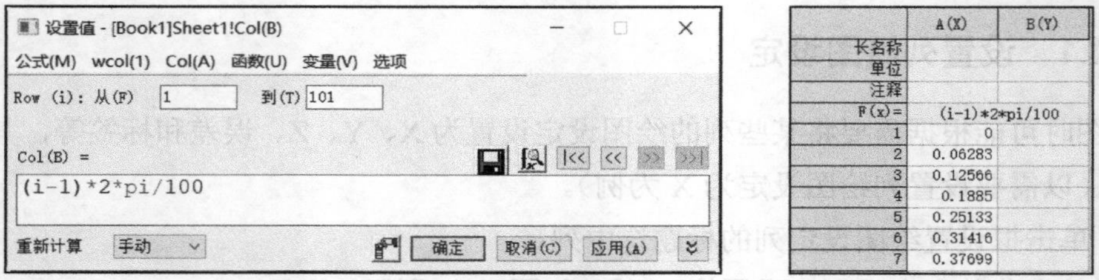

图 2-22　【设置值】对话框及列设置值结果

2.4.3　熟悉【设置列值】对话框

通过如图 2-22 所示的【设置】对话框可以对列进行数学运算。数据列既可以属于同一工作表内的，也可以属于不同工作簿的不同工作表内。

【公式】菜单项用于完成公式的保存和加载。【wcol(1)】和【Col(A)】菜单项用于向公式中添加数据列，前者括号内的数字为列序号（在工作表内从左到右的顺序）；后者括号内的字母为列缩写名称。【函数】菜单项用于向公式添加各种内置函数。

【Row(*i*)】选项用于设定设置列值的范围。通过【|<<】【<<】【>>】和【>>|】控制按钮可以改变拟存放计算结果的列。空白公式区用于定义和显示公式，可接受常用的数学运算符（+、−、*、/、^）、行变量 *i* 以及【执行公式前运行脚本】定义的变量等。【重新计算】选项用来设置公式中引用的变量或列值改变时结果更新模式。

【执行公式前运行脚本】选项用于设定公式中应用的变量等。这里的变量既可以是一个数值变量，也可以是一个引用列变量。

2.4.4　向列填充特定数据

Origin 允许自动向列中填充行号和随机数等。填充行号操作步骤如下。

① 选中要填充的列。

② 单击菜单命令【列→填充列→行号】（如图 2-23 左图所示），填充结果如图 2-23 右图所示。

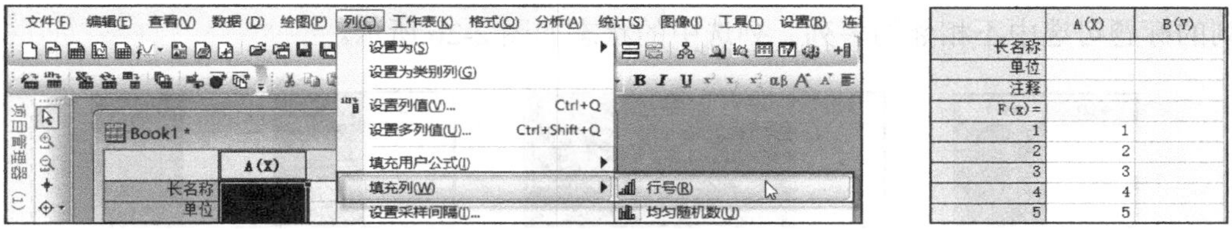

图 2-23 向列中填充行号

2.4.5 添加新列

添加新列的方法是单击【标准】工具栏上【添加新列】按钮（如图 2-24 所示），或在工作表空白区域单击鼠标右键打开快捷菜单再单击【添加新列】命令（如图 2-25 左图所示）。

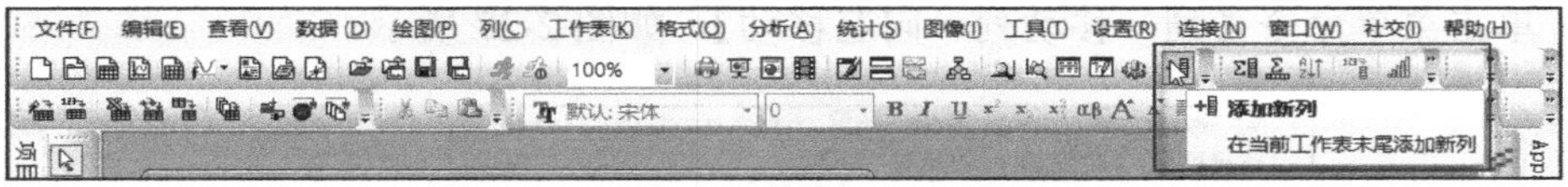

图 2-24 添加列

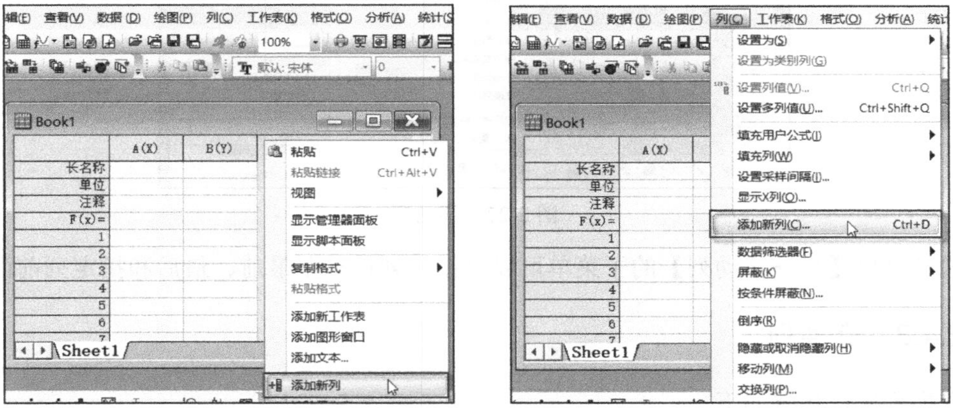

图 2-25 添加新列菜单命令

使用上述方法只能每次添加一个新列，添加多个新列需要多次操作。一次添加多个新列可以通过如下操作步骤实现。

① 单击菜单命令【列→添加新列】，如图 2-25 右图所示。

② 在打开的【添加新列】对话框中输入拟添加的列数再单击【确定】按钮。

2.4.6 选中列

选中列的方法是单击列的标题。按住鼠标左键向左或向右拖曳，或者在按住【Shift】键的同时依次单击左右两端列的标题可选中相邻的多列。按【Ctrl】键的同时依次单击拟选中列的标题可选中不相邻的多列。列选中的状态如图 2-26 所示。

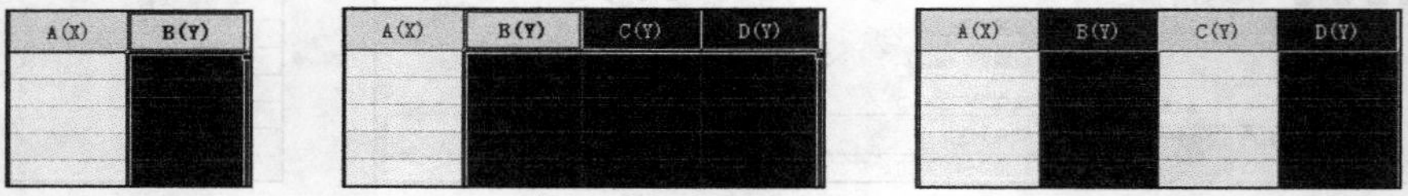

图 2-26　选中列

2.4.7　移动列

如果添加的列不在需要的位置，可以将其移动到需要的位置，操作步骤如下。

① 单击拟移动列的标题。

② 单击菜单命令【列→移动列→向左移动】，如图 2-27 所示。

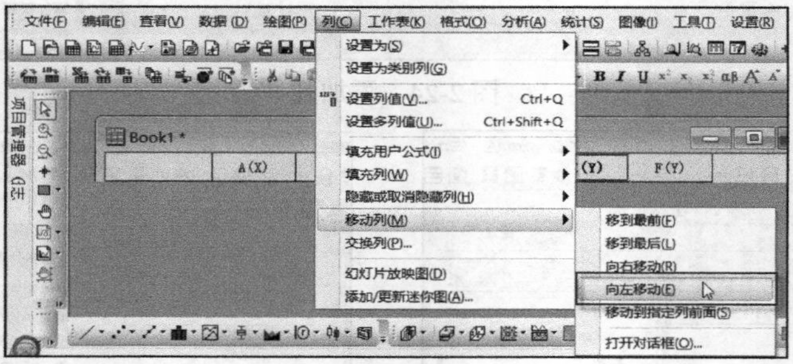

图 2-27　移动列

通过菜单【列→移动列】的子菜单可以直接将列移动至最前、最后和指定列前面等。

2.4.8　交换列

交换列操作步骤如下。

① 按住【Ctrl】键依次单击拟交换列的标题。

② 单击菜单命令【列→交换列】，如图 2-28 所示。

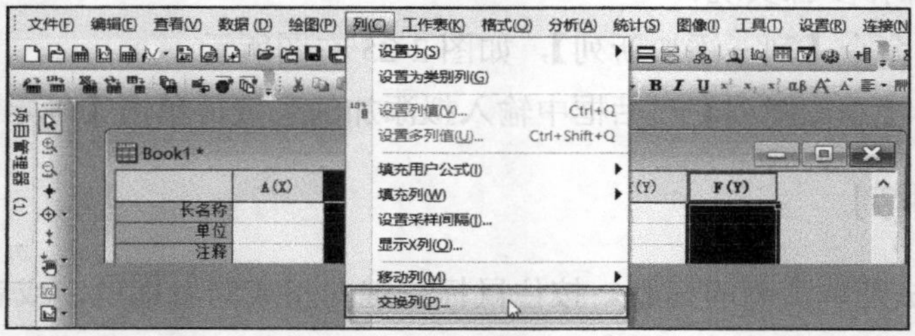

图 2-28　交换列

2.4.9 清除/插入/删除列

清除/插入/删除列操作步骤如下。

① 单击拟清除/插入/删除列的标题选中列。

② 单击菜单命令【编辑→清除/插入/删除】（如图 2-29 左图所示）或单击鼠标右键打开快捷菜单并选择【清除/插入/删除】命令（如图 2-29 右图所示）。

注:【清除】命令只清除列中的数据，列还会保留在工作表中原位置处；删除列会将列及其包含的数据整体删除。

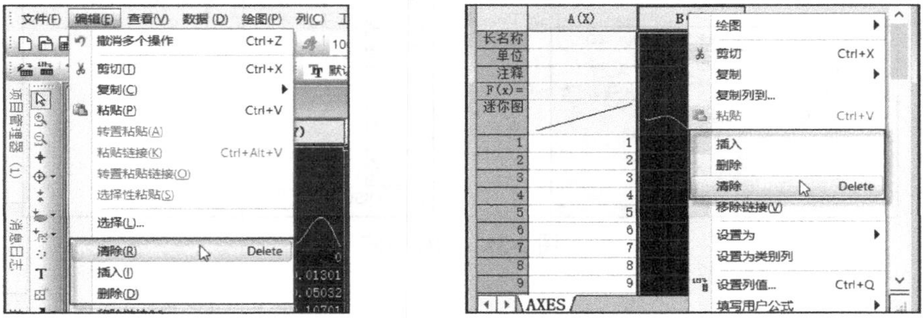

图 2-29 清除、插入和删除列

2.5 矩 阵

矩阵是一种特殊的数据组织形式，包含 Z 值的单数据集按行和列的指定维度排列，矩阵列映射到线性间隔的 X 值，矩阵行映射到线性间隔的 Y 值。

与工作表只显示数据不同，矩阵对象存在如下两种显示模式。

（1）数据模式，矩阵对象显示原始数据，如图 2-30 左图所示。

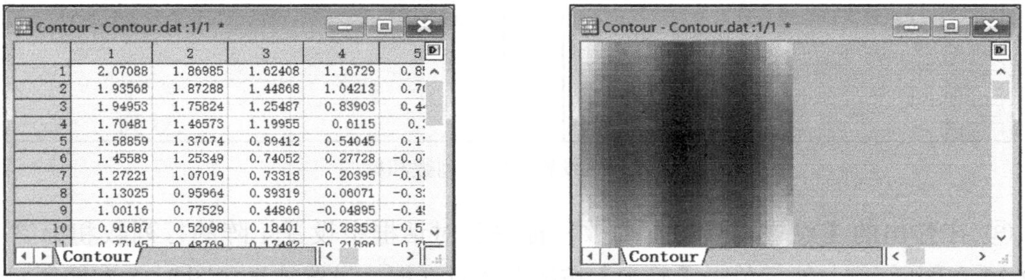

图 2-30 矩阵对象的两种显示模式

（2）图像模式，矩阵对象显示为一个灰度或彩色图像（一个含有实数或复数的矩阵对象会显示为灰阶图像，而包含 RGB 数据的矩阵对象会显示为彩色图像，如图 2-30 右图所示）。

矩阵对象的两种显示模式可以通过菜单命令【查看→数据模式/图像模式】切换。

2.5.1　新建矩阵

通过工具栏按钮新建矩阵的方法是单击标准工具栏的【新建矩阵】按钮（如图 2-31 左图所示），新建的矩阵如图 2-31 右图所示。

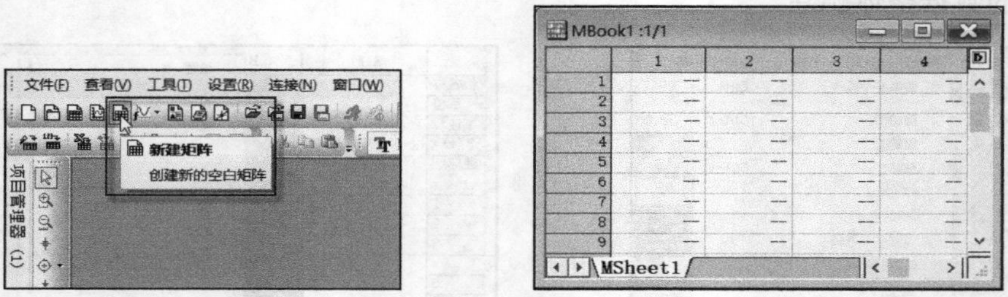

图 2-31　新建矩阵

2.5.2　设置矩阵行列数和标签

设置矩阵行列数和标签的操作步骤如下。

① 单击拟设置矩阵行列数和标签的矩阵表标签将其设置为当前矩阵表。

② 单击菜单命令【矩阵→行列数/标签设置】，如图 2-32 左图所示。

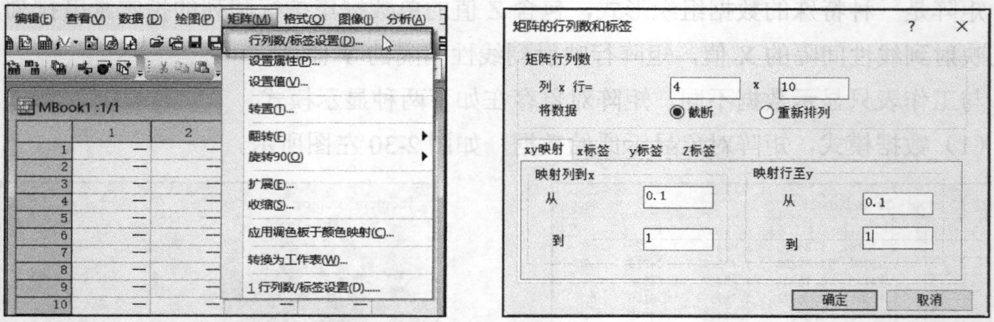

图 2-32　设置矩阵行列数和标签

③ 在弹出的【设置矩阵的行列数和标签】对话框中设置矩阵的行列数和标签（如图 2-32 右图所示），然后单击【确定】按钮关闭对话框，设置结果如图 2-33 左图所示。

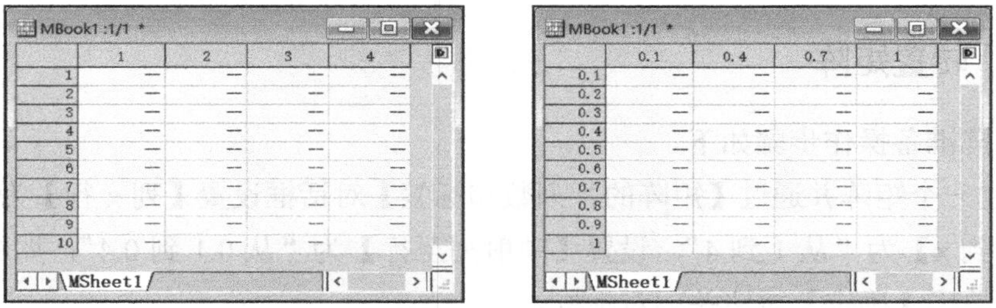

图 2-33 设置矩阵行列数和标签结果

默认状态下矩阵工作表显示的列/行序号而不是 X/Y 映射值，因此，设置完成后只能看到维数的变化。如果需要显示 X/Y 映射值，则需要通过菜单命令【查看→显示 X/Y】进行切换，切换结果如图 2-33 右图所示。

2.5.3 设置矩阵值

设置矩阵值的操作步骤如下。

① 单击拟设置值的矩阵表标签将其设置为当前矩阵表。

② 单击菜单命令【矩阵→行列数/标签设置】并在弹出的【设置矩阵的行列数和标签】对话框中设置矩阵的行列数和标签（如图 2-32 所示），然后单击【确定】按钮关闭对话框。

③ 单击菜单命令【矩阵→设置值】，如图 2-34 左图所示。

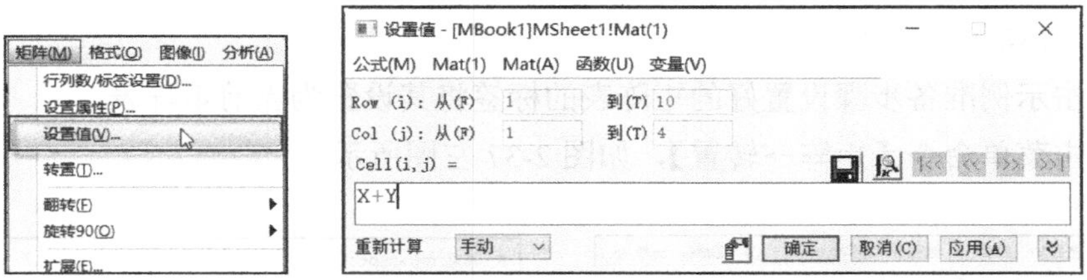

图 2-34 设置矩阵值

④ 在【设置值】对话框中的公式区输入公式（这里设置为“X+Y”），如图 2-34 右图所示，最后单击【确定】关闭对话框，设置矩阵值的结果如图 2-35 所示。

	0.1	0.4	0.7	1
0.1	0.2	0.5	0.8	1.1
0.2	0.3	0.6	0.9	1.2
0.3	0.4	0.7	1	1.3
0.4	0.5	0.8	1.1	1.4
0.5	0.6	0.9	1.2	1.5
0.6	0.7	1	1.3	1.6
0.7	0.8	1.1	1.4	1.7
0.8	0.9	1.2	1.5	1.8
0.9	1	1.3	1.6	1.9
1	1.1	1.4	1.7	2

图 2-35 设置矩阵值结果

2.5.4　转置矩阵

示例矩阵准备操作步骤如下。

① 新建一个矩阵并通过【矩阵的行列数和标签】对话框设置【列 x 行】为“4x4”，设置【映射列到 x】为“从 1 到 4”，设置【映射列至行】为“从 0.1 到 0.4”，如图 2-36 左图所示，然后单击【确定】按钮关闭对话框。

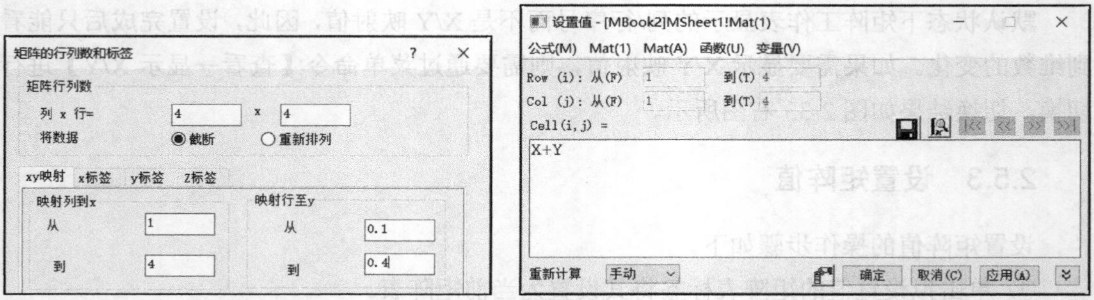

图 2-36　设置矩阵行列数及标签和设置矩阵值

② 单击菜单命令【矩阵→设置值】打开【设置值】对话框并在公式区输入“X+Y”，如图 2-36 右图所示，然后单击【确定】按钮关闭对话框。

转置矩阵操作步骤如下。

① 单击示例准备步骤设置好的矩阵表的标签将其设置为当前矩阵表。

② 单击菜单命令【矩阵→转置】，如图 2-37 左图所示。

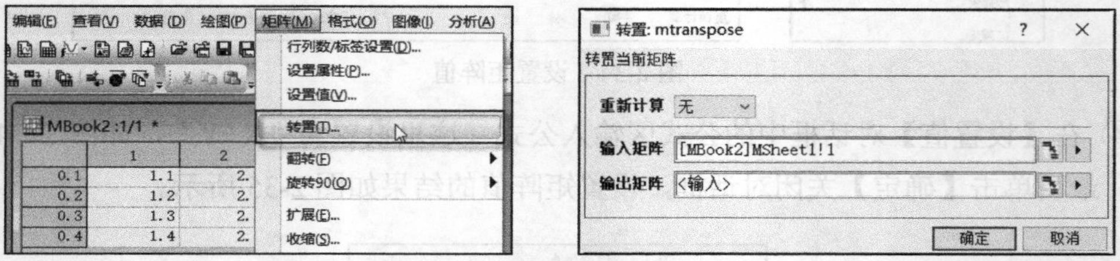

图 2-37　转置矩阵

③ 在打开的【转置】对话框中设定【重新计算】模式（如图 2-37 右图所示），然后单击【确定】按钮关闭对话框。

示例矩阵转置前后对比如图 2-38 所示。

	1	2	3	4
0.1	1.1	2.1	3.1	4.1
0.2	1.2	2.2	3.2	4.2
0.3	1.3	2.3	3.3	4.3
0.4	1.4	2.4	3.4	4.4

	0.1	0.2	0.3	0.4
1	1.1	1.2	1.3	1.4
2	2.1	2.2	2.3	2.4
3	3.1	3.2	3.3	3.4
4	4.1	4.2	4.3	4.4

图 2-38　示例矩阵转置前后对比

2.5.5 翻转矩阵

示例矩阵：图 2-38 右图所示矩阵。翻转矩阵示例的操作步骤如下。

① 单击拟翻转的矩阵标签将其设置为当前矩阵。

② 单击菜单命令【矩阵→反转→水平/垂直】，如图 2-39 左图所示。

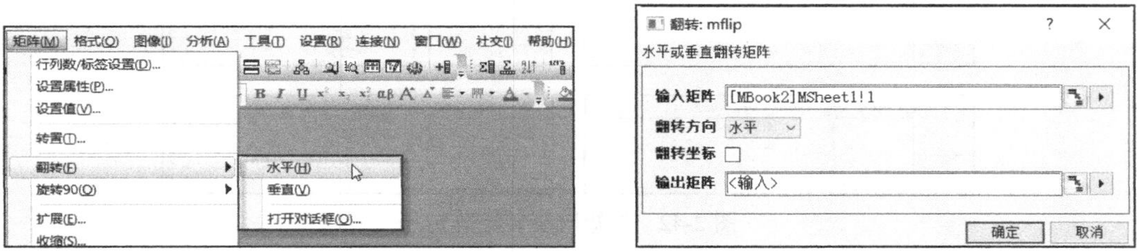

图 2-39　翻转矩阵

翻转矩阵也可以通过单击菜单命令【矩阵→翻转→打开对话框】打开如图 2-39 右图所示的【翻转】对话框完成。在对话框中设置【翻转方向】【翻转坐标】和【输出矩阵】等选项。翻转矩阵结果如图 2-40 所示。

	0.1	0.2	0.3	0.4
1	1.4	1.3	1.2	1.1
2	2.4	2.3	2.2	2.1
3	3.4	3.3	3.2	3.1
4	4.4	4.3	4.2	4.1

	0.1	0.2	0.3	0.4
1	4.1	4.2	4.3	4.4
2	3.1	3.2	3.3	3.4
3	2.1	2.2	2.3	2.4
4	1.1	1.2	1.3	1.4

图 2-40　水平翻转和垂直翻转结果

2.5.6 旋转矩阵

示例矩阵：图 2-38 右图所示矩阵。旋转矩阵示例的操作步骤如下。

① 单击拟翻转的矩阵标签将其设置为当前矩阵。

② 单击菜单命令【矩阵→旋转 90→逆时针 90/逆时针 180/顺时针 90】，如图 2-41 所示。

旋转矩阵也可以通过单击菜单命令【矩阵→旋转 90→打开对话框】打开如图 2-41 右图所示的【旋转 90】对话框进行。在【旋转 90】对话框中设置【重新计算】【旋转度】和【输出矩阵】等选项。

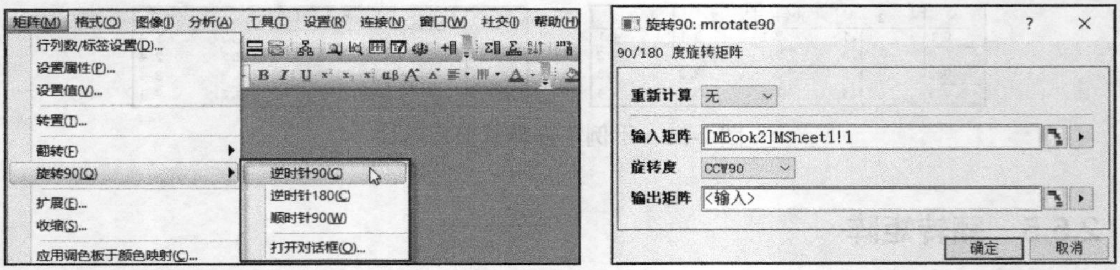

图 2-41　旋转矩阵

原矩阵及旋转矩阵结果如图 2-42 所示。

	0.1	0.2	0.3	0.4
1	1.1	1.2	1.3	1.4
2	2.1	2.2	2.3	2.4
3	3.1	3.2	3.3	3.4
4	4.1	4.2	4.3	4.4

	1	2	3	4
0.4	1.4	2.4	3.4	4.4
0.3	1.3	2.3	3.3	4.3
0.2	1.2	2.2	3.2	4.2
0.1	1.1	2.1	3.1	4.1

	0.4	0.3	0.2	0.1
4	4.4	4.3	4.2	4.1
3	3.4	3.3	3.2	3.1
2	2.4	2.3	2.2	2.1
1	1.4	1.3	1.2	1.1

	4	3	2	1
0.1	4.1	3.1	2.1	1.1
0.2	4.2	3.2	2.2	1.2
0.3	4.3	3.3	2.3	1.3
0.4	4.4	3.4	2.4	1.4

图 2-42　原矩阵旋转矩阵结果

2.5.7　扩展矩阵

示例数据：图 2-38 右图所示矩阵。扩展矩阵示例的操作步骤如下。

① 单击拟扩展的矩阵标签将其设置为当前矩阵。

② 单击菜单命令【矩阵→扩展】，如图 2-43 左图所示。

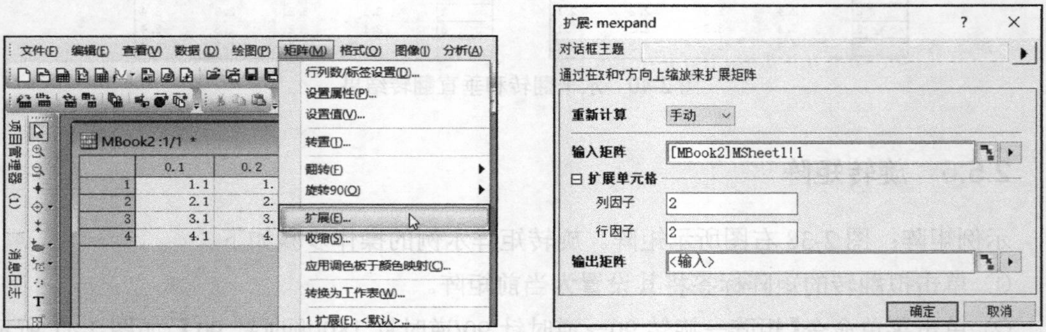

图 2-43　扩展矩阵

③ 在弹出的【扩展】对话框中设置【列因子】【行因子】和【输出矩阵】等选项（如图 2-43 右图所示），然后单击【确定】关闭对话框，扩展矩阵结果如图 2-44 所示。

	0.1	0.14285714	0.18571428	0.22857142	0.27142857	0.31428571	0.35714285	0.4
1	1.1	1.14286	1.18571	1.22857	1.27143	1.31429	1.35714	1.4
1.42857	1.52857	1.57143	1.61429	1.65714	1.7	1.74286	1.78571	1.82857
1.85714	1.95714	2	2.04286	2.08571	2.12857	2.17143	2.21429	2.25714
2.28571	2.38571	2.42857	2.47143	2.51429	2.55714	2.6	2.64286	2.68571
2.71428	2.81429	2.85714	2.9	2.94286	2.98571	3.02857	3.07143	3.11429
3.14285	3.24286	3.28571	3.32857	3.37143	3.41429	3.45714	3.5	3.54286
3.57142	3.67143	3.71429	3.75714	3.8	3.84286	3.88571	3.92857	3.97143
4	4.1	4.14286	4.18571	4.22857	4.27143	4.31429	4.35714	4.4

图 2-44　扩展矩阵结果

2.5.8 收缩矩阵

示例数据：图 2-44 所示矩阵。收缩矩阵示例的操作步骤如下。

① 单击拟扩展的矩阵标签将其设置为当前矩阵。

② 单击菜单命令【矩阵→收缩】，如图 2-45 左图所示。

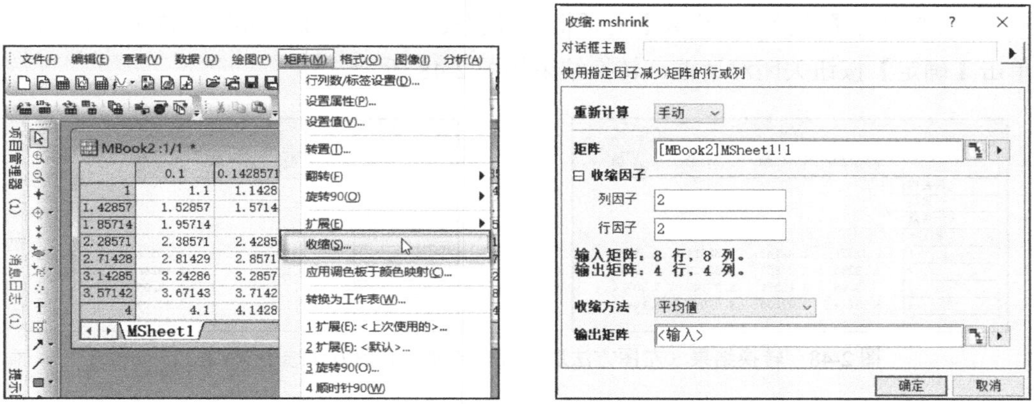

图 2-45　收缩矩阵

③ 在打开的【收缩】对话框中设置【收缩因子】和【输出矩阵】等（如图 2-45 右图所示），然后单击【确定】按钮关闭对话框，收缩矩阵结果如图 2-46 所示。

	0.1	0.2	0.3	0.4
1	1.33571	1.42143	1.50714	1.59286
2	2.19286	2.27857	2.36429	2.45
3	3.05	3.13571	3.22143	3.30714
4	3.90714	3.99286	4.07857	4.16429

图 2-46　收缩矩阵结果

2.5.9 将矩阵转换为工作表

示例矩阵：图 2-35 所示矩阵。将矩阵转换为工作表的操作步骤如下。

① 单击拟扩展的矩阵标签将其设置为当前矩阵。

② 单击菜单命令【矩阵→转换为工作表】，如图 2-47 左图所示。

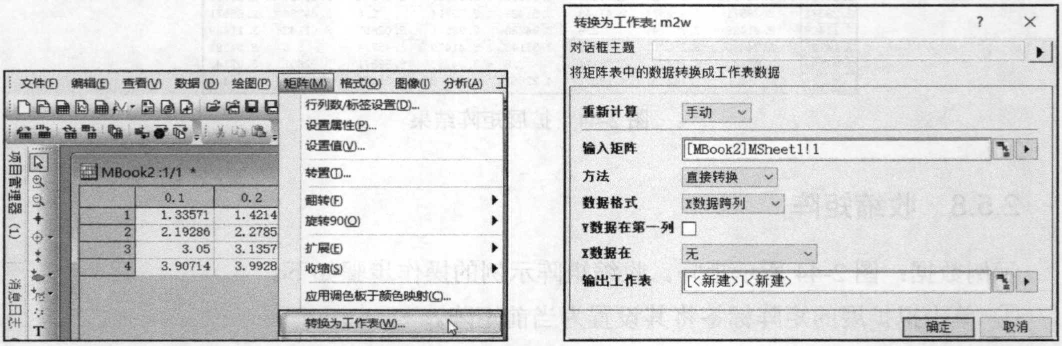

图 2-47　矩阵转换为工作表

③ 在弹出的【转换为工作表】对话框中设置转换控制选项（如图 2-47 右图所示），然后单击【确定】按钮关闭对话框，转换结果如图 2-48 所示。

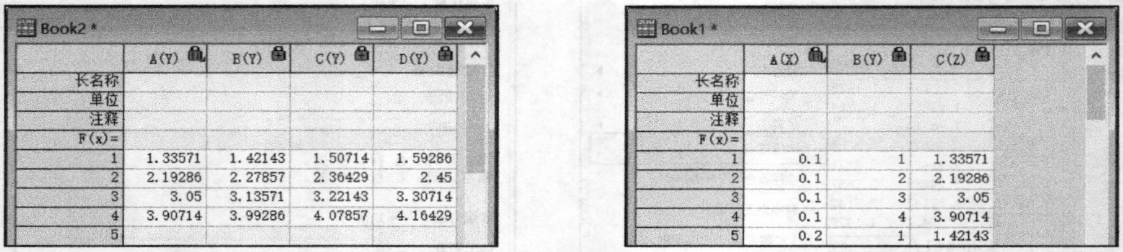

图 2-48　转换结果（左图方法选用直接转换，右图方法选用 XYZ 列）

2.5.10　将工作表转换为矩阵

示例数据：图 2-48 右图所示的工作表数据。将工作表转换为矩阵的操作步骤如下。

① 按住【Shift】键并单击 A 列和 C 列选中 A、B 和 C 三列。

② 单击菜单命令【工作表→转换为矩阵→XYZ 网格化→打开对话框】，在弹出的【XYZ 网格化：将工作表转换为矩阵】对话框中设置【网格化方法和参数】等选项，如图 2-49 所示。

③ 单击【确定】按钮关闭对话框，转换结果如图 2-50 所示。

工作表转换为矩阵时，转换命令和控制参数需要根据数据特征及转换结果要求进行设置。本示例选择菜单命令【工作表→转换为矩阵→直接转换→打开对话框】并接受如图 2-51 左图所示的设置，转换结果如图 2-51 右图所示。

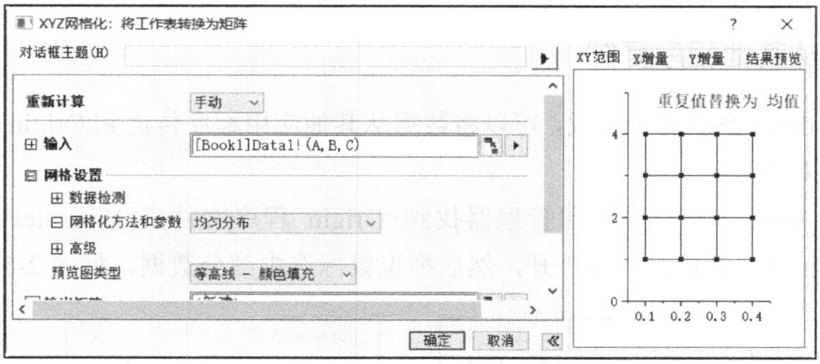

图 2-49 【XYZ 网格化：将工作表转换为矩阵】对话框

	0.1	0.2	0.3	0.4
1	1.33571	1.42143	1.50714	1.59286
2	2.19286	2.27857	2.36429	2.45
3	3.05	3.13571	3.22143	3.30714
4	3.90714	3.99286	4.07857	4.16429

图 2-50 工作表转换为矩阵表结果

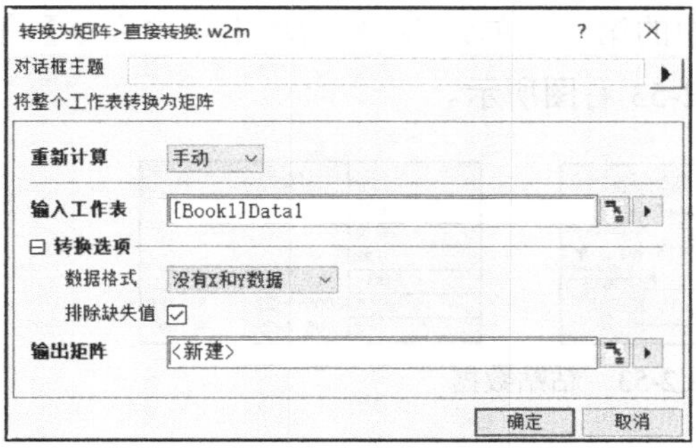

	1	2	3
1	0.1	1	1.33571
2	0.1	2	2.19286
3	0.1	3	3.05
4	0.1	4	3.90714
5	0.2	1	1.42143
6	0.2	2	2.27857
7	0.2	3	3.13571
8	0.2	4	3.99286
9	0.3	1	1.50714
10	0.3	2	2.36429
11	0.3	3	3.22143
12	0.3	4	4.07857
13	0.4	1	1.59286

图 2-51 工作表直接转换为矩阵

2.6 数据录入

2.6.1 手工输入

手工输入适用于数据量较小的情况，其操作步骤如下。

① 在需要输入数据的单元格上单击。

② 通过键盘输入数据并按【Enter】键使光标跳转至下一单元格。

2.6.2 从其他程序复制

通过 Windows 系统的剪切板，可以将数据从其他应用程序传递到 Origin 工作表中，示例的操作步骤如下。

① 通过 Windows 文件资源管理器找到<Origin 程序文件夹>\Samples\Curve Fitting\RMBvsUSD.txt 文本文件并双击打开，然后拖曳鼠标选中部分数据，如图 2-52 左图所示。

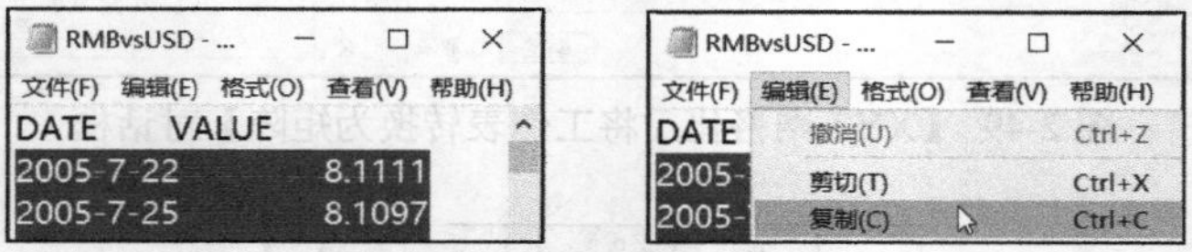

图 2-52 选中并复制数据

② 单击记事本菜单命令【编辑→复制】将这些数据复制到 Windows 系统的剪切板，如图 2-52 右图所示。

③ 打开 Origin 程序，单击工作表中的第一个单元格，然后单击菜单命令【编辑→粘贴】（如图 2-53 左图所示），粘贴结果如图 2-53 右图所示。

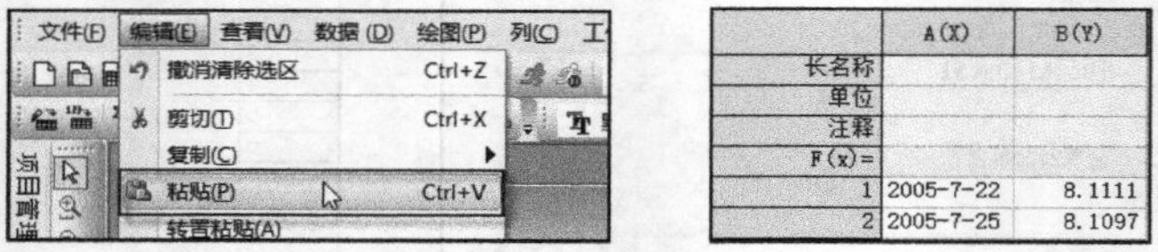

图 2-53 粘贴数据

2.6.3 连接外部文件

外部文件数据可以通过连接的方式导入 Origin 项目中，进而进行绘图和分析等。外部源文件可以是本地计算机上的文件，也可以是网络服务器上的文件。下面以连接 Excel 文件为例演示 Origin 连接外部文件的操作步骤。

① 单击要导入数据的工作表标签将其设置为当前工作表。

② 单击菜单命令【数据→连接到文件→Excel】或【导入】工具栏上的【导入 Excel】按钮，如图 2-54 所示。

③ 在打开的【Excel_Connector】对话框中浏览找到<Origin 程序文件夹>\Samples\Import and Export 文件夹，然后单击选中 United States Energy (1980-2013).xls 文件并单击【打开】按钮，如图 2-55 所示。

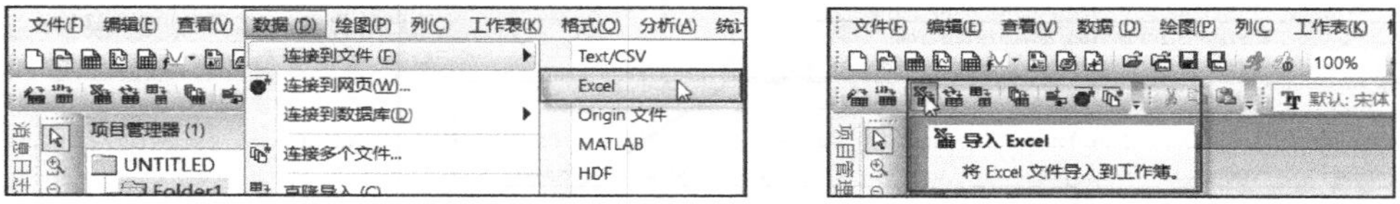

图 2-54 【导入 Excel】工具

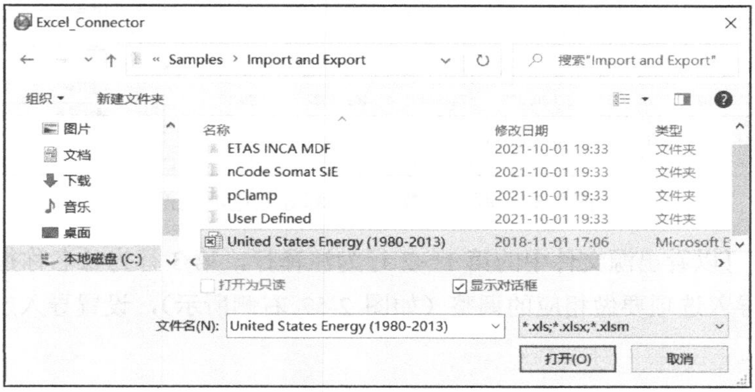

图 2-55 【Excel_Connector】对话框

④ 在弹出的【Excel 导入选项】对话框中单击【确定】按钮（如图 2-56 左图所示），结果如图 2-56 右图所示。

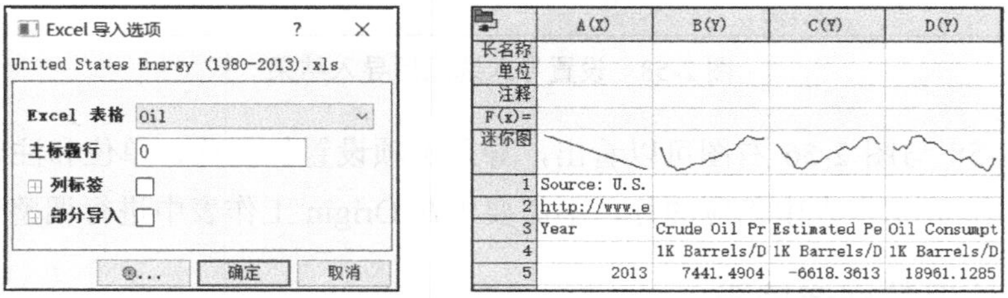

图 2-56 【Excel 导入选项】对话框和导入结果

2.6.4 导入选项设置

通过导入选项设置可以将源文件中的名称、单位、注释等特殊数据导入 Origin 工作表的相应行中，但是在设置导入选项前需要先了解外部源文件的数据结构。例如<Origin 程序文件夹>\Samples\Import and Export\United States Energy (1980-2013).xls 文件结构如图 2-57 左图所示。

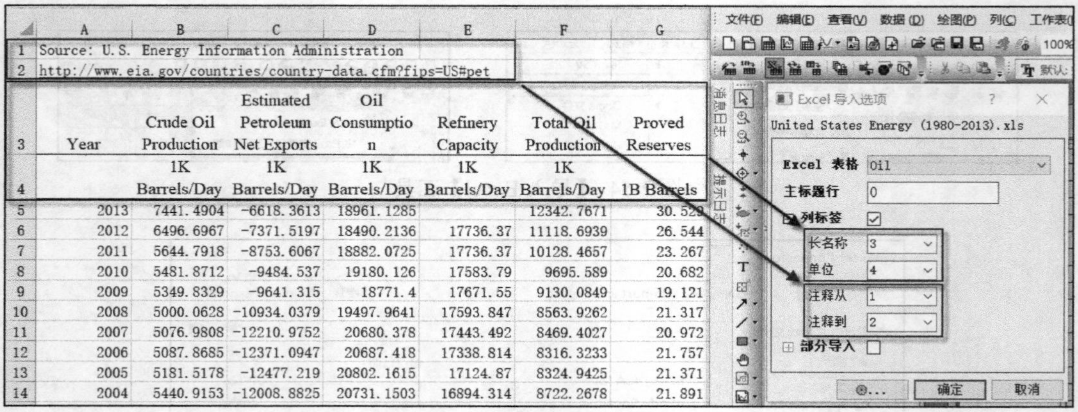

	A	B	C	D	E	F	G		
1	Source: U.S. Energy Information Administration								
2	http://www.eia.gov/countries/country-data.cfm?fips=US#pet								
3	Year	Crude Oil Production	Estimated Petroleum Net Exports	Oil Consumptio n	Refinery Capacity	Total Oil Production	Proved Reserves		
4		1K Barrels/Day	1K Barrels/Day	1K Barrels/Day	1K Barrels/Day	1K Barrels/Day	1B Barrels		
5	2013	7441.4904	-6618.3613	18961.1285		12342.7671	30.529		
6	2012	6496.6967	-7371.5197	18490.2136	17736.37	11118.6939	26.544		
7	2011	5644.7918	-8753.6067	18882.0725	17736.37	10128.4657	23.267		
8	2010	5481.8712	-9484.537	19180.126	17583.79	9695.589	20.682		
9	2009	5349.8329	-9641.315	18771.4	17671.55	9130.0849	19.121		
10	2008	5000.0628	-10934.0379	19497.9641	17593.847	8563.9262	21.317		
11	2007	5076.9808	-12210.9752	20680.378	17443.492	8469.4027	20.972		
12	2006	5087.8685	-12371.0947	20687.418	17338.814	8316.3233	21.757		
13	2005	5181.5178	-12477.219	20802.1615	17124.87	8324.9425	21.371		
14	2004	5440.9153	-12008.8825	20731.1503	16894.314	8722.2678	21.881		

图 2-57　源文件数据结构和导入选项设置

从图 2-57 可以看出源文件中的第 1～2 行为注释行，第 3 行为长名称行，第 4 行为单位行，因此，导入选项要做相应的调整（如图 2-57 右侧所示），设置导入选项后导入结果如图 2-58 所示。

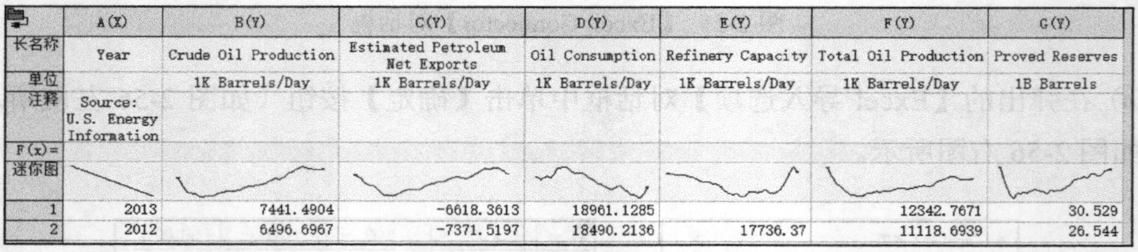

图 2-58　设置导入选项后导入结果

对比图 2-58 与图 2-56 右图可以看出，导入选项设置长名称、单位和注释等选项后可以直接导入 Origin 工作表中相应的行，不需要再在 Origin 工作表中进行调整。

2.6.5　认识数据连接器

Origin 从 2019b 版本开始通过数据连接器控制项目中数据与外部连接或导入源文件之间的关联，这使得通过连接或导入获取数据的工作表可以自动响应外部源文件的更新。

打开数据连接器快捷菜单的方法是单击位于连接或导入数据表左上角的数据连接器标识，如图 2-59 所示。

默认状态下，响应外部源文件更新的自动导入功能处于关闭状态；若需要自动导入则应该选择【自动导入→项目打开时】或【更改时】命令。二者的差异是前者只有在项目被重新打开时才执行，而后者则实时跟踪连接或导入的外部源文件，只要源文件被更改则立即执行。

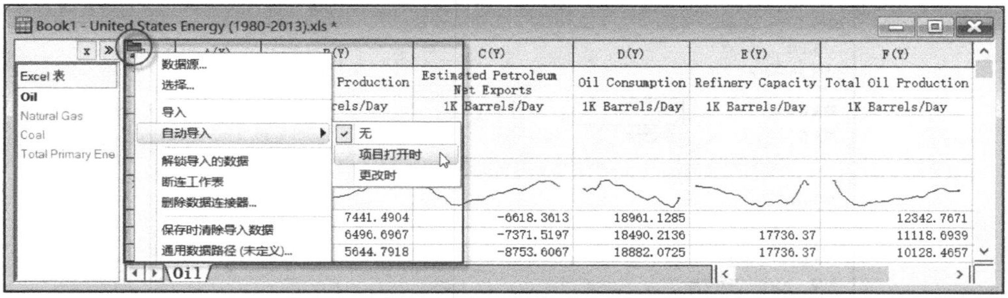

图 2-59 数据连接器

为了保护数据，连接或导入的数据在默认状态下处于锁定状态无法进行编辑；若需要编辑数据，则需要单击数据连接器快捷菜单上的【解锁导入的数据】命令。解锁后即可编辑数据，这时虽然与外部源文件的连接还存在，但不再跟踪外部源文件改变。

【断连工作表】命令可以断开 Origin 工作表与外部源文件的关联，但保留数据连接器，因此仍可以通过【数据源】与新的外部文件建立关联。

【删除数据连接器】命令可以彻底断开 Origin 工作表与外部源文件的关联，且使该工作表不能再与外部文件进行关联。

2.6.6 连接多个文件

如果需要同时连接多个数据结构相同的外部文件，可以通过【连接多个文件】将它们一次性全部导入，操作步骤如下。

① 单击拟导入外部文件的工作簿标题将其设置为当前窗口，然后单击菜单命令【数据→连接多个文件】，如图 2-60 所示。

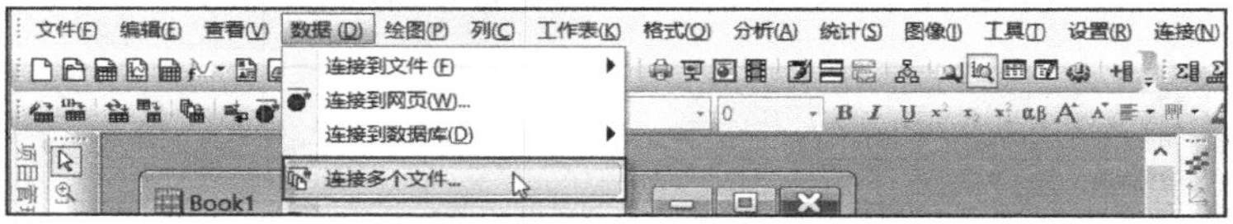

图 2-60 【连接多个文件】菜单命令

② 在弹出的【连接多个文件：files2dc】对话框中选定数据连接器，然后单击查找文件按钮，如图 2-61 所示。

③ 在弹出的【打开】对话框中通过【查找范围】浏览找到拟连接文件所在的文件夹，然后按住【Ctrl】键并依次单击拟连接的文件再单击【添加文件】按钮，如图 2-62 所示，最后单击【确定】按钮。

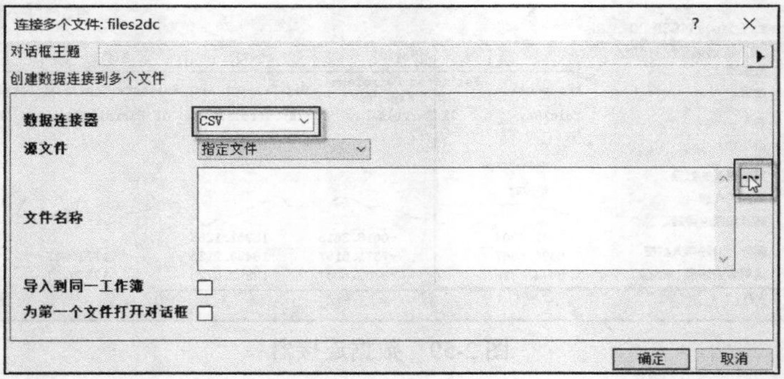

图 2-61　【连接多个文件：files2dc】对话框

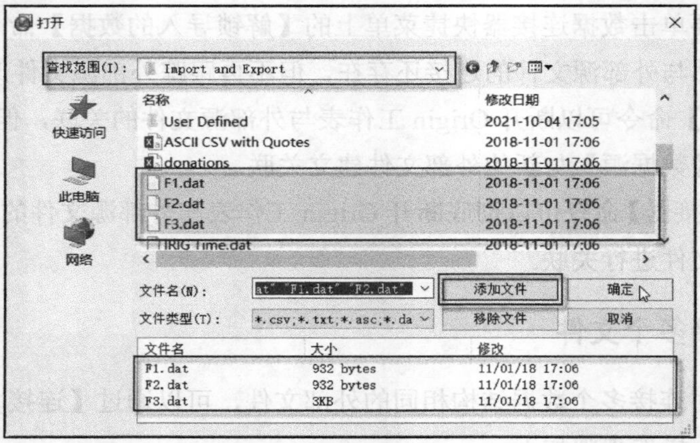

图 2-62　添加拟连接的多个文件

④ 在返回的【连接多个文件：files2dc】对话框中酌情勾选【导入同一工作簿】（如图 2-63 所示），然后单击【确定】按钮完成多个文件的数据导入，结果如图 2-64 所示。

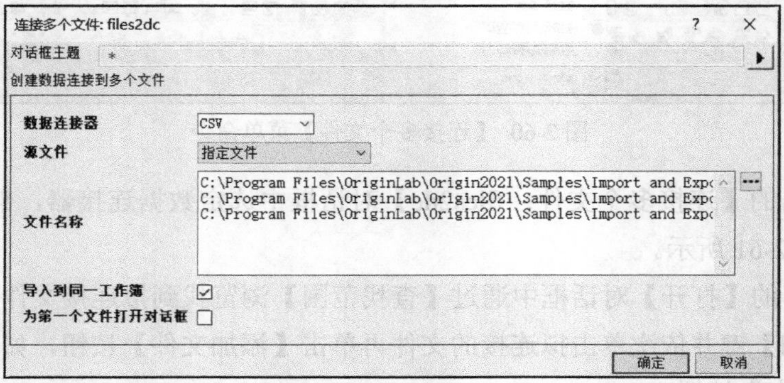

图 2-63　【连接多个文件：files2dc】对话框

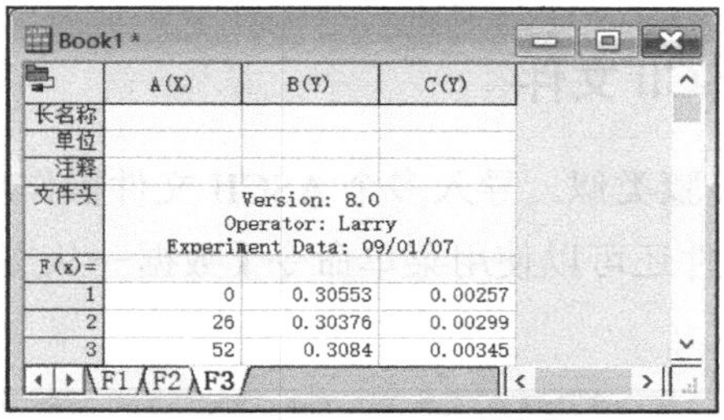

图 2-64 导入多个文件数据到同一工作簿结果

2.6.7 从外部文件导入

从外部文件导入数据功能是老版本 Origin 提供的数据导入功能，下面以导入 ASCII 码文件为例演示操作步骤。

① 单击要导入数据的工作表标签将其设置为当前工作表。

② 单击【导入】工具栏中的【导入单个 ASCII 文件】按钮，如图 2-65 左图所示。

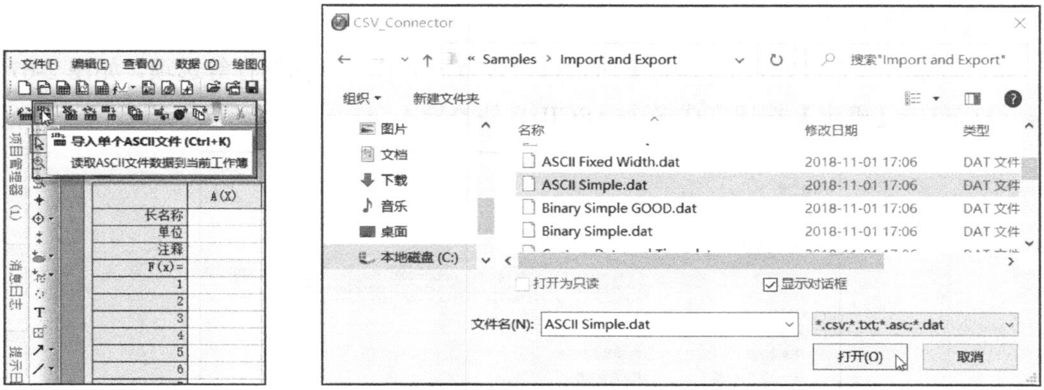

图 2-65 导入单个 ASCII 文件

③ 在打开的【CSV_Connector】对话框中通过浏览找到<Origin 程序文件夹>\Samples\Import and Export 文件夹并单击选中 ASCII Simple.dat 文件后单击【打开】按钮，如图 2-65 右图所示。

④ 单击弹出的【CSV 导入选项】对话框中的【确定】按钮接受默认导入设置导入数据即可。

注：若对拟导入 ASCII 文件的数据结构非常清楚，可以参考前文“导入选项设置”进行设置；若不清楚拟导入文件的数据结构，可以先按默认选项导入然后再进行调整。

2.6.8 导入多个 ASCII 文件

与连接多个文件操作步骤类似，导入多个 ASCII 文件操作步骤如下。

① 导入多个 ACSII 文件还可以使用菜单命令【数据→从文件导入→多个 ASCII 文件】实现，如图 2-66 所示。

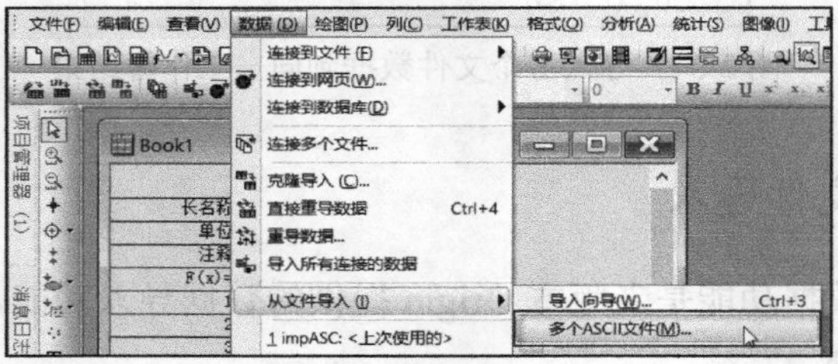

图 2-66 导入多个 ASCII 文件

② 在弹出的【打开】对话框中通过【查找范围】浏览找到拟连接文件所在的文件夹，然后按住【Ctrl】键依次单击拟连接的文件再单击【添加文件】按钮，如图 2-62 所示，最后单击【确定】按钮。

③ 在弹出的【ACSII: impASC】对话框中设置导入模式、标题行等选项，如图 2-67 所示，最后单击【确定】按钮完成多个 ASCII 文件的导入。

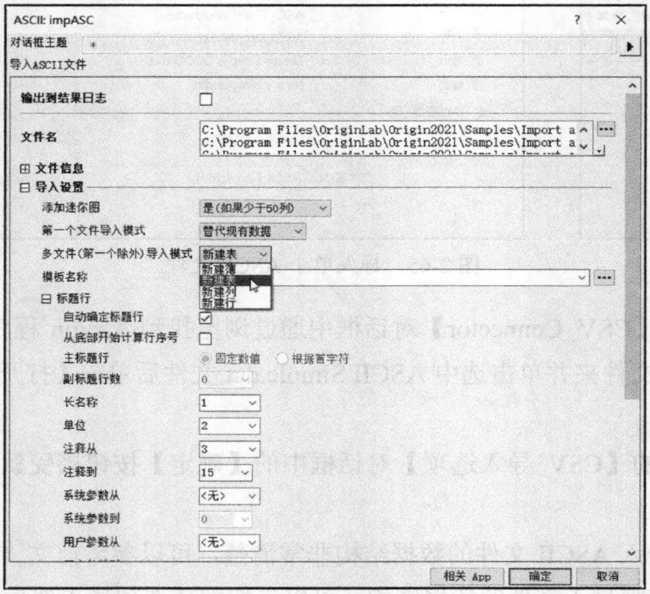

图 2-67 导入 ACSII 选项设置

【多文件导入模式】中选择【新建簿】将为不同文件中的数据创建不同的工作簿（如图 2-68 所示）；选择【新建表】则将不同文件中的数据导入当前工作簿的不同工作表中（如图 2-69 左图所示）；选择【新建列】则将不同文件中的数据导入当前工作表的不同列中（如图 2-69 右图所示）。

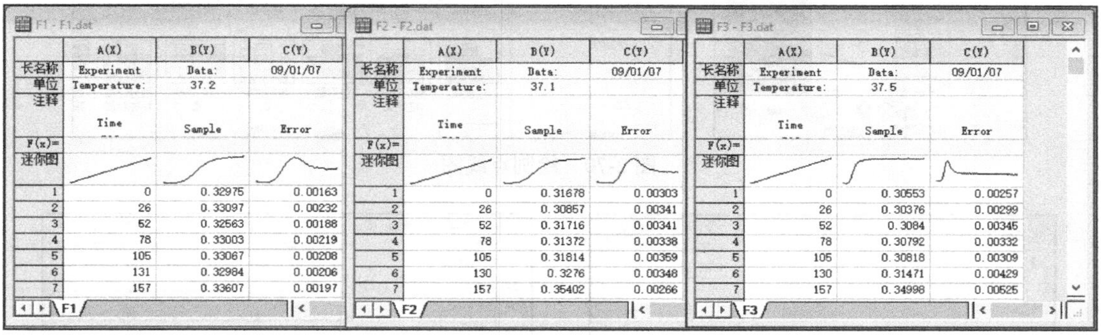

图 2-68 导入多文件数据到不同的工作簿

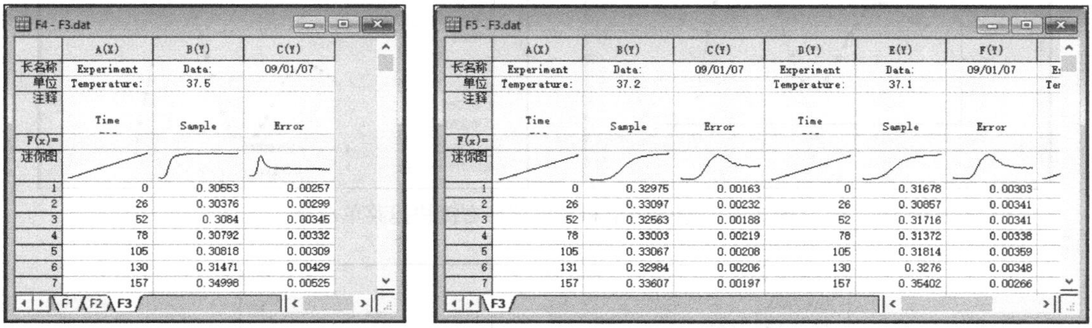

图 2-69 导入多文件数据到不同的工作表和列

2.6.9 图像数字化

在某些情况下，需要将已经图像化的图形中的数据重新数字化，利用 Origin 的图像数字化工具可以实现这一过程。示例图像准备操作步骤如下。

① 导入<Origin 程序文件夹>\Samples\Graphing\AXES.DAT 文件中的数据到工作表。

② 单击 B 列标题选中列，然后单击【2D 图形】工具栏的【点线图】按钮或菜单命令【绘图→基础 2D 图→点线图】（如图 2-70 所示），绘图结果如图 2-71 左图所示。

③ 单击菜单命令【文件→导出图形→打开对话框】，如图 2-71 右图所示。

④ 在打开的【导出图形：expGraph】对话框中设置图像类型以及保存路径等选项，如图 2-72 所示。

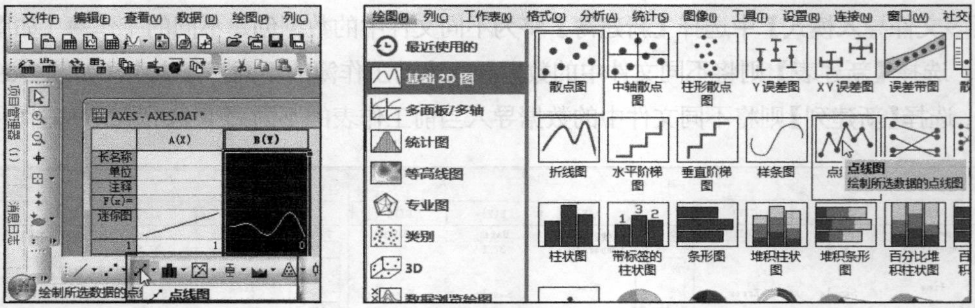

图 2-70　绘制点线图

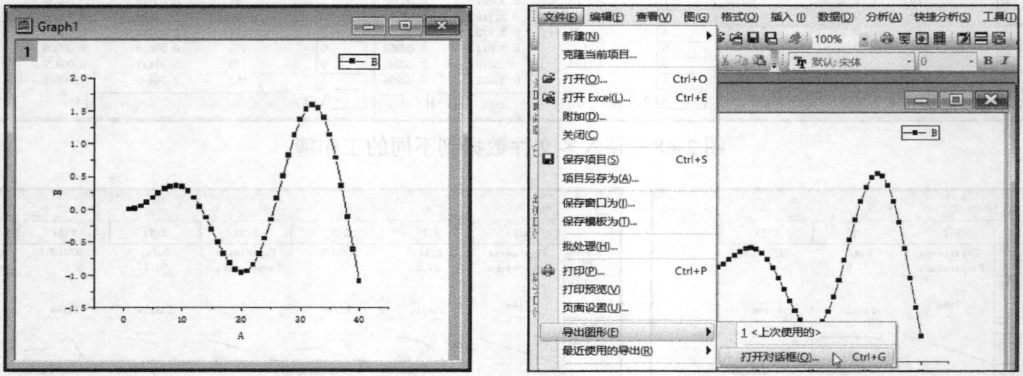

图 2-71　绘图结果和导出图形右键快捷菜单命令

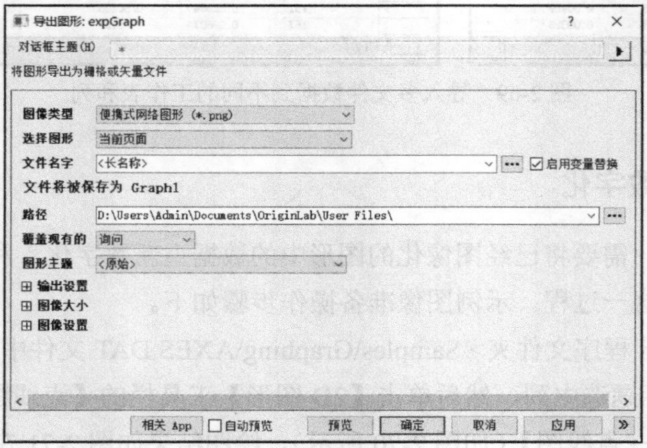

图 2-72　导出图形设置

⑤ 单击【确定】按钮关闭对话框完成图形导出。

示例图像数字化操作步骤如下。

① 单击常用工具栏的图像数字化图标，如图 2-73 所示。

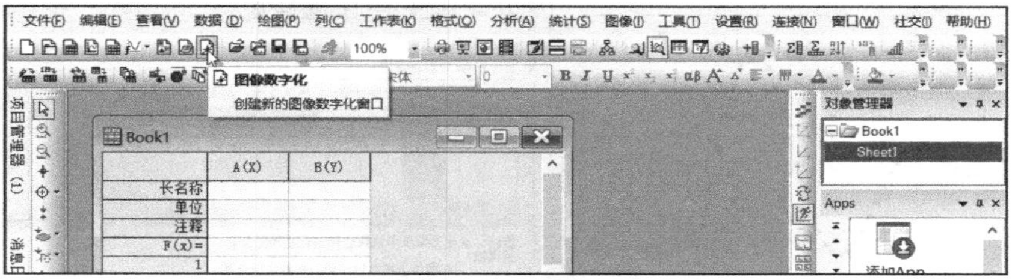

图 2-73 图像数字化工具图标

② 在打开的【Images】对话框中通过浏览找到包含拟数字化的图像文件，单击选中该文件后单击【打开】按钮，如图 2-74 所示。

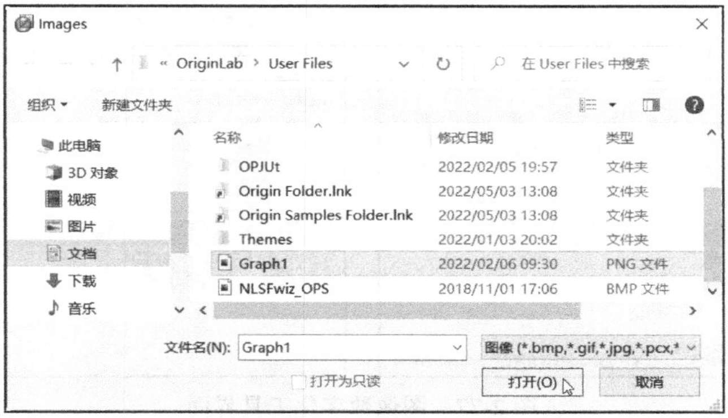

图 2-74 打开图像文件

③ 在打开的【Digitize1】图形窗口上拖曳 X1 轴到可准确定位的 X 坐标处，如图 2-75 左图所示。

④ 依次拖曳 X2、Y1 和 Y2 轴，完成后结果如图 2-75 右图所示。

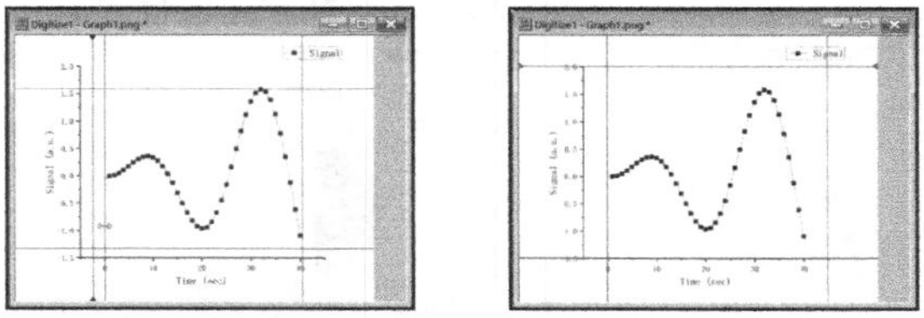
图 2-75 拖曳坐标轴

⑤ 在【图像数字化工具】界面上双击 X1 坐标值输入“0”，如图 2-76 所示。

⑥ 逐个输入 X2、Y1 和 Y2 坐标值分别为“45”“−1.5”和“2.0”，如图 2-77 左图所示。

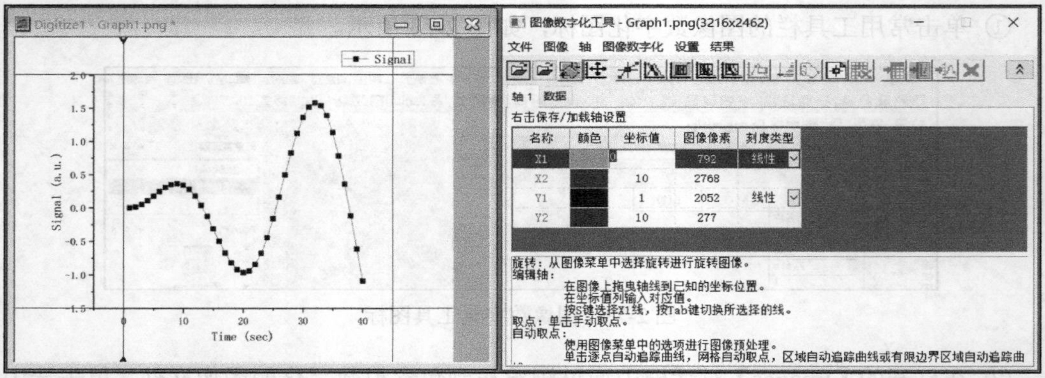

图 2-76 输入 X1 坐标值

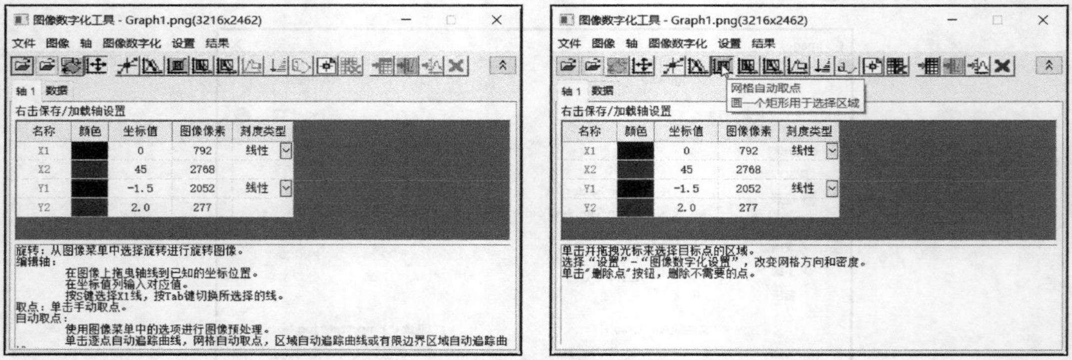

图 2-77 图像数字化工具界面

⑦ 单击【网格自动取点】图标（如图 2-77 右图所示），然后通过拖放选中拟数字化的图像区域，如图 2-78 左图所示。

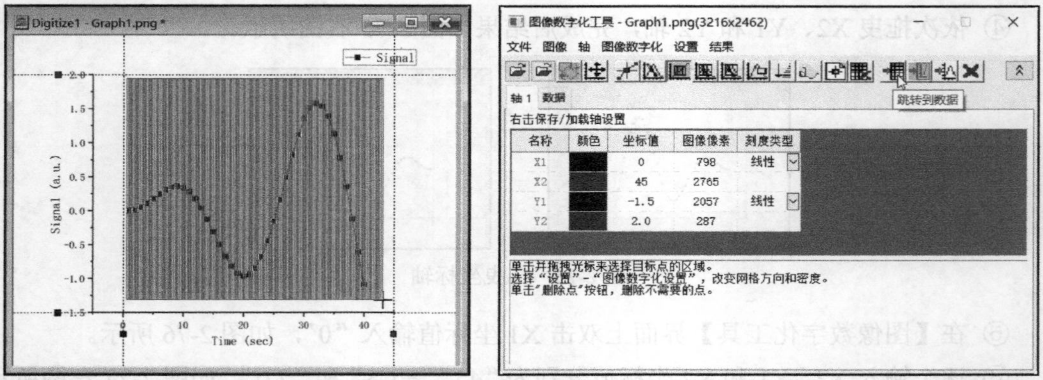

图 2-78 网格自动取点和跳转到数据

⑧ 单击【图像数字化工具】界面中的【跳转到数据】图标，得到图 2-79 所示的数据表。

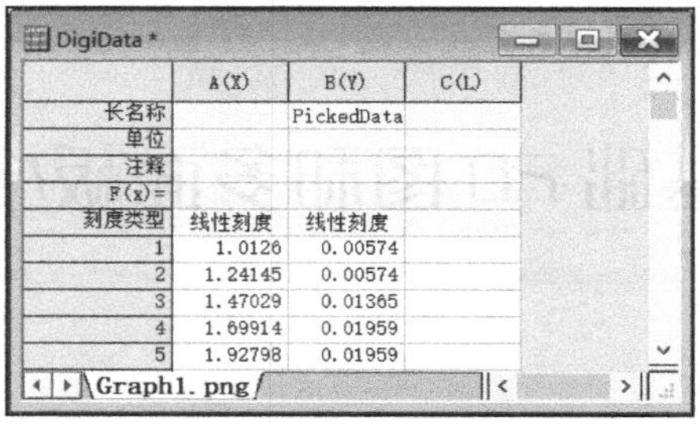

	A(X)	B(Y)	C(L)
长名称		PickedData	
单位			
注释			
F(x)=			
刻度类型	线性刻度	线性刻度	
1	1.0126	0.00574	
2	1.24145	0.00574	
3	1.47029	0.01365	
4	1.69914	0.01959	
5	1.92798	0.01959	

图 2-79 图像数字化得到的数据表

2.7 本 章 小 结

本章较为系统地介绍了 Origin 工作簿、工作表、工作表行、工作表列和矩阵的基本操作，并在此基础上详细介绍了 Origin 数据的各种导入方法以及图像数字化操作。希望读者能认真阅读并对照操作，以便为后续图表绘制和数据分析处理打下坚实的基础。

第 3 章　基础 2D 图和多面板/多轴图绘制

本章学习目标

- 熟悉并掌握基础 2D 图绘制
- 熟悉并掌握多面板/多轴图绘制
- 熟悉并掌握图形窗口合并和图层提取

3.1　简　介

数据是绘制图形的关键前提，因此，在动手绘图前一定要先准备好数据，数据录入操作请参考前文；导入的数据可能还需要手动设置列的绘图设定等，具体操作步骤请参考前文。

Origin 绘图功能十分强大，既可以绘制简单的二维图、多面板/多轴图，还可以绘制复杂的等高线图、专业图和三维图等。Origin 绘图操作非常灵活，既可以使用内置的模板，又可以利用功能强大的【图表绘制】对话框。

3.2　基础 2D 图绘制

Origin 提供了多种二维图模板，选择好数据列后只需单击相应模板即可便捷地绘制出各种各样的二维图。

Origin 提供的基础 2D 图模板如图 3-1 所示，较为常用的二维图有散点图、折线图、点线图、Y 误差图、柱状图、条形图和饼图等。

绘制基础 2D 图主要通过单击菜单命令【绘图→基础 2D 图】或【2D 图形】工具栏上的相应按钮（如图 3-2 所示）完成。

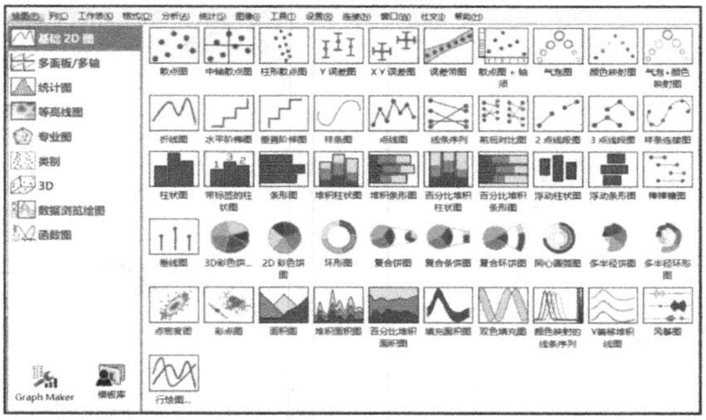

图 3-1 基础 2D 图模板

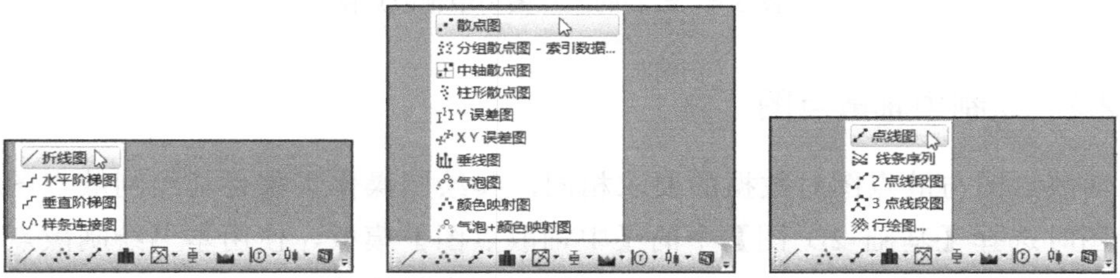

图 3-2 部分展开的【2D 图形】工具栏

3.2.1 绘制散点图

数据要求：包含一个或多个数值型 Y 列。示例数据准备：导入<Origin 程序文件夹>\Samples\Graphing\AXES.DAT 文件中的数据到工作表。

使用示例数据绘图的操作步骤如下。

① 单击 B 列标题选中 B 列。

② 单击【2D 图形】工具栏的【散点图】按钮或菜单命令【绘图→基础 2D 图→散点图】（如图 3-3 所示），绘图结果如图 3-4 左图所示。

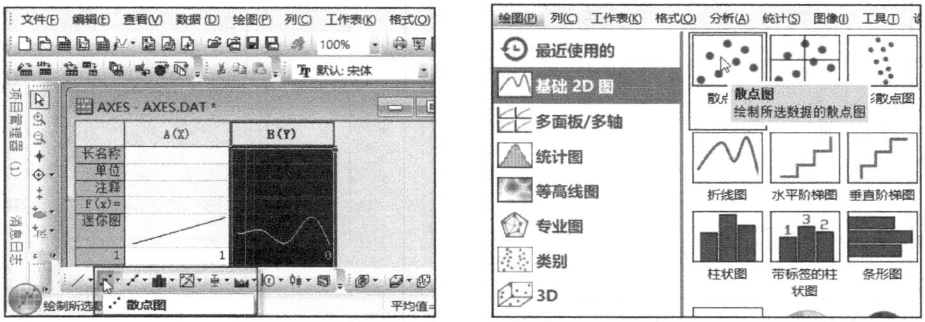

图 3-3 绘制散点图

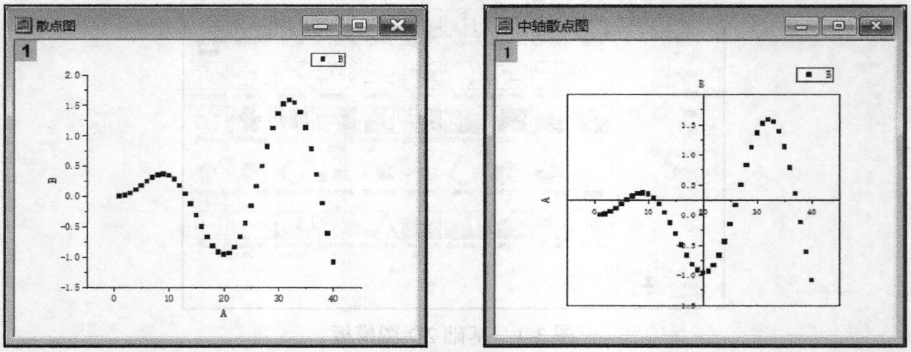

图 3-4　绘制的散点图和中轴散点图

3.2.2　绘制中轴散点图

中轴散点图与散点图对数据的要求相同，其绘图操作步骤也与绘制散点图相似，只是绘图时选择【基础 2D 图】中的【中轴散点图】模板，使用本书绘制散点图的示例数据绘图结果如图 3-4 右图所示。这种图与散点图大致相同，只是将坐标轴设置在 0 处。

3.2.3　绘制散点图+轴须

“散点图+轴须”与散点图对数据的要求相同，其绘图操作步骤也与绘制散点图相似，只是绘图时选择【基础 2D 图】中的【散点图+轴须】模板，使用本书绘制散点图的示例数据绘图结果如图 3-5 左图所示。这种图比较容易看清楚数据点在纵、横坐标上的位置。

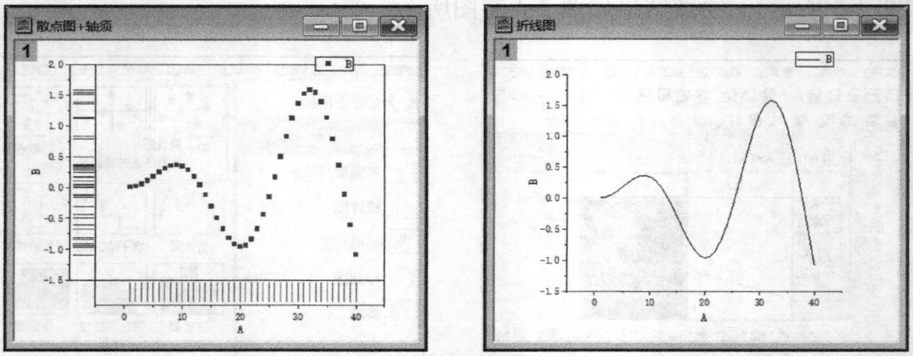

图 3-5　绘制的“散点图+轴须”和折线图

3.2.4 绘制折线图

折线图与散点图对数据的要求相同，其绘图操作步骤也与绘制散点图相似，只是绘图时选择【基础 2D 图】中的【折线图】模板，使用本书绘制散点图的示例数据得到的绘图结果如图 3-5 右图所示。

3.2.5 绘制点线图

点线图与散点图对数据的要求相同，其绘图操作步骤也与绘制散点图相似，只是绘图时选择【基础 2D 图】中的【点线图】模板，使用本书绘制散点图的示例数据得到的绘图结果如图 3-6 左图所示。

3.2.6 绘制垂线图

垂线图与散点图对数据的要求相同，其绘图操作步骤也与绘制散点图相似，只是绘图时选择【基础 2D 图】中的【垂线图】模板，使用本书绘制散点图的示例数据得到的绘图结果如图 3-6 右图所示。

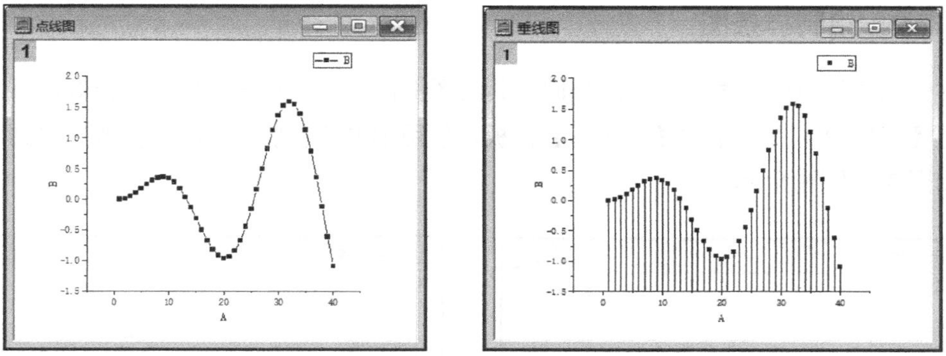

图 3-6 点线图和垂线图

3.2.7 绘制水平阶梯图

水平阶梯图与散点图对数据的要求相同，其绘图操作步骤也与绘制散点图相似，只是绘图时选择【基础 2D 图】中的【水平阶梯图】模板，使用本书绘制散点图的示例数据得到的绘图结果如图 3-7 左图所示。

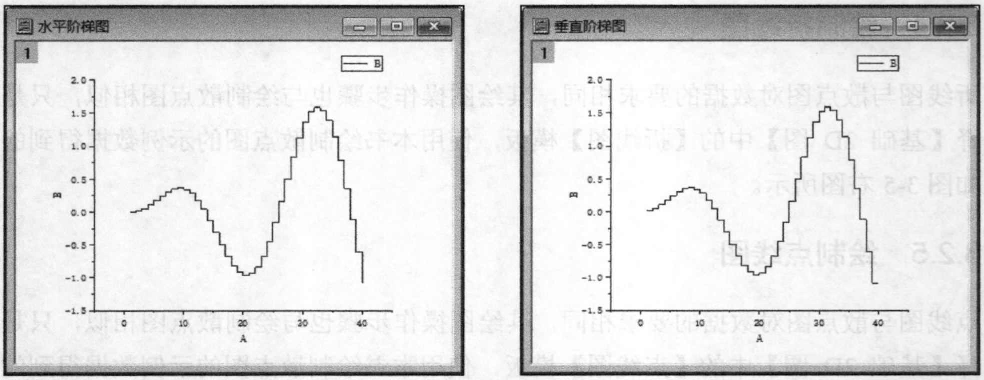

图 3-7　水平阶梯图和垂直阶梯图

3.2.8　绘制垂直阶梯图

垂直阶梯图与散点图对数据的要求相同，其绘图操作步骤也与绘制散点图相似，只是绘图时选择【基础 2D 图】中的【垂直阶梯图】模板，使用本书绘制散点图的示例数据得到的绘图结果如图 3-7 右图所示。

3.2.9　绘制样条图

样条图与散点图对数据的要求相同，其绘图操作步骤也与绘制散点图相似，只是绘图时选择【基础 2D 图】中的【样条图】模板，使用本书绘制散点图的示例数据得到的绘图结果如图 3-8 左图所示。

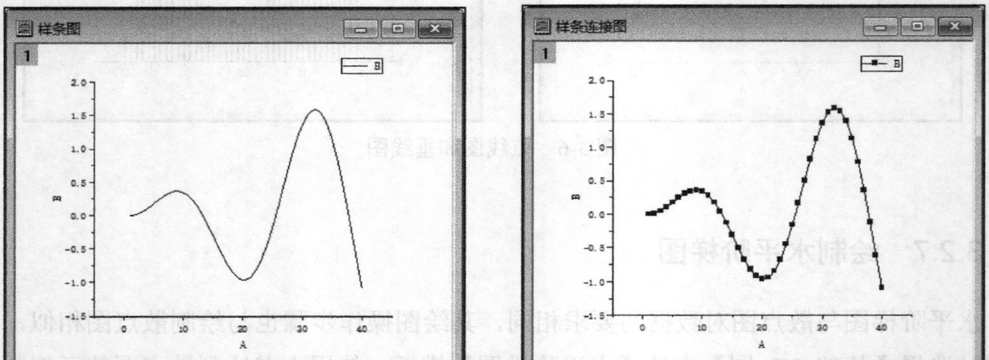

图 3-8　样条图和样条连接图

3.2.10 绘制样条连接图

样条连接图与散点图对数据的要求相同，其绘图操作步骤也与绘制散点图相似，只是绘图时选择【基础 2D 图】中的【样条连接图】模板，使用本书绘制散点图的示例数据得到的绘图结果如图 3-8 右图所示。

3.2.11 绘制 2 点线段图

2 点线段图与散点图对数据的要求相同，其绘图操作步骤也与绘制散点图相似，只是绘图时选择【基础 2D 图】中的【2 点线段图】模板，使用本书绘制散点图的示例数据得到的绘图结果如图 3-9 左图所示。

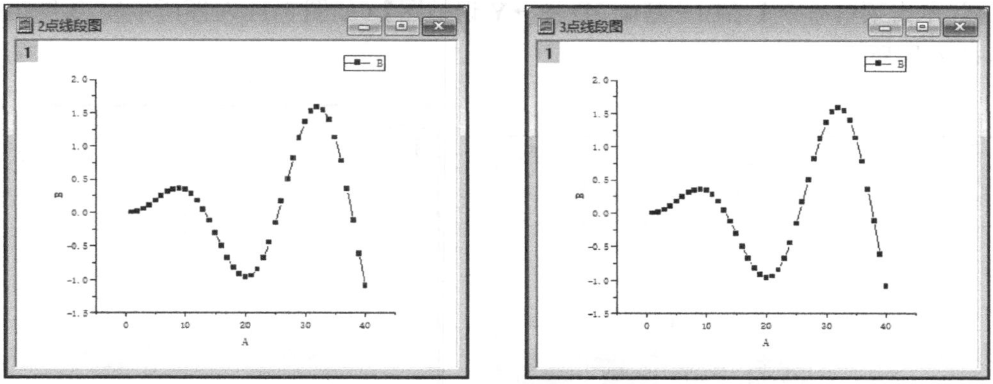

图 3-9 2 点线段图和 3 点线段图

3.2.12 绘制 3 点线段图

3 点线段图与散点图对数据的要求相同，其绘图操作步骤也与绘制散点图相似，只是绘图时选择【基础 2D 图】中的【3 点线段图】模板，使用本书绘制散点图的示例数据得到的绘图结果如图 3-9 右图所示。

3.2.13 绘制 Y 误差图

数据要求：包含数值型 Y 列及其误差列。示例数据准备操作步骤如下。

① 导入<Origin 程序文件夹>\Samples\Curve Fitting\Gaussian.dat 文件中的数据到工作表。

② 单击 C 列标题选中 C 列。

③ 单击通过菜单命令【列→设置为→Y 误差图】将该列设置为 Y 误差，如图 3-10 所示。

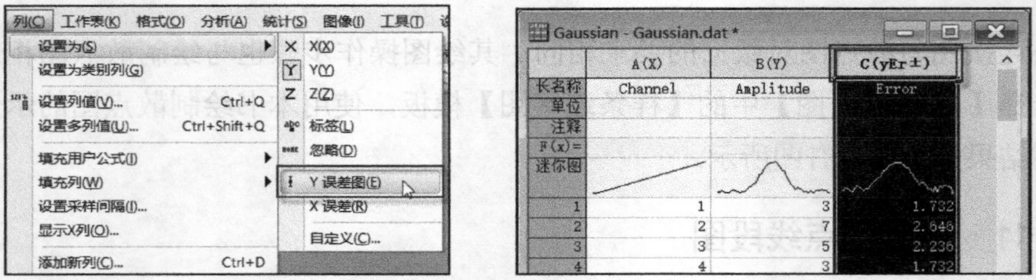

图 3-10 设置列绘图设定为 Y 误差

使用示例数据绘图的操作步骤如下。

① 单击 B 列标题并拖曳光标至 C 列，选中两列。

② 单击菜单命令【绘图→基础 2D 图→Y 误差图】（如图 3-11 左图所示），绘图结果如图 3-11 右图所示。

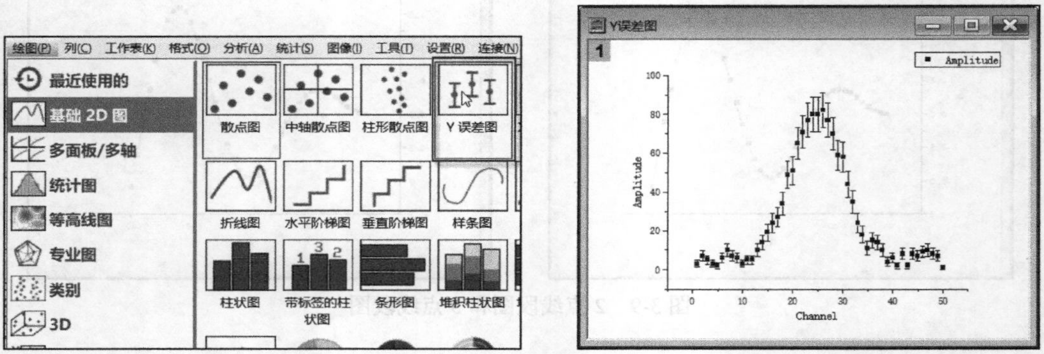

图 3-11 绘制 Y 误差图

3.2.14 绘制 XY 误差图

数据要求：包含数值型 X 列、Y 列和它们相应的误差。示例数据准备操作步骤如下。

① 导入<Origin 程序文件夹>\Samples\Curve Fitting\Gaussian.dat 文件中的数据到工作表。

② 点击 C 列标题选中 C 列。

③ 单击菜单命令【列→设置为→Y 误差图】将该列设置为 Y 误差，如图 3-10 所示。

④ 单击【标准】工具栏上的【添加新列】按钮添加一个新列。

⑤ 单击新添加列的列标题将其选中，然后单击菜单命令【列→设置列值】，将该列值设置为“1”（设置该值只是为了演示本例绘图用），如图 3-12 所示。

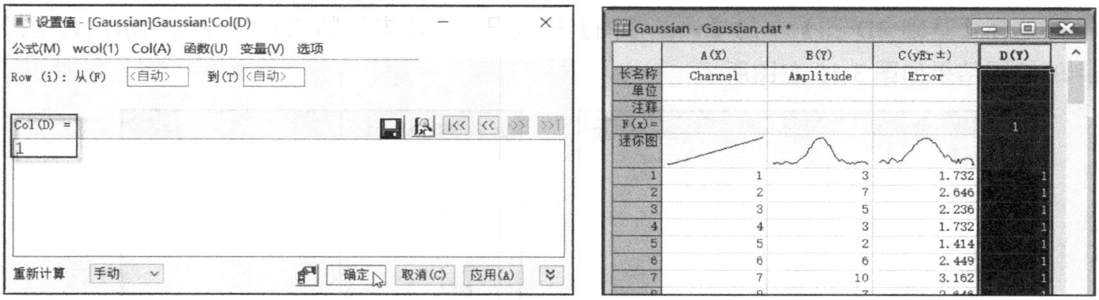

图 3-12 设置 D 列值为“1”

⑥ 单击菜单命令【列→设置为→X 误差图】将该列设置为 X 误差，如图 3-13 所示。

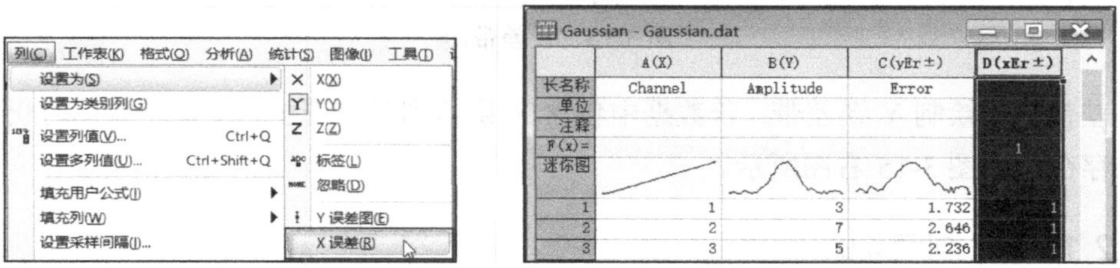

图 3-13 设置 X 误差列

使用示例数据绘图的操作步骤如下。

① 单击 B 列标题并拖曳光标至 D 列，选中三列。

② 单击菜单命令【绘图→基础 2D 图→XY 误差图】，如图 3-14 所示。

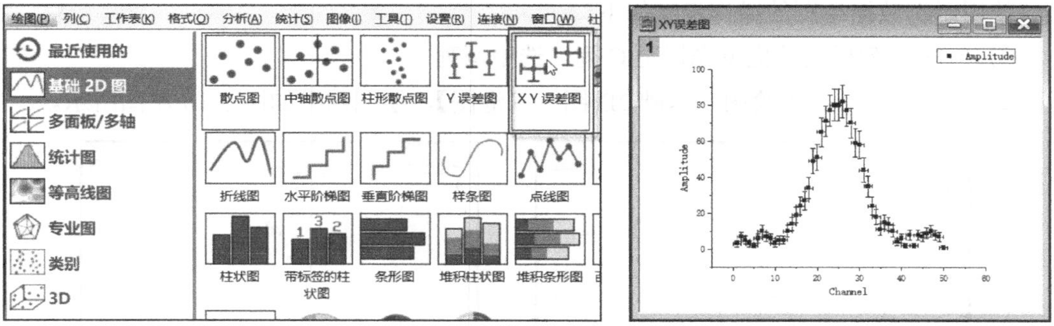

图 3-14 绘制 XY 误差图

3.2.15 绘制误差带图

误差带图与误差图对数据的要求相同，其绘图操作步骤也与绘制误差图相似，只是绘图时选择【基础 2D 图】中的【误差带图】模板，使用本书绘制 XY 误差图的示例数据得到的绘图结果如图 3-15 左图所示。

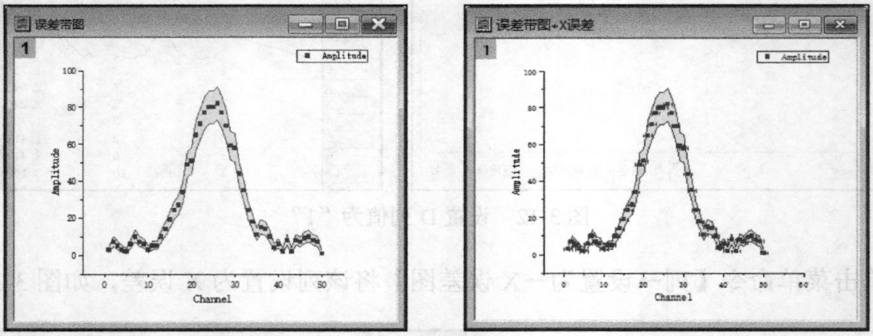

图 3-15　误差带图

误差带图只绘制 Y 误差带；若数据中包含 X 误差列且被选中，X 误差绘图时仍以误差棒形式存在，如图 3-15 右图所示。

3.2.16　绘制气泡图

数据要求：包含两个数值型 Y 列（第 1 个 Y 列设定气泡纵向位置，第 2 个 Y 列设定气泡的大小）。

示例数据准备：导入<Origin 程序文件夹>\Samples\Curve Fitting\Gaussian.dat 文件中的数据到工作表。

使用示例数据绘图的操作步骤如下。

① 单击 B 列标题并拖曳光标至 C 列，选中两列。

② 单击菜单命令【绘图→基础 2D 图→气泡图】，绘图结果如图 3-16 左图所示。

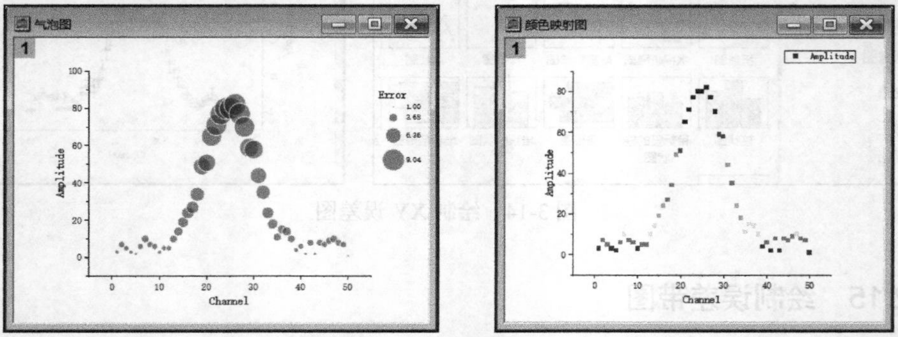

图 3-16　绘制的气泡图和颜色映射图

3.2.17 绘制颜色映射图

颜色映射图与气泡图对数据的要求相同，其绘图操作步骤也与绘制气泡图相似，只是绘图时选择【基础 2D 图】中的【颜色映射图】模板，使用本书绘制气泡图的示例数据得到的绘图结果如图 3-16 右图所示。

3.2.18 绘制气泡+彩色映射图

数据要求：包含三个数值型 Y 列（第 1 个 Y 列设定气泡的纵向位置，第 2 个 Y 列设定气泡的大小，第 3 个 Y 列设定气泡颜色；若无第 3 个 Y 列，则第 2 个 Y 列同时设定气泡大小和颜色）。

示例数据准备操作步骤如下。

① 导入<Origin 程序文件夹>\Samples\Curve Fitting\Gaussian.dat 文件中的数据到工作表。

② 单击【标准】工具栏上的【添加新列】按钮添加一个新列。

③ 单击新添加列的列标题将其选中，然后单击菜单命令【列→填充列→均匀随机数】，如图 3-17 所示。

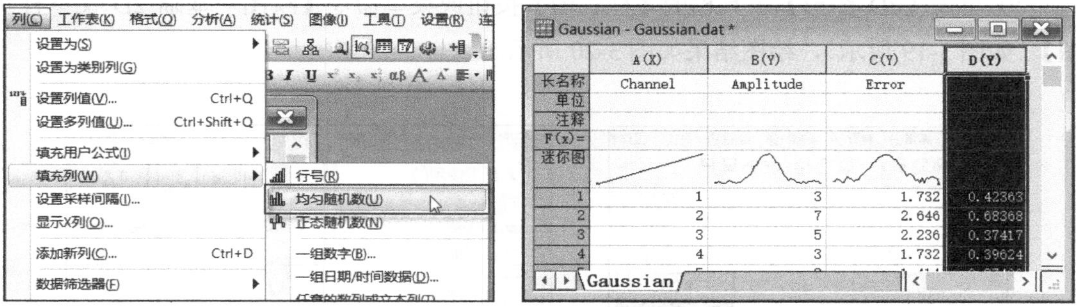

图 3-17 填充均匀随机数

使用示例数据绘图的操作步骤如下。

① 单击 B 列标题并拖曳光标至 D 列，选中三列。

② 单击菜单命令【绘图→基础 2D 图→气泡+彩色映射图】，绘图结果如图 3-18 左图所示。

若无第 3 列数据或者绘图时只选中了两列，则绘图结果如图 3-18 右图所示。

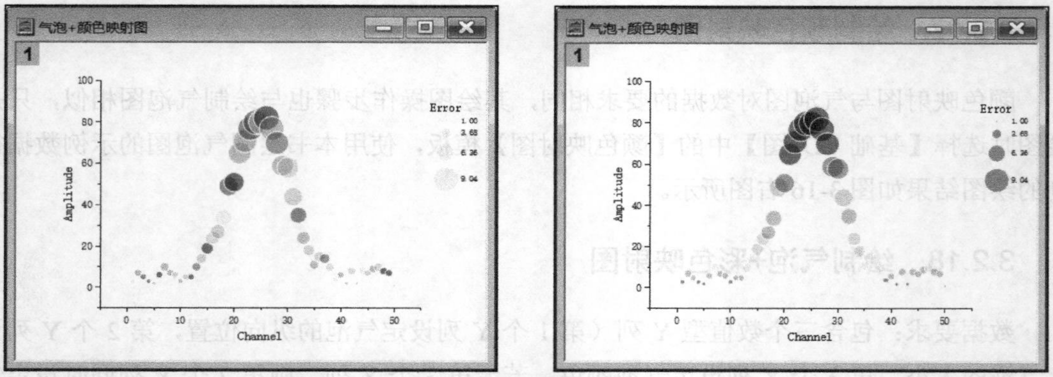

图 3-18 绘制的气泡+颜色映射图

3.2.19 绘制柱状图

数据要求：包含一个或多个数值型 Y 列。示例数据准备：导入<Origin 程序文件夹>\Samples\Graphing\WIND.DAT 文件中的数据到工作表。

使用示例数据绘图的操作步骤如下。

① 单击 B 列标题选中 B 列。

② 单击【2D 图形】工具栏的【柱状图】按钮或菜单命令【绘图→基础 2D 图→柱状图】（如图 3-19 所示），绘图结果如图 3-20 所示。

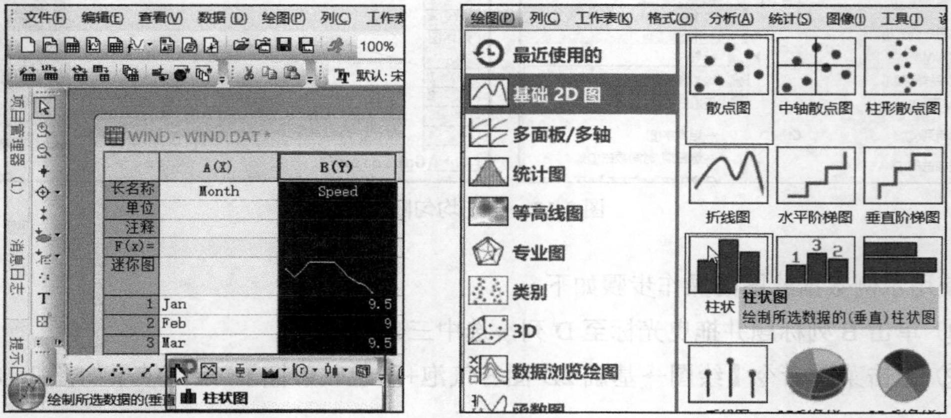

图 3-19 绘制柱状图命令

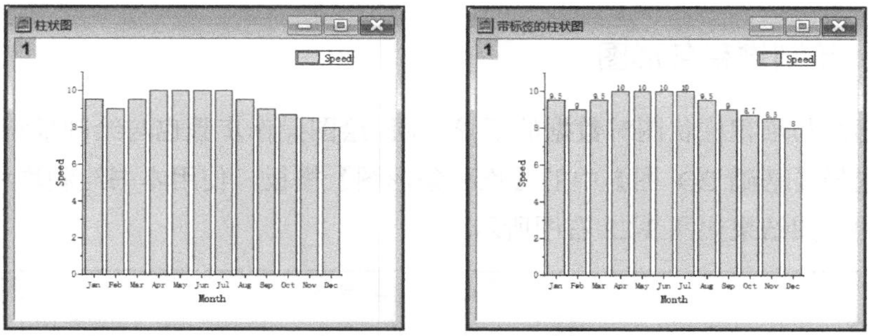

图 3-20 绘制的柱状图和带标签的柱状图

3.2.20 绘制带标签的柱状图

带标签的柱状图与柱状图对数据的要求相同，绘图操作步骤也与绘制柱状图相似，只是绘图时选择【基础 2D 图】中的【带标签的柱状图】模板，使用本书绘制柱状图的示例数据得到的绘图结果如图 3-20 右图所示。

3.2.21 绘制条形图

条形图与柱状图对数据的要求相同，绘图操作步骤也与绘制柱状图相似，只是绘图时选择【基础 2D 图】中的【条形图】模板。

3.2.22 绘制堆积柱状图

数据要求：包含多个数值型 Y 列。示例数据准备：导入<Origin 程序文件夹>\Samples\Graphing\Group.DAT 文件中的数据到工作表。

使用示例数据绘图的操作步骤如下。

① 单击 B 列标题并拖曳光标至 D 列，选中三列。

② 单击菜单命令【绘图→基础 2D 图→堆积柱状图】（如图 3-21 所示），绘图结果如图 3-22 左图所示。

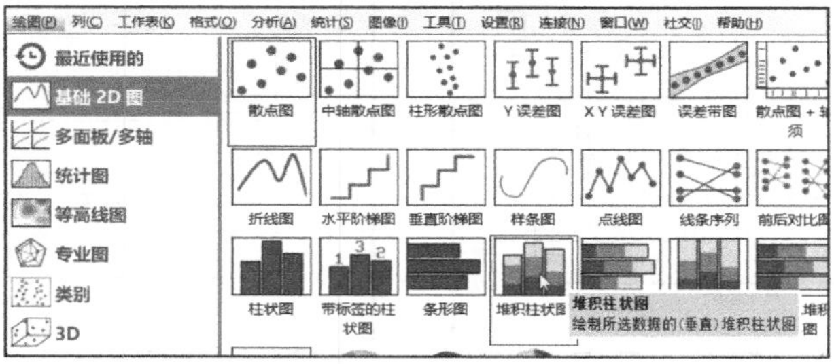

图 3-21 【绘图→基础 2D 图→堆积柱状图】菜单命令

3.2.23　绘制堆积条形图

堆积条形图与堆积柱状图对数据的要求相同，绘图操作步骤也与绘制堆积柱状图相似，只是绘图时选择【基础 2D 图】中的【堆积条形图】模板，使用本书绘制堆积柱状图的示例数据得到的绘图结果如图 3-22 右图所示。

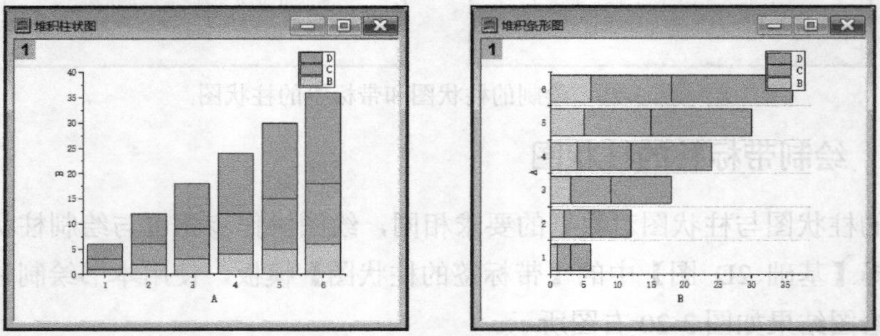

图 3-22　绘制的堆积柱状图和堆积条形图

3.2.24　绘制百分比堆积柱状图

百分比堆积柱状图与堆积柱状图对数据的要求相同，绘图操作步骤也与绘制堆积柱状图相似，只是绘图时选择【基础 2D 图】中的【百分比堆积柱状图】模板，使用本书绘制堆积柱状图的示例数据得到的绘图结果如图 3-23 左图所示。

3.2.25　绘制百分比堆积条形图

百分比堆积条形图与堆积柱状图对数据的要求相同，绘图操作步骤也与绘制堆积柱状图相似，只是绘图时选择【基础 2D 图】中的【百分比堆积条形图】模板，使用本书绘制堆积柱状图的示例数据得到的绘图结果如图 3-23 右图所示。

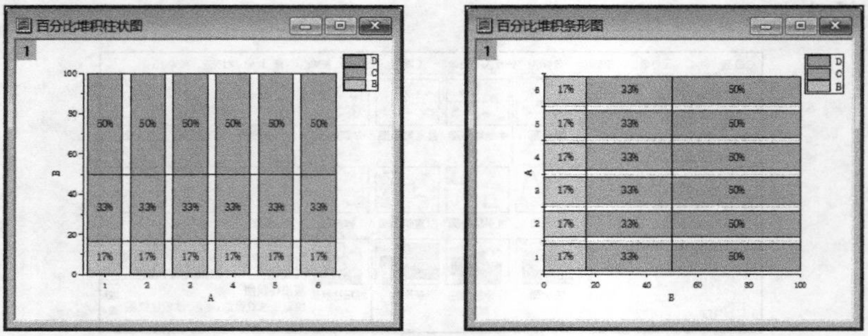

图 3-23　百分比堆积柱状图和百分比堆积条形图

3.2.26 绘制浮动柱状图

数据要求：至少包含两个数值型 Y 列。示例数据准备：导入<Origin 程序文件夹>\Samples\Graphing\Group.DAT 文件中的数据到工作表。

使用示例数据绘图的操作步骤如下。

① 单击 B 列标题并拖曳光标至 C 列，选中两列。

② 单击菜单命令【绘图→基础 2D 图→浮动柱状图】，绘图结果如图 3-24 左图所示。

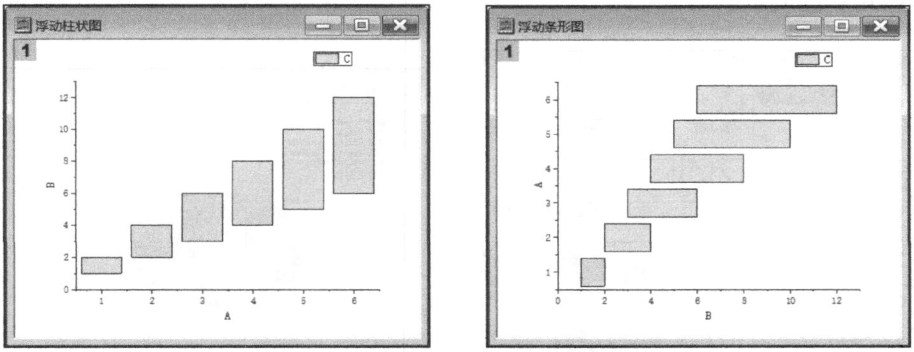

图 3-24 浮动柱状图和浮动条形图

3.2.27 绘制浮动条形图

浮动条形图与浮动柱状图对数据的要求相同，绘图操作步骤也与绘制浮动柱状图相似，只是绘图时选择【基础 2D 图】中的【浮动条形图】模板，使用本书绘制浮动柱状图的示例数据得到的绘图结果如图 3-24 右图所示。

3.2.28 绘制棒棒糖图

棒棒糖图与浮动柱状图对数据的要求相同，绘图操作步骤也与绘制浮动柱状图相似，只是绘图时选择【基础 2D 图】中的【棒棒糖图】模板，使用本书绘制浮动柱状图的示例数据得到的绘图结果如图 3-25 所示。

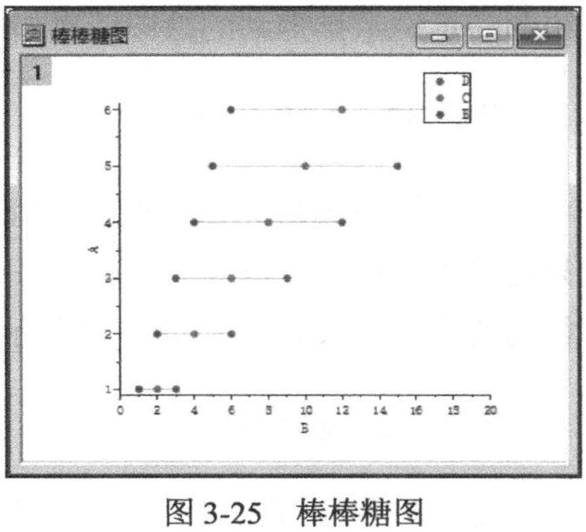

图 3-25 棒棒糖图

3.2.29　绘制 3D 彩色饼图

数据要求：包含一个数值型 Y 列。示例数据准备：导入<Origin 程序文件夹>\Samples\Graphing\3D Pie Chart.dat 文件中的数据到工作表。

使用示例数据绘图的操作步骤如下。

① 单击 B 列标题选中 B 列。

② 单击菜单命令【绘图→基础 2D 图→3D 彩色饼图】（如图 3-26 左图所示），绘图结果如图 3-26 右图所示。

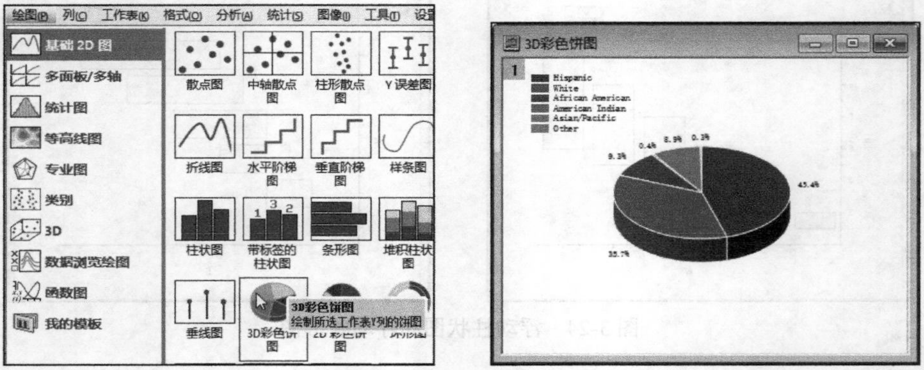

图 3-26　绘制 3D 彩色饼图

3.2.30　绘制 2D 彩色饼图

2D 彩色饼图与 3D 彩色饼图对数据的要求相同，绘图操作步骤也与绘制 3D 彩色饼图相似，只是绘图时选择【基础 2D 图】中的【2D 彩色饼图】模板，使用本书绘制 3D 彩色饼图的示例数据得到的绘图结果如图 3-27 左图所示。

3.2.31　绘制环形图

环形图与 3D 彩色饼图对数据的要求相同，绘图操作步骤也与绘制 3D 彩色饼图相似，只是绘图时选择【基础 2D 图】中的【环形】模板，使用本书绘制 3D 彩色饼图的示例数据得到的绘图结果如图 3-27 右图所示。

3.2.32　复合饼图

复合饼图与 3D 彩色饼图对数据的要求相同，绘图操作步骤也与绘制 3D 彩色饼图相似，只是绘图时选择【基础 2D 图】中的【复合饼图】模板，使用本书绘制 3D 彩色饼图的示例数据得到的绘图结果如图 3-28 左图所示。

3.2.33 复合条饼图

复合条饼图与 3D 彩色饼图对数据的要求相同，绘图操作步骤也与绘制 3D 彩色饼图相似，只是绘图时选择【基础 2D 图】中的【复合条饼图】模板，使用本书绘制 3D 彩色饼图的示例数据得到的绘图结果如图 3-28 右图所示。

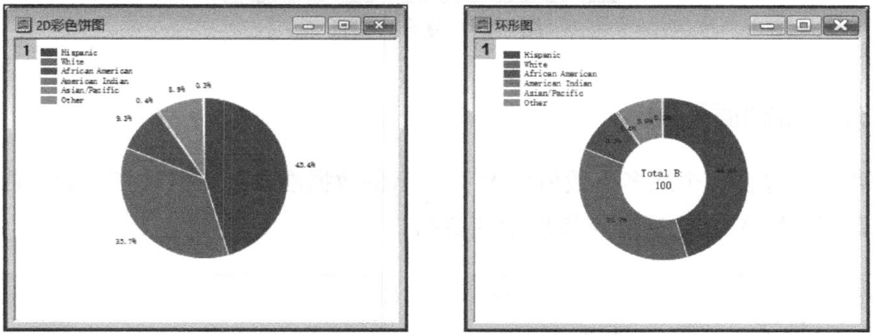

图 3-27　绘制的 2D 彩色饼图和环形图

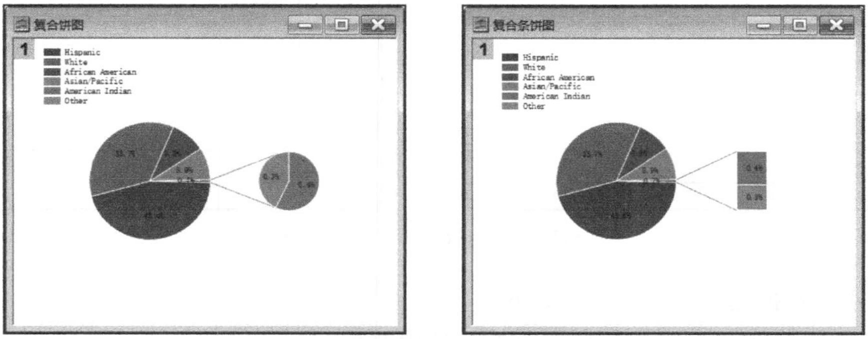

图 3-28　绘制的复合饼图和复合条饼图

3.2.34 复合环饼图

复合环饼图与 3D 彩色饼图对数据的要求相同，绘图操作步骤也与绘制 3D 彩色饼图相似，只是绘图时选择【基础 2D 图】中的【复合环饼图】模板，使用本书绘制 3D 彩色饼图的示例数据得到的绘图结果如图 3-29 所示。

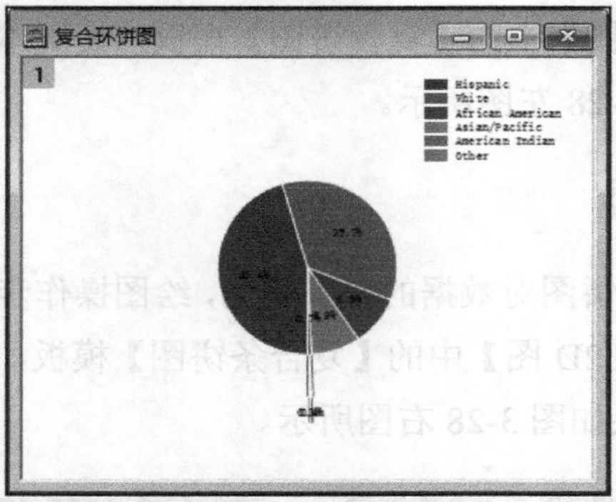

图 3-29 复合环饼图

3.2.35 绘制面积图

数据要求：包含一个或多个数值型 Y 列。示例数据准备：在默认打开的空白工作簿中添加一个新列并输入如图 3-30 左图所示的数据。

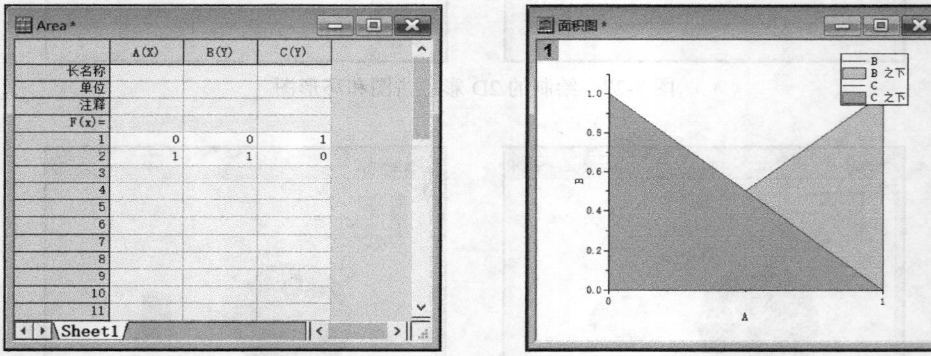

图 3-30 示例数据和绘制的面积图

使用示例数据绘图的操作步骤如下。

① 单击 B 列标题并拖曳光标至 C 列，选中两列。

② 单击菜单命令【绘图→基础 2D 图→面积图】，绘图结果如图 3-30 右图所示。

3.2.36 绘制堆积面积图

数据要求：包含两个或多个数值型 Y 列。

绘图操作步骤与绘制面积图相似，只是在绘图时选择【基础 2D 图】中的【堆积面积图】模板，使用本书绘制面积图的示例数据得到的绘图结果如图 3-31 左图所示。

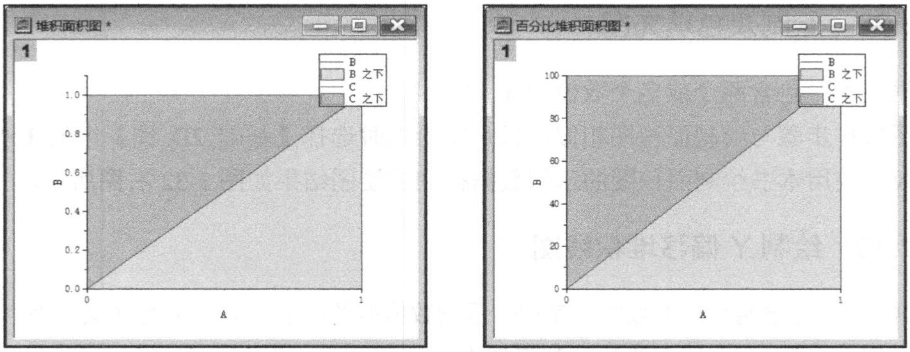

图 3-31 绘制的堆积面积图和百分比堆积面积图

3.2.37 绘制百分比堆积面积图

数据要求：包含两个或多个数值型 Y 列。

绘图操作步骤与绘制面积图相似，只是在绘图时选择【基础 2D 图】中的【百分比堆积面积图】模板，使用本书绘制面积图的示例数据得到的绘图结果如图 3-31 右图所示。

3.2.38 绘制填充面积图

数据要求：包含两个或多个数值型 Y 列。

绘图操作步骤与绘制面积图相似，只是在绘图时选择【基础 2D 图】中的【填充面积图】模板，使用本书绘制面积图的示例数据得到的绘图结果如图 3-32 左图所示。

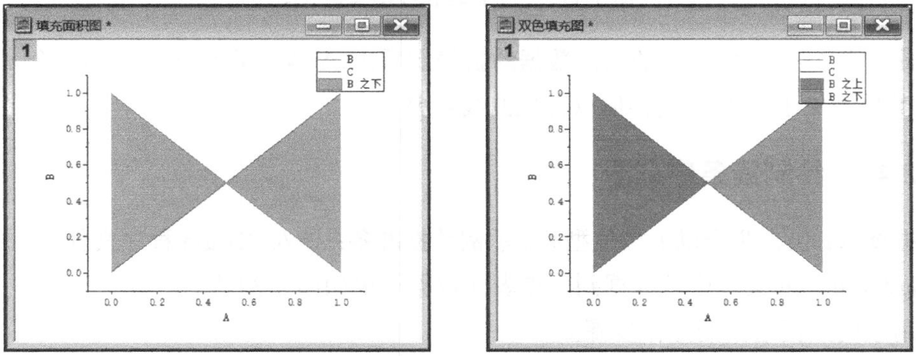

图 3-32 绘制的填充面积图和双色填充图

3.2.39 绘制双色填充图

数据要求：包含两个或多个数值型 Y 列。

绘图操作步骤与绘制面积图相似，只是在绘图时选择【基础 2D 图】中的【双色填充图】模板，使用本书绘制面积图的示例数据得到的绘图结果如图 3-32 右图所示。

3.2.40 绘制 Y 偏移堆积线图

数据要求：包含两个以上数值型 Y 列。示例数据准备：导入<Origin 程序文件夹>\Samples\Graphing\Waterfall.dat 文件中的数据到工作表。

使用示例数据绘图的操作步骤如下。

① 单击 B 列标题并拖曳光标，选中几列。

② 单击菜单命令【绘图→基础 2D 图→Y 偏移堆积线图】，绘图结果如图 3-33 左图所示。

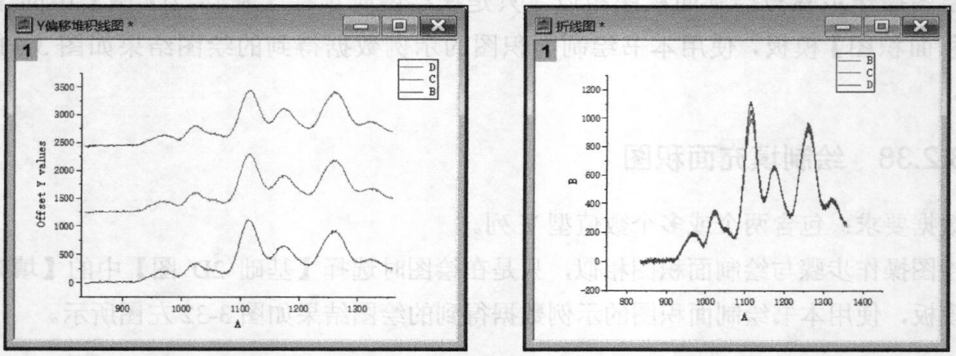

图 3-33 Y 偏移堆积线图和折线图

对比如图 3-33 右图所示的相同数据的折线图看出，Y 偏移堆积线图对第一个 Y 列后续的 Y 列数值添加了一个 Y 偏移值以避免曲线重叠。

3.2.41 绘制线条序列图

数据要求：包含两个以上数值型列。示例数据准备：导入<Origin 程序文件夹>\Samples\Graphing\Group.dat 文件中的数据到工作表（数据结果如图 3-34 左图所示）。

使用示例数据绘图的操作步骤如下。

① 单击 A 列标题并拖曳光标至 D 列，选中四列。

② 单击菜单命令【绘图→基础 2D 图→线条序列图】，绘图结果如图 3-34 右图所示。

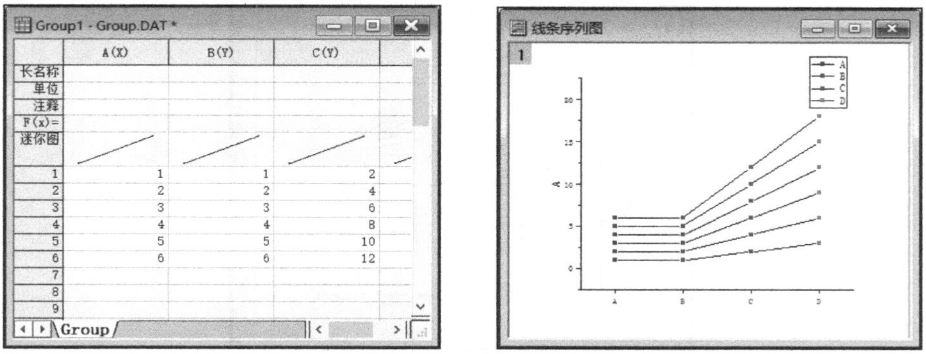

图 3-34 示例数据和线条序列图

对比线条序列图及其原始数据可以看出，不同于大多数使用列数据绘图的基础 2D 图，线条序列图绘图使用的是行数据。

3.2.42 绘制前后对比图

数据要求：包含数值型列数为偶数。示例数据准备操作步骤如下。

① 导入<Origin 程序文件夹>\Samples\Graphing\African_population.dat 文件中的数据到工作表。

② 单击 C 列标题，将光标拖曳至 D 列，以选中两列，然后单击菜单命令【列：交换列】，交换列前后数据对比如图 3-35 所示。

	A(X)	B(Y)	C(Y)	D(Y)	E(Y)
长名称	Age Group	Population	Population	Population	Population
单位		million	million	million	million
注释		male-2010	female-2010	male-2050	female-2050
F(x)=					
迷你图					
类别	未排序				
1	0-4	15.4267	15.0117	9.27	9.02679
2	5-9	13.4204	13.08944	9.238	9.02129
3	10-14	11.92	11.64616	9.15	8.9538
4	15-19	10.736	10.52617	8.93	8.76722
5	20-24	9.646	9.5354	8.61	8.50235
6	25-29	8.6265	8.21996	8.266	8.19188
7	30-34	6.82	6.76084	7.877	7.79863

	A(X)	B(Y)	C(Y)	D(Y)	E(Y)
长名称	Age Group	Population	Population	Population	Population
单位		million	million	million	million
注释		male-2010	male-2050	female-2010	female-2050
F(x)=					
迷你图					
类别	未排序				
1	0-4	15.4267	9.27	15.0117	9.02679
2	5-9	13.4204	9.238	13.08944	9.02129
3	10-14	11.92	9.15	11.64616	8.9538
4	15-19	10.736	8.93	10.52617	8.76722
5	20-24	9.646	8.61	9.5354	8.50235
6	25-29	8.6265	8.266	8.21996	8.19188
7	30-34	6.82	7.877	6.76084	7.79863

图 3-35 交换列前后对比

使用示例数据绘图的操作步骤如下。

① 单击 B 列标题拖曳光标至 E 列，选中四列。

② 单击菜单命令【绘图→基础 2D 图→前后对比图】，结果如图 3-36 所示。

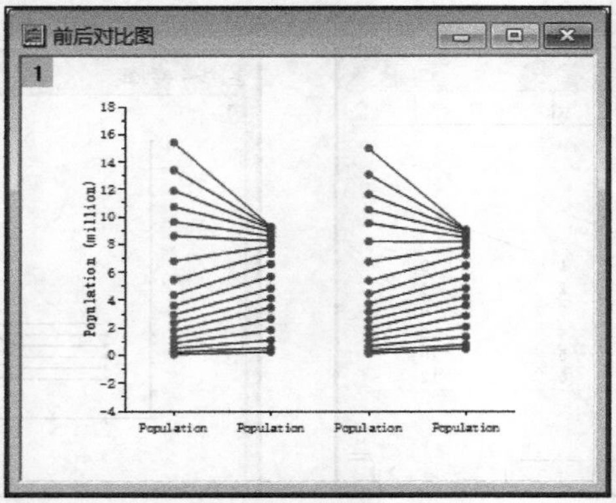

图 3-36 前后对比图

注：本示例中交换列的主要目的是使绘图的数据符合前后对比逻辑，不交换列也可以直接用于绘图。

3.3 多面板/多轴图

数据绘图时通常会遇到以下几种情况：

（1）关联到同一自变量的多个相同的因变量数值变化范围差别较大；

（2）关联到同一自变量的多个因变量是不同类型的物理量；

（3）不同类型的因变量关联到不同的自变量。

为了真实或准确地显示各因变量需要在一个图形窗口中绘制多轴、多面板等多层图。不同图层间的坐标轴既可相互关联，也可彼此独立，以便真实地显示数据图形。

3.3.1 绘制双 Y 轴柱状图

数据要求：包含两个数值型 Y 列。示例数据准备：导入<Origin 程序文件夹>\Samples\Graphing\WIND.DAT 数据文件。

使用示例数据绘图的操作步骤如下。

① 单击 B 列标题并拖曳光标至 C 列，选中两列。

② 单击菜单命令【绘图→多面板/多轴→双 Y 轴柱状图】，如图 3-37 所示。

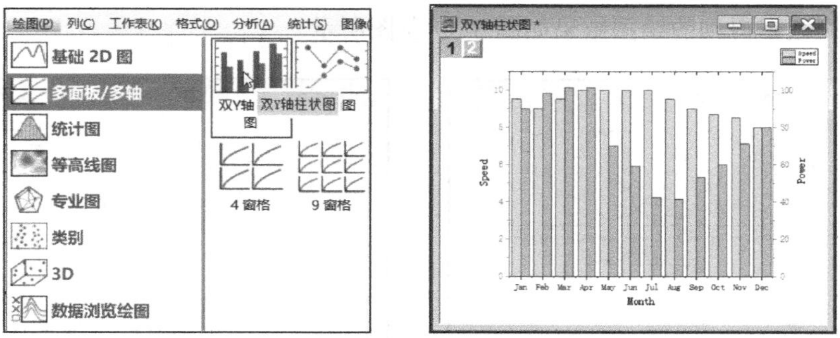

图 3-37 绘制双 Y 轴柱状图

3.3.2 绘制双 Y 轴图

双 Y 轴图与双 Y 轴柱状图对数据的要求相同，其绘图操作步骤也与绘制双 Y 轴柱状图相似，只是绘图时选择【多面板/多轴】中的【双 Y 轴图】模板，使用本书绘制双 Y 轴柱状图的示例数据得到的绘图结果如图 3-38 左图所示。

3.3.3 绘制双 Y 轴柱状-点线图

双 Y 轴柱状-点线图与双 Y 轴柱状图对数据的要求相同，其绘图操作步骤也与绘制双 Y 轴柱状图相似，只是绘图时选择【多面板/多轴】中的【双 Y 轴柱状-点线图】模板，使用本书绘制双 Y 轴柱状图的示例数据得到的绘图结果如图 3-38 右图所示。

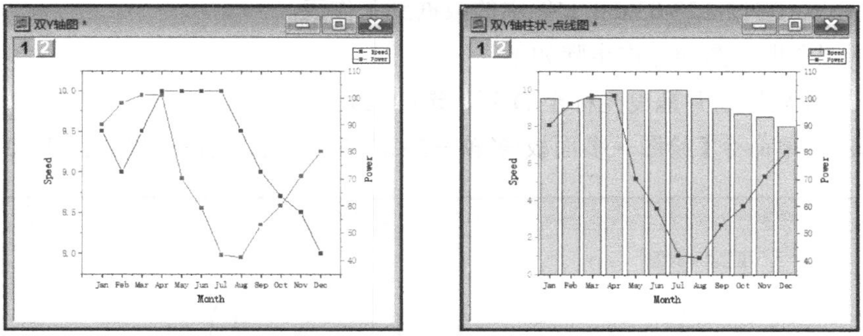

图 3-38 绘制的双 Y 轴图和双 Y 轴柱状-点线图

3.3.4 绘制上下对开图

上下对开图与双 Y 轴柱状图对数据的要求相同，其绘图操作步骤也与绘制双 Y 轴柱状图相似，只是绘图时选择【多面板/多轴】中的【上下对开图】模板，使用本书绘制双 Y 轴柱状图的示例数据得到的绘图结果如图 3-39 左图所示。

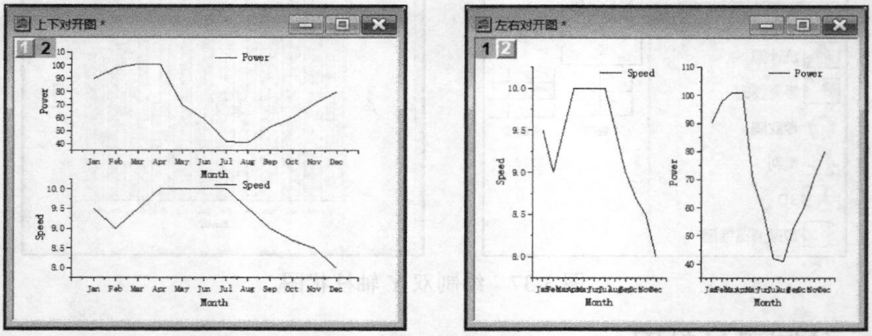

图 3-39　绘制的上下对开图和左右对开图

3.3.5　绘制左右对开图

左右对开图与双 Y 轴柱状图对数据的要求相同，其绘图操作步骤也与绘制双 Y 轴柱状图相似，只是绘图时选择【多面板/多轴】中的【左右对开图】模板，使用本书绘制双 Y 轴柱状图的示例数据绘图结果如图 3-39 右图所示。

3.3.6　绘制 3Ys Y-YY 型图

数据要求：包含 3 个数值型 Y 列。示例数据准备：导入<Origin 程序文件夹>\Sample\Import and Export\S15-125-03.dat 文件中的数据到工作表。

使用示例数据绘图的操作步骤如下。

① 单击 B 列标题并拖曳光标至 D 列，选中三列。

② 单击菜单命令【绘图→多面板/多轴→3Ys Y-YY 图】，绘图结果如图 3-40 左图所示。

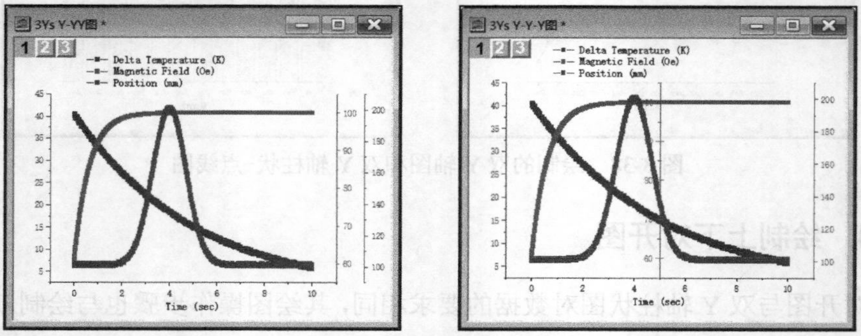

图 3-40　绘制的 3Y 轴图

3.3.7 绘制 3Ys Y-Y-Y 型图

3Ys Y-Y-Y 图与 3Ys Y-YY 图对数据要求相同，其绘图操作步骤也与绘制 3Ys Y-YY 图相似，只是绘图时选择【多面板/多轴】中的【3Ys Y-YY 图】模板，使用本书绘制 3Ys Y-YY 图的示例数据得到的绘图结果如图 3-40 右图所示。

3.3.8 绘制 4Ys Y-YYY 图

数据要求：包含四个数值型 Y 列。示例数据准备：导入<Origin 程序文件夹>\Samples\Curve Fitting\Multiple Peaks.dat 文件中的数据到工作表。

使用示例数据绘图的操作步骤如下。

① 单击 B 列标题并拖曳光标至 E 列，选中四列。

② 单击菜单命令【绘图→多面板/多轴→4Ys Y-YYY 图】，绘图结果如图 3-41 左图所示。

3.3.9 绘制 4Ys YY-YY 图

4Ys YY-YY 图与 4Ys Y-YYY 图对数据要求相同，其绘图操作步骤也与绘制 4Ys YY-YY 图相似，只是绘图时选择【多面板/多轴】中的【4Ys YY-YY 图】模板，使用本书绘制 4Ys Y-YYY 图的示例数据得到的绘图结果如图 3-41 右图所示。

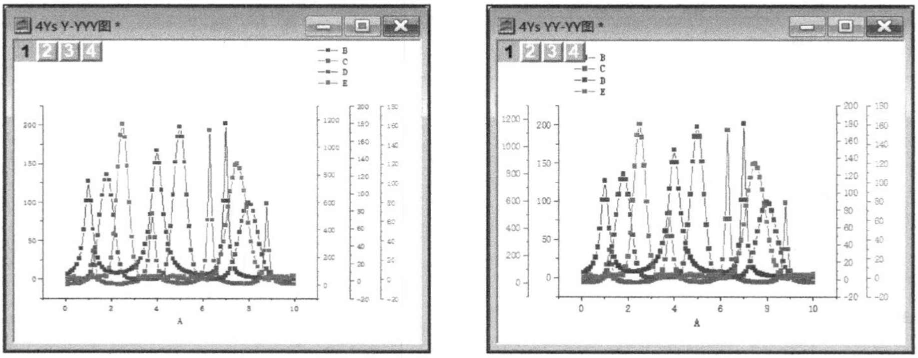

图 3-41　绘制的 4Y 轴图

3.3.10 绘制堆积图

数据要求：包含多个数值型 Y 列。示例数据准备：导入<Origin 程序文件夹>\Samples\Curve

Fitting\Multiple Peaks.dat 文件中的数据到工作表。

使用示例数据绘的图操作步骤如下。

① 单击 B 列标题并拖曳光标至 E 列，选中四列。

② 单击菜单命令【绘图→多面板/多轴→堆积图】，如图 3-42 所示。

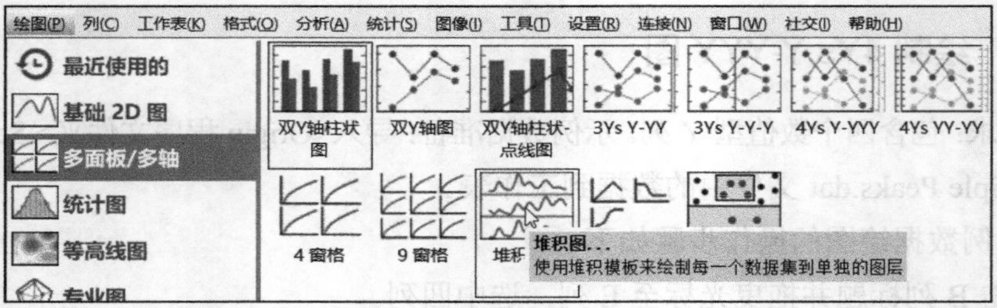

图 3-42　【堆积图】模板

③ 在弹出的对话框中设置【绘图类型】等选项并勾选【自动预览】复选框（如图 3-43 所示），最后单击【确定】结束选项设置，绘图结果如图 3-43 预览窗口所示。

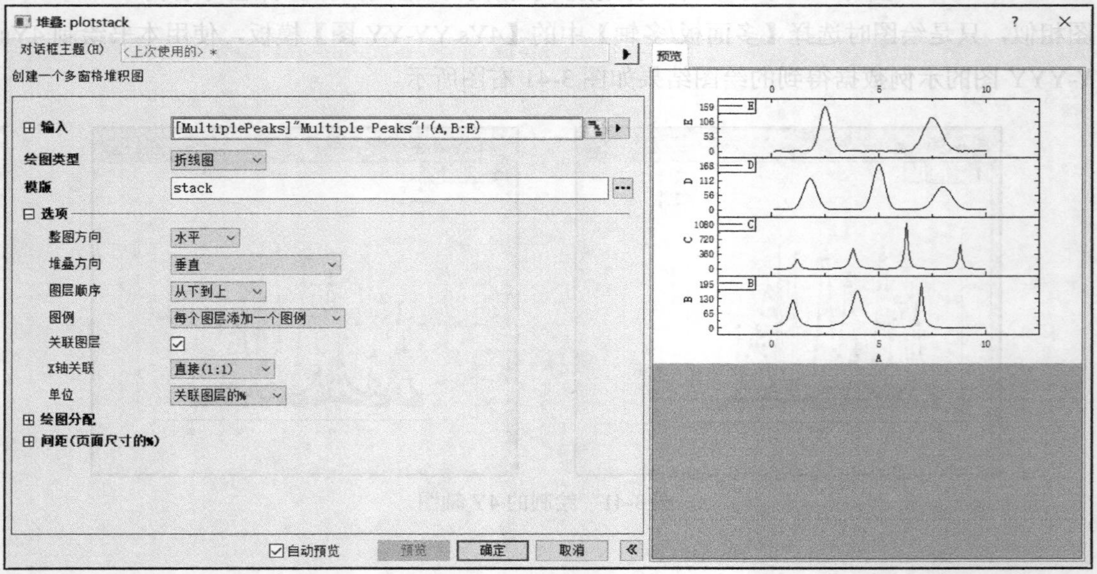

图 3-43　绘图设定对话框

3.3.11　绘制 4 窗格图

数据要求：包含四个数值型 Y 列。其绘图操作步骤与绘制 4Ys YY-YY 图相似，只是绘图时选择【多面板/多轴】中的【4 窗格】模板（如图 3-44 左图所示），使用本书绘制 4Ys Y-YYY 图的示例数据得到的绘图结果如图 3-44 右图所示。

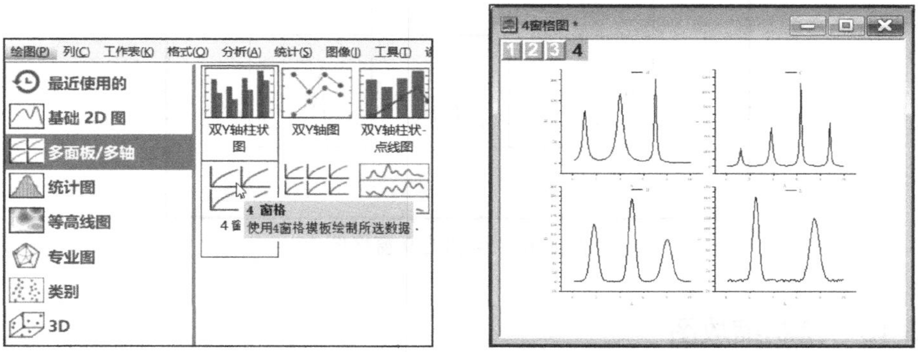

图 3-44　绘制 4 窗格图

3.3.12　绘制 9 窗格图

数据要求：包含九个数值型 Y 列。示例数据准备：导入<Origin 程序文件夹>\Samples\Graphing\Box Char.dat 文件中的数据到工作表，结果如图 3-45 所示。

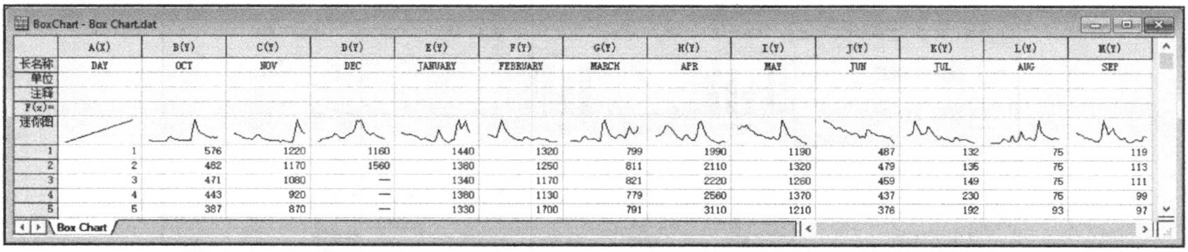

BoxChart - Box Chart.dat

	A(X)	B(Y)	C(Y)	D(Y)	E(Y)	F(Y)	G(Y)	H(Y)	I(Y)	J(Y)	K(Y)	L(Y)	M(Y)
长名称	DAY	OCT	NOV	DEC	JANUARY	FEBRUARY	MARCH	APR	MAY	JUN	JUL	AUG	SEP
单位													
注释													
F(x)=													
迷你图													
1	1	576	1220	1160	1440	1320	799	1990	1190	487	132	75	119
2	2	482	1170	1560	1380	1250	811	2110	1320	479	135	75	113
3	3	471	1080	—	1340	1170	821	2220	1260	459	149	75	111
4	4	443	920	—	1380	1130	779	2560	1370	437	230	75	99
5	5	387	870	—	1330	1700	791	3110	1210	376	192	93	97

Box Chart

图 3-45　导入的示例数据

使用示例数据绘制 9 窗格图的操作步骤如下。

① 按住【Shift】键并依次单击 E、M 列标题选中 9 列。

② 单击菜单【绘图→多面板/多轴→9 窗格图】，绘图结果如图 3-46 所示。

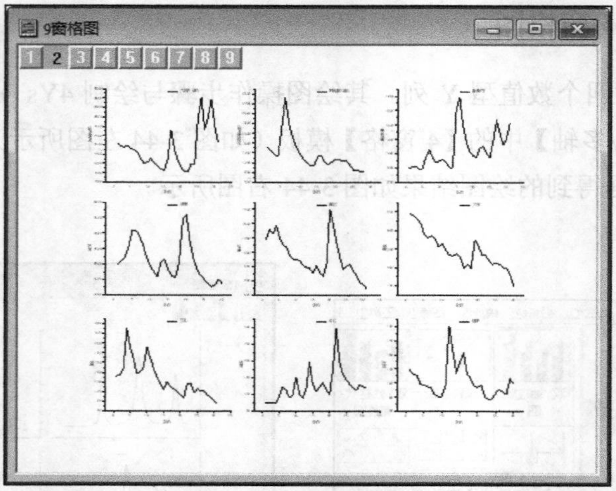

图 3-46　绘制的 9 窗格图

3.3.13　绘制缩放图

数据要求：包含一个数值型 Y 列。示例数据准备：导入<Origin 程序文件夹>\Samples\Graphing\Inset.dat 文件中的数据到工作表。

使用示例数据绘图的操作步骤如下。

① 单击 B 列标题选中 B 列。

② 单击菜单命令【绘图→多面板/多轴→缩放图】（如图 3-47 所示），初步绘制结果如图 3-48 左图所示。

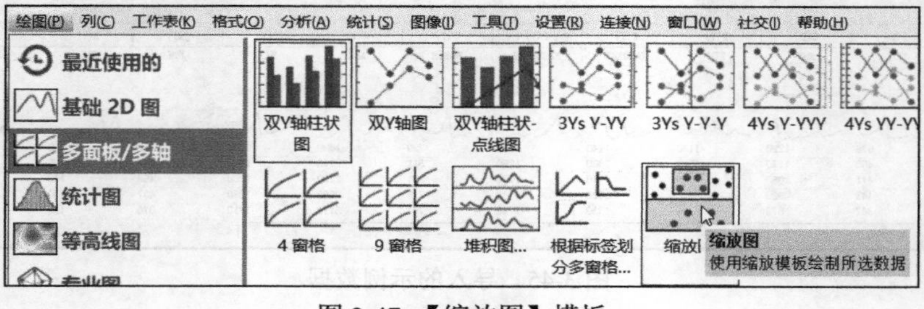

图 3-47　【缩放图】模板

③ 拖曳放大区到要放大的区域，如图 3-48 右图所示。

④ 通过控制柄调整放大区的大小（如图 3-49 左图所示），调整后的结果如图 3-49 右图所示。

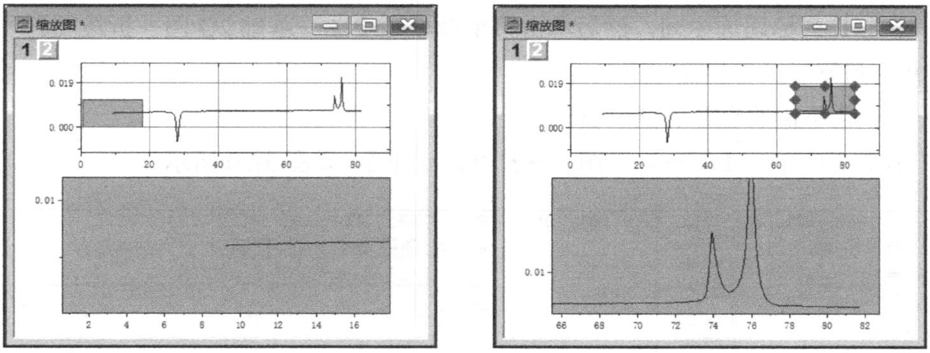

图 3-48 初步绘制的缩放图

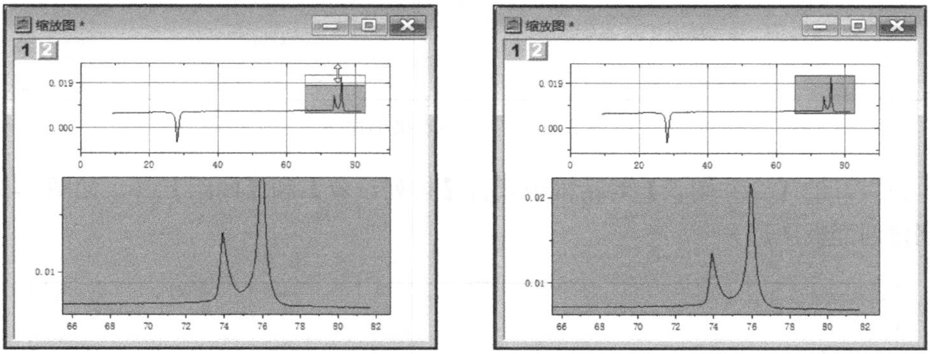

图 3-49 放大区调整

3.4 图形窗口合并和提取

多面板图可以通过合并图形窗口得到，反向操作，多面板图也可以提取为独立的图形窗口。

3.4.1 图形窗口合并

示例数据准备操作步骤如下。

① 导入<Origin 程序文件夹>\Samples\Curve Fitting\Multiple Peaks.dat 文件中的数据到工作表。

② 单击 B 列标题选中列，然后单击菜单命令【绘图→基础 2D 图→折线图】。

③ 单击 C 列标题选中列，然后单击菜单命令【绘图→基础 2D 图→折线图】。

④ 单击 D 列标题选中列，然后单击菜单命令【绘图→基础 2D 图→折线图】。

⑤ 单击 E 列标题选中列，然后单击菜单命令【绘图→基础 2D 图→折线图】。

合并绘图窗口操作步骤如下。

① 最小化不需要合并的图形窗口。

② 单击菜单命令【图→合并图表→打开对话框】，如图 3-50 所示。

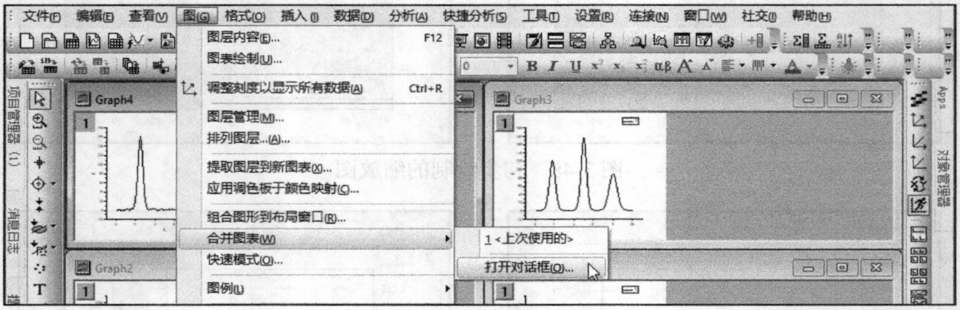

图 3-50　合并图表菜单命令

③ 在打开的【合并图表】对话框中设置【排列设置】和【间距】等，如图 3-51 所示（本例创建四面板图形）。

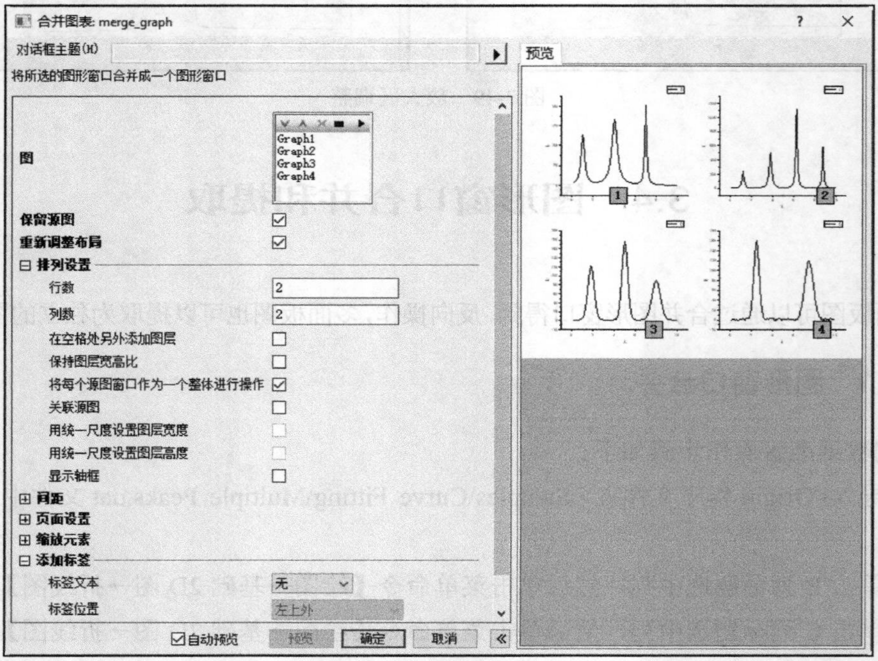

图 3-51　合并图表对话框

④ 设置好各项目后单击【确定】按钮关闭对话框完成图形窗口合并。

注：若不勾选【保留源图】复选框，合并窗口的同时将删除源窗口。

3.4.2 图形窗口提取

一个包含多个图层的图形窗口可以通过【提取图层到新图表】命令将各个图层中的图形拆分成独立的图形窗口，示例的操作步骤如下。

① 单击拟提取图表的多图层窗口标题栏将其设置为当前窗口。

② 单击菜单命令【图→提取图层到新图表】，如图 3-52 所示。

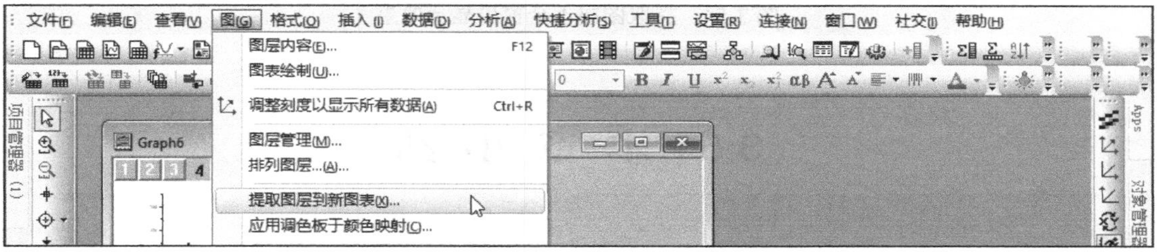

图 3-52 【提取图层到新图表】菜单命令

③ 在打开的【提取图层到新图表】对话框中设置拟提取的图层、是否保留原图和全窗口显示所提取图层等选项，如图 3-53 所示。

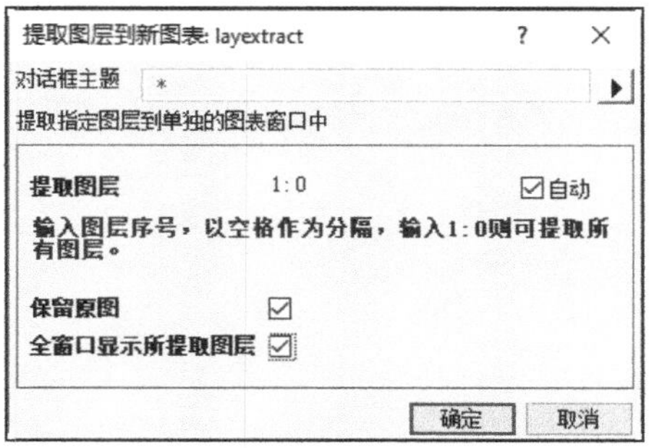

图 3-53 提取图层

④ 单击【确定】按钮关闭对话框，完成图层提取。

注：不勾选【自动】复选框并输入具体图层序号，可以单独提取某个或某些图层；若不勾选【全窗口显示所提取图层】复选框，则提取的图层以其在源窗口中的布局呈现，即其他区域留空，如图 3-54 所示。

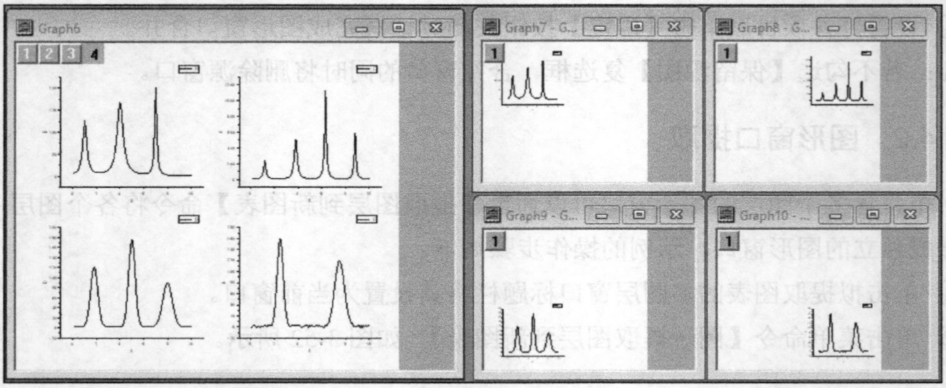

图 3-54　提取图层不全窗口显示效果

3.5　本 章 小 结

不同的绘图类型对绘图数据有不同的要求，本章从绘图数据要求和准备起步，系统介绍了利用 Origin 内置模板绘制 2D 图形和多面板/多轴图的操作步骤，并介绍了图形窗口的合并和提取方法。旨在帮助读者熟悉并快速掌握最为常用的 2D 图和多面板/多轴图绘制操作，为后续绘制复杂图形打好基础。

第 4 章　等高线图和 3D 图绘制

本章学习目标

■　熟悉并掌握常用等高线图的绘制方法

■　熟悉并掌握常用 3D 图的绘制方法

4.1　等高线图绘制

4.1.1　绘制等高线-颜色填充图

数据要求：包含标示平面图坐标的数值型 X、Y 列和标示等高线的数值型 Z 列或矩阵。示例数据准备操作步骤如下。

① 导入<Origin 程序文件夹>\Samples\Graphing\US Mean Temperature.dat 文件中的数据到工作表。

② 将 B 列的绘图设定设置为 X，而 D～P 列的绘图设定设置为 Z，结果如图 4-1 所示。

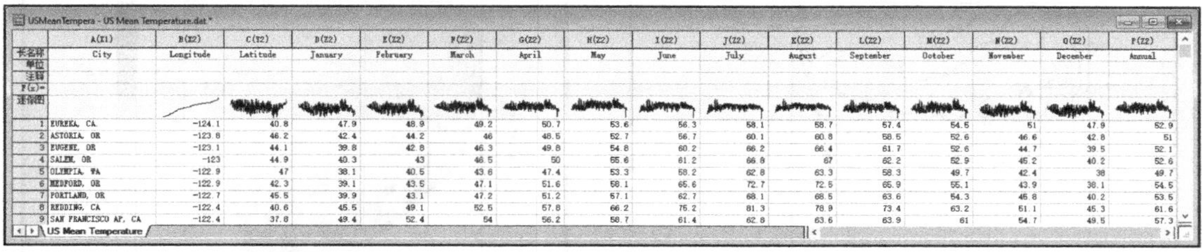

USMeanTempera - US Mean Temperature.dat *

	A(X1)	B(X2)	C(Y2)	D(Z2)	E(Z2)	F(Z2)	G(Z2)	H(Z2)	I(Z2)	J(Z2)	K(Z2)	L(Z2)	M(Z2)	N(Z2)	O(Z2)	P(Z2)
长名称	City	Longitude	Latitude	January	February	March	April	May	June	July	August	September	October	November	December	Annual
单位																
注释																
F(x)=																
迷你图																
1	EUREKA, CA	-124.1	40.8	47.9	48.9	49.2	50.7	53.6	56.3	58.1	58.7	57.4	54.5	51	47.9	52.9
2	ASTORIA, OR	-123.8	46.2	42.4	44.2	46	48.5	52.7	56.7	60.1	60.8	58.5	52.6	46.6	42.8	51
3	EUGENE, OR	-123.1	44.1	39.8	42.8	46.3	49.8	54.8	60.2	66.2	66.4	61.7	52.6	44.7	39.5	52.1
4	SALEM, OR	-123	44.9	40.3	43	46.5	50	55.6	61.2	66.8	67	62.2	52.9	45.2	40.2	52.6
5	OLYMPIA, WA	-122.9	47	38.1	40.5	43.6	47.4	53.3	58.2	62.8	63.3	58.3	49.7	42.4	38	49.7
6	MEDFORD, OR	-122.9	42.3	39.1	43.5	47.1	51.6	58.1	65.6	72.7	72.5	65.9	55.1	43.9	38.1	54.5
7	PORTLAND, OR	-122.7	45.5	39.9	43.1	47.2	51.2	57.1	62.7	68.1	68.5	63.6	54.3	45.8	40.2	53.5
8	REDDING, CA	-122.4	40.6	45.5	49.1	52.5	57.8	66.2	75.2	81.3	78.9	73.4	63.2	51.1	45.3	61.6
9	SAN FRANCISCO AP, CA	-122.4	37.6	49.4	52.4	54	56.2	58.7	61.4	62.8	63.6	63.9	61	54.7	49.5	57.3

US Mean Temperature

图 4-1　设置列绘图设定结果

使用示例数据绘制等高线-填色填充图的操作步骤如下。

① 单击 D～P 列中任意列的列标题选中该列。

② 单击菜单命令【绘图→等高线图→等高线图-颜色填充】(如图 4-2 左图所示),绘图结果如图 4-2 右图所示。

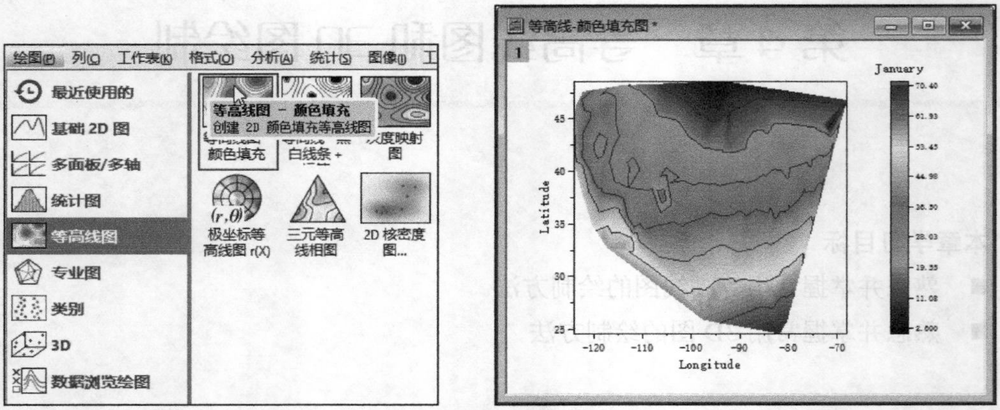

图 4-2　绘制等高线-颜色填充图

4.1.2　绘制等高线-黑白线条+标签图

等高线-黑白线条+标签图与等高线-颜色填充图对数据的要求相同,其绘图操作步骤也与绘制等高线-颜色填充图相似,只是绘图时选择【等高线图】中的【等高线-黑白线条+标签图】模板,使用本书绘制等高线-颜色填充图的示例数据得到的绘图结果如图 4-3 左图所示。

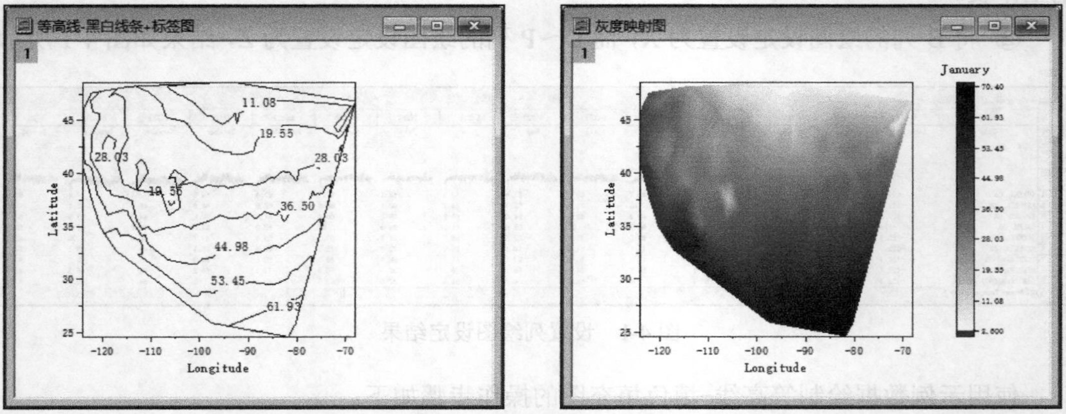

图 4-3　绘制的等高线-黑白线条+标签图和灰度映射图

4.1.3 绘制灰度映射图

灰度映射图与等高线-颜色填充图对数据的要求相同，其绘图操作步骤也与绘制等高线-颜色填充图相似，只是绘图时选择【等高线图】中的【灰度映射图】模板，使用本书绘制等高线-颜色填充图的示例数据得到的绘图结果如图 4-3 右图所示。

4.1.4 绘制类别等高线图

类别等高线图与等高线-颜色填充图对数据的要求相同，其绘图操作步骤也与绘制等高线-颜色填充图相似，只是绘图时选择【等高线图】中的【类别等高线图】模板，使用本书绘制等高线-颜色填充图的示例数据得到的绘图结果如图 4-4 所示。

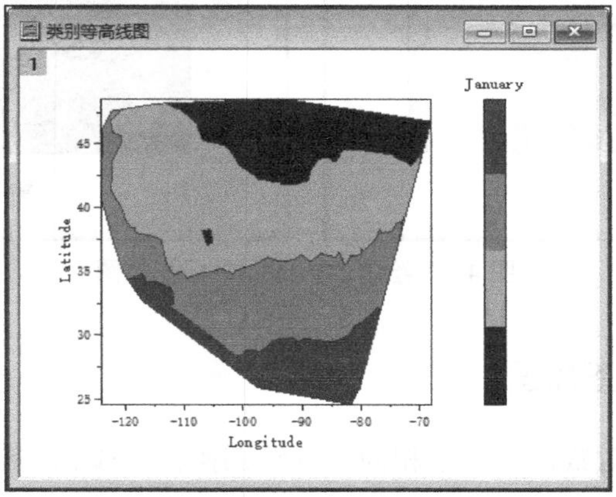

图 4-4　绘制类别等高线图

4.1.5 绘制热图

数据要求：数值型矩阵。示例数据准备操作步骤如下。

① 新建一个矩阵，如图 4-5 左图所示。

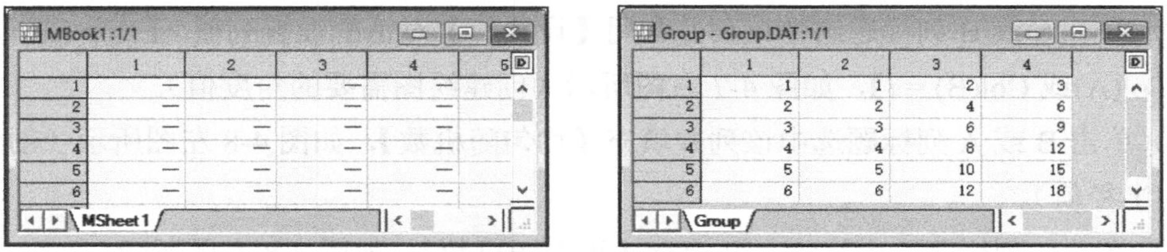
MBook1:1/1

	1	2	3	4
1	—	—	—	—
2	—	—	—	—
3	—	—	—	—
4	—	—	—	—
5	—	—	—	—
6	—	—	—	—

MSheet1

Group - Group.DAT:1/1

	1	2	3	4
1	1	1	2	3
2	2	2	4	6
3	3	3	6	9
4	4	4	8	12
5	5	5	10	15
6	6	6	12	18

Group

图 4-5　新建矩阵并导入数据

② 导入<Origin 程序文件夹>\Samples\Graphing\Group.dat 文件中的数据到矩阵表，结果如图 4-5 右图所示。

使用示例数据绘制热图的操作步骤如下。

① 单击矩阵簿中的【Group】标签卡将其设置为当前矩阵。

② 单击菜单命令【绘图→等高线图→热图】，绘图结果如图 4-6 左图所示。

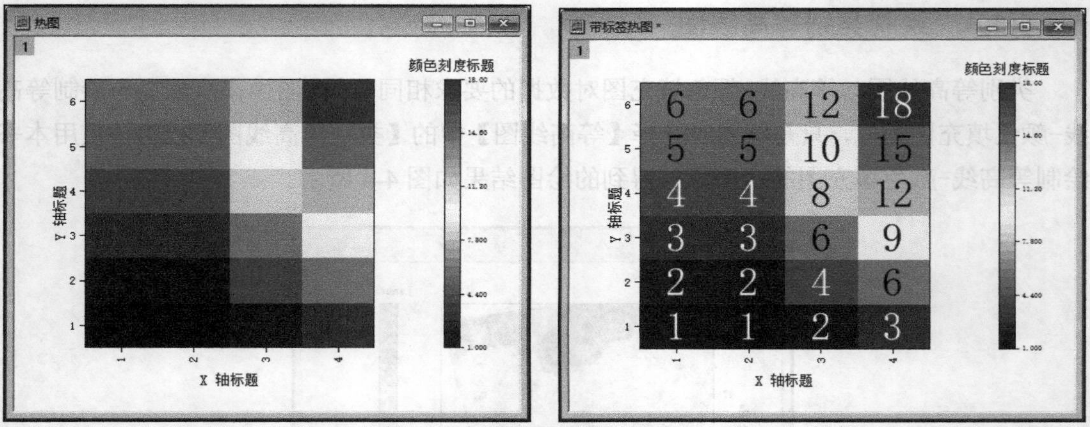

图 4-6　绘制的热图和带标签热图

4.1.6　绘制带标签热图

带标签热图与热图对数据的要求相同，其绘图操作步骤也与绘制热图相似，只是绘图时选择【等高线图】中的【带标签热图】模板，使用本书绘制热图的示例数据得到的绘图结果如图 4-6 右图所示。

4.1.7　绘制极坐标等高线图

数据要求：包含 X（角度θ）、Y（半径 r）和 Z 等高线值。示例数据准备操作步骤如下。

① 新建一个包含 X、Y 和 Z 三列的工作表，如图 4-7 左图所示。

② 单击 A 或 B 列标题选中该列并利用【设置值】对话框设置列值（【Row(i)：从 1 到 360，Col(A)或 Col(B) = i】，如图 4-7 右图所示（创建绘图需要的角度值）。

③ 单击 B 或 A 列标题选中该列并填充【均匀随机数】，如图 4-8 左图所示（创建绘图需要的半径值）。

④ 单击 C 列标题选中该列，并填充【正态随机数】，如图 4-8 右图所示。

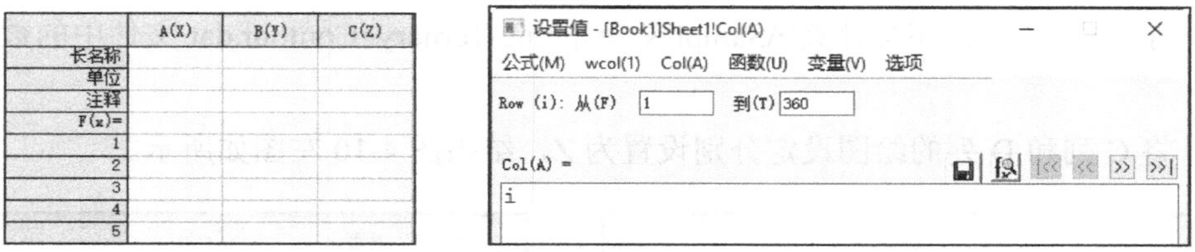

图 4-7　导入数据到矩阵工作簿

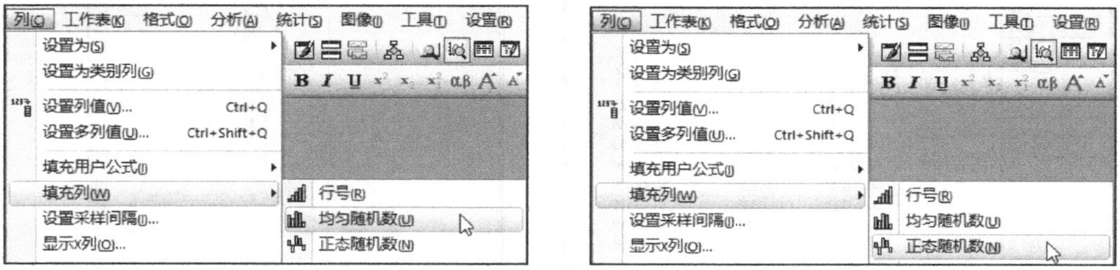

图 4-8　填充 B 和 C 列值

使用示例数据绘图的操作步骤如下。

① 单击 C 列标题选中该列。

② 单击菜单命令【绘图→等高线图→极坐标等高线图】（根据角度和半径所在的列情况选择对应的模板），绘图结果如图 4-9 所示。

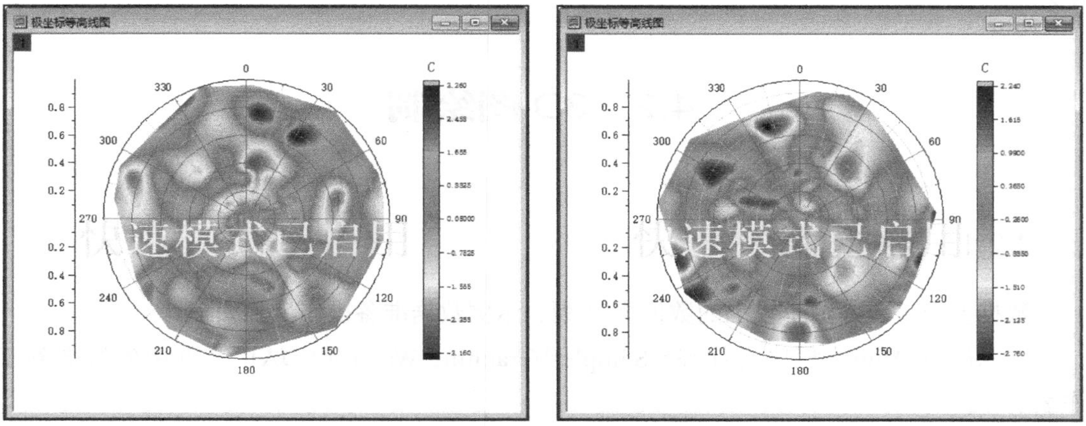

图 4-9　绘制的极坐标等高线图

4.1.8　绘制三元等高线相图

数据要求：包含数值型 X 列、Y 列和两个 Z 列。示例数据准备操作步骤如下。

① 导入<Origin 程序文件夹>\Samples\Graphing\Ternary Contour.dat 文件中的数据到工作表。

② 将 C 列和 D 列的绘图设定分别设置为 Z，结果图 4-10 左图如所示。

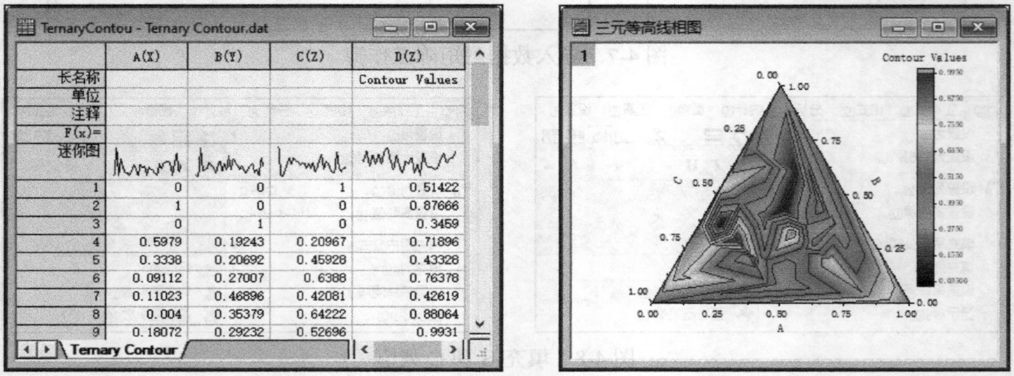

图 4-10 三元等高线相图数据及绘图结果

使用示例数据绘图的操作步骤如下。

① 单击 C 列标题并拖曳光标至 D 列，选中两个 Z 列。

② 单击菜单命令【绘图→等高线图→三元等高线相图】，绘图结果如图 4-10 右图所示。

4.2 3D 图绘制

4.2.1 绘制瀑布图

数据要求：包含两个以上的数值型 Y 列。示例数据准备操作步骤如下。

① 导入<Origin 程序文件夹>\Samples\Graphing\Waterfall.DAT 文件中的数据到工作表。

② 在第 1 行的行号上单击鼠标右键打开快捷菜单并选择【设置为注释】命令（如图 4-11 左图所示），设置后表格数据特征如图 4-11 右图所示。

使用示例数据绘图的操作步骤如下。

① 单击 B 列标题并拖曳光标选中几列。

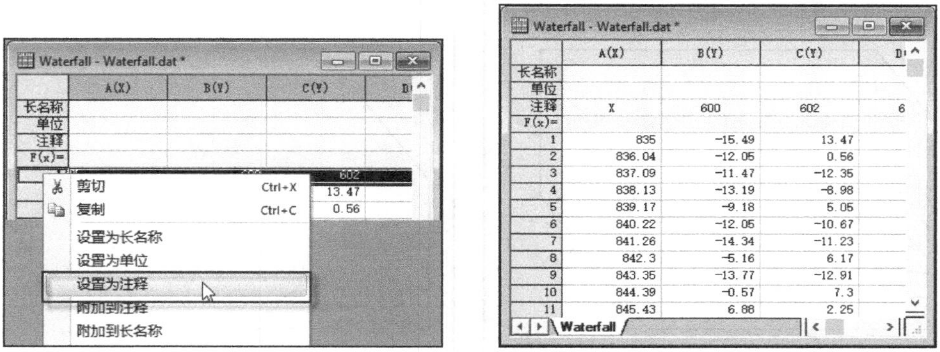

图 4-11 设置行属性

② 单击菜单命令【绘图→3D→瀑布图】（如图 4-12 左图所示），绘图结果如图 4-12 右图所示。

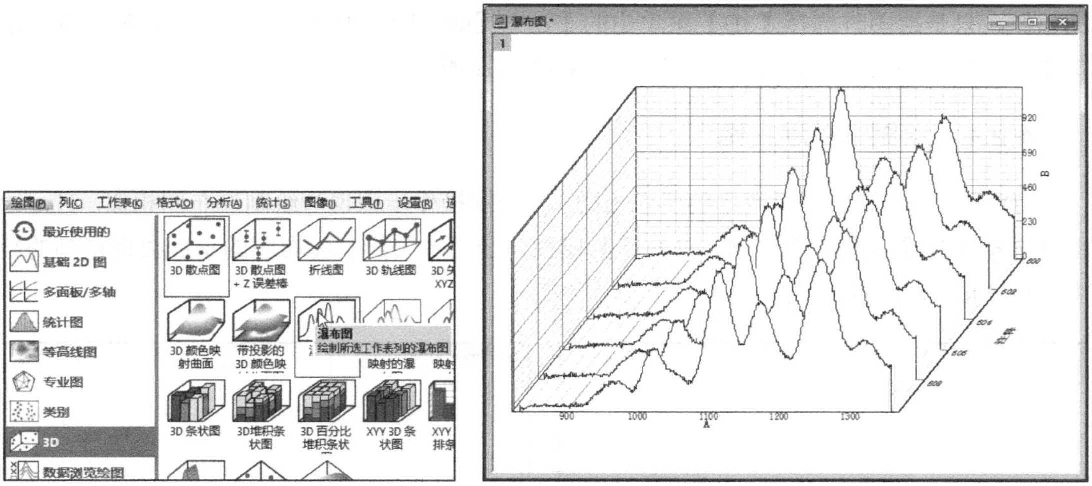

图 4-12 绘制瀑布图

4.2.2 绘制 Y 数据颜色映射的瀑布图

Y 数据颜色映射的瀑布图与瀑布图对数据的要求相同，其绘图操作步骤也与绘制瀑布图相似，只是绘图时选择【3D】菜单中的【Y 数据颜色映射的瀑布图】模板，使用本书绘制瀑布图的示例数据得到的绘图结果如图 4-13 左图所示。

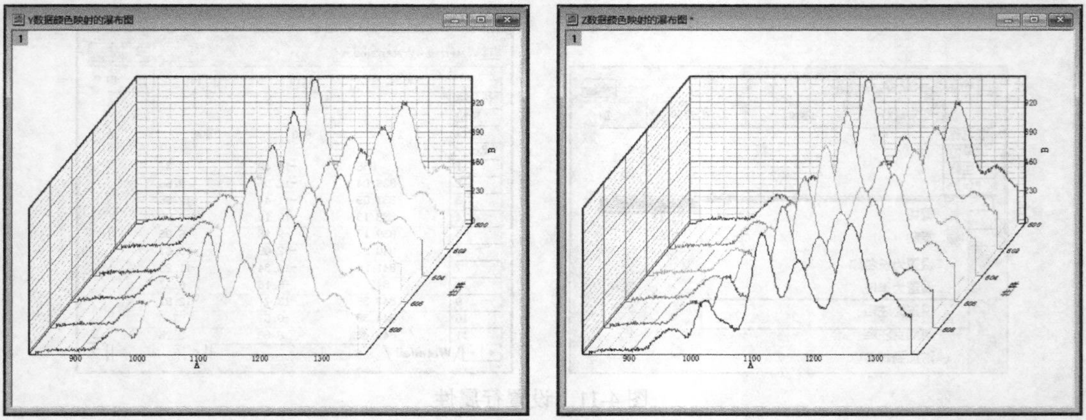

图 4-13 数据颜色映射的瀑布图

4.2.3 绘制 Z 数据颜色映射的瀑布图

Z 数据颜色映射的瀑布图与瀑布图对数据的要求相同，其绘图操作步骤也与绘制瀑布图相似，只是绘图时选择【3D】菜单中的【Z 数据颜色映射的瀑布图】模板，使用本书绘制瀑布图的示例数据得到的绘图结果如图 4-13 右图所示。

4.2.4 绘制 3D 瀑布图

3D 瀑布图与瀑布图对数据的要求相同，其绘图操作步骤也与绘制瀑布图相似，只是绘图时选择【3D】菜单中的【3D 瀑布图】模板，使用本书绘制瀑布图的示例数据得到的绘图结果如图 4-14 左图所示。

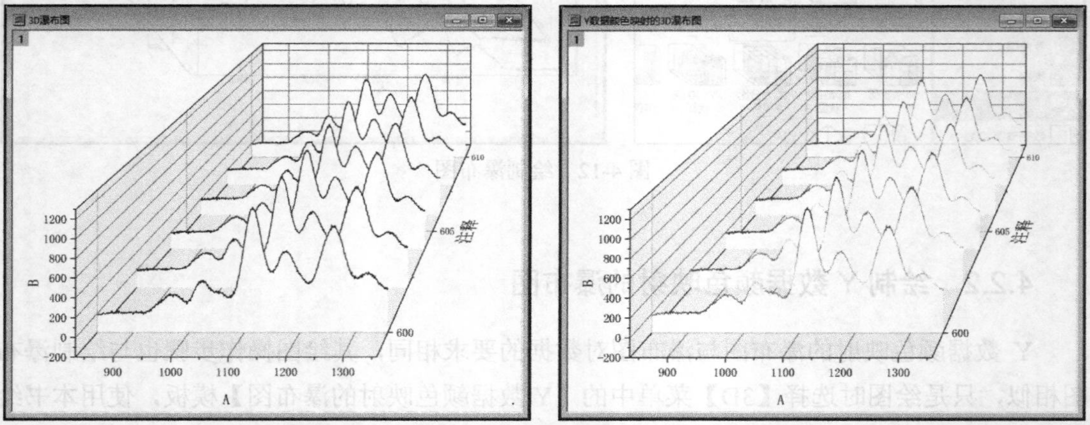

图 4-14 3D 瀑布图和 Y 数据颜色映射的 3D 瀑布图

4.2.5 绘制 Y 数据颜色映射的 3D 瀑布图

Y 数据颜色映射的瀑布图与瀑布图对数据的要求相同，其绘图操作步骤也与绘制瀑布图相似，只是绘图时选择【3D】菜单中的【Y 数据颜色映射的 3D 瀑布图】模板，使用本书绘制瀑布图的示例数据得到的绘图结果如图 4-14 右图所示。

4.2.6 绘制 Z 数据颜色映射的 3D 瀑布图

Z 数据颜色映射的瀑布图与瀑布图对数据的要求相同，其绘图操作步骤也与绘制瀑布图相似，只是绘图时选择【3D】菜单中的【Z 数据颜色映射的 3D 瀑布图】模板，使用本书绘制瀑布图的示例数据得到的绘图结果如图 4-15 所示。

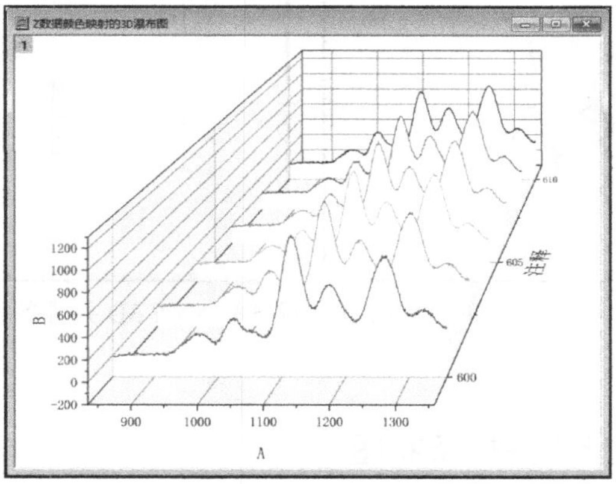

图 4-15 Z 数据颜色映射的 3D 瀑布图

4.2.7 绘制 XYY 3D 条状图

数据要求：第二个 Y 列为数值型。示例数据准备操作步骤如下。

① 导入<Origin 程序文件夹>\Samples\Matrix Conversion and Gridding\DirectXY.dat 文件中的数据到工作表，结果如图 4-16 左图所示。

	A(X)	B(Y)	C(Y)	D(Y)	E(Y)
长名称					
单位					
注释					
F(x)=					
迷你图					
1	—	2	4	6	8
2	10	0.00387	0.00595	0.02226	0.01272
3	20	0.11343	0.31848	0.12831	0.42911
4	30	0.12061	0.48388	0.37465	0.48951
5	40	0.21913	0.74349	0.38224	0.86464
6	50	0.66058	0.80696	0.59422	0.96697

	A(X)	B(Y)	C(Y)	D(Y)	E(Y)
长名称					
单位					
注释	—	2	4	6	8
F(x)=					
迷你图					
1	10	0.00387	0.00595	0.02226	0.01272
2	20	0.11343	0.31848	0.12831	0.42911
3	30	0.12061	0.48388	0.37465	0.48951
4	40	0.21913	0.74349	0.38224	0.86464
5	50	0.66058	0.80696	0.59422	0.96697
6					

图 4-16 导入数据及设置为注释结果

② 单击第 1 行行号选中该行，然后单击鼠标右键打开快捷菜单并选择【设置为注释】命令，结果如图 4-16 右图所示。

使用示例数据绘图的操作步骤如下。

① 单击 B 列标题并拖曳光标至 E 列，选中多列。

② 单击菜单命令【绘图→3D→XYY 3D 条状图】，绘图结果如图 4-17 左图所示。

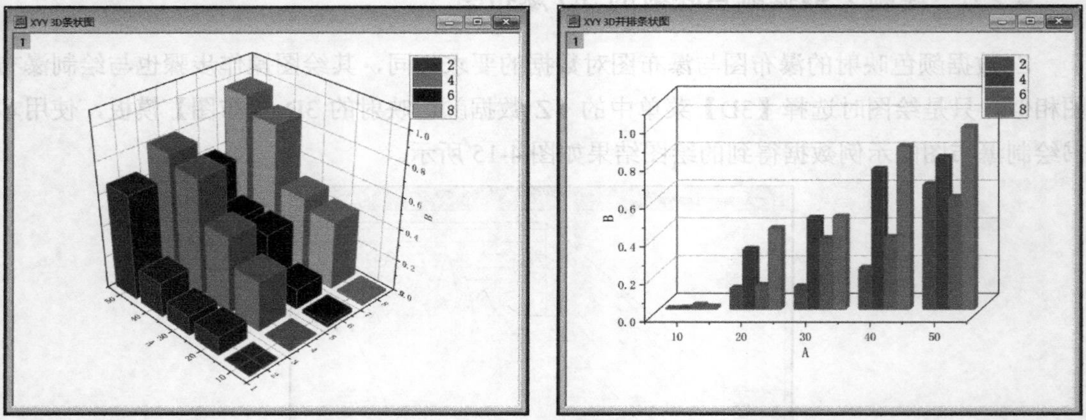

图 4-17　绘制的 XYY 3D 条状图和 XYY 3D 并排条状图

4.2.8　绘制 XYY 3D 并排条状图

XYY 3D 并排条状图与 XYY 3D 条状图对数据的要求相同，其绘图操作步骤也与绘制 XYY 3D 条状图相似，只是绘图时选择【3D】中的【XYY 3D 并排条状图】模板，使用本书绘制 XYY 3D 条状图的示例数据得到的绘图结果如图 4-17 右图所示。

4.2.9　绘制 3D 墙形图

3D 墙形图与 XYY 3D 条状图对数据的要求相同，其绘图操作步骤也与绘制 XYY 3D 条状图相似，只是绘图时选择【3D】中的【3D 墙形图】模板，使用本书绘制 XYY 3D 条状图的示例数据得到的绘图结果如图 4-18 左图所示。

4.2.10　绘制 3D 带状图

3D 带状图与 XYY 3D 条状图对数据的要求相同，其绘图操作步骤也与绘制 XYY 3D

条状图相似，只是绘图时选择【3D】中的【3D 带状图】模板。使用本书绘制 XYY 3D 条状图的示例数据得到的绘图结果如图 4-18 右图所示。

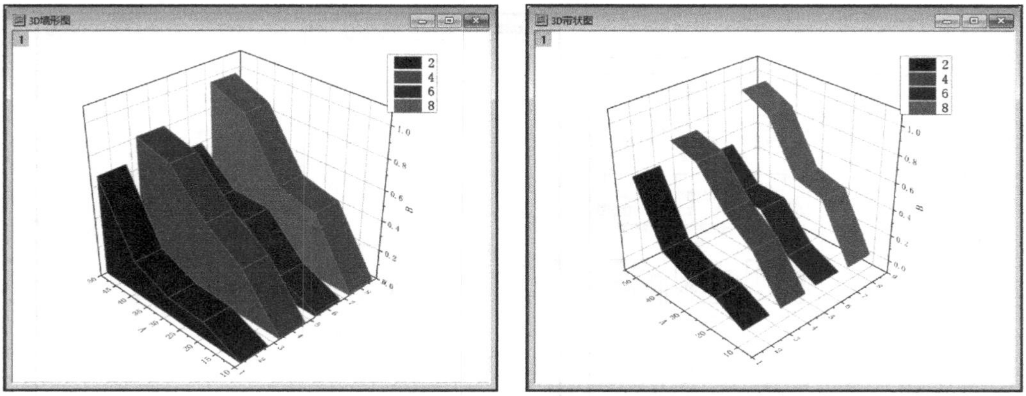

图 4-18 绘制的 3D 墙形图和 3D 带状图

4.2.11 绘制 3D 散点图

数据要求：包含数值型 X 列、Y 列和 Z 列。示例数据准备操作步骤如下。

① 创建一个包含 X 列、Y 列、Z 列的工作表。

② 单击 A 列标题选中该列并设置列值（Row(*i*): 从 1 到 20，Col(A) = cos(*i**2*pi/20)），如图 4-19 左图所示。

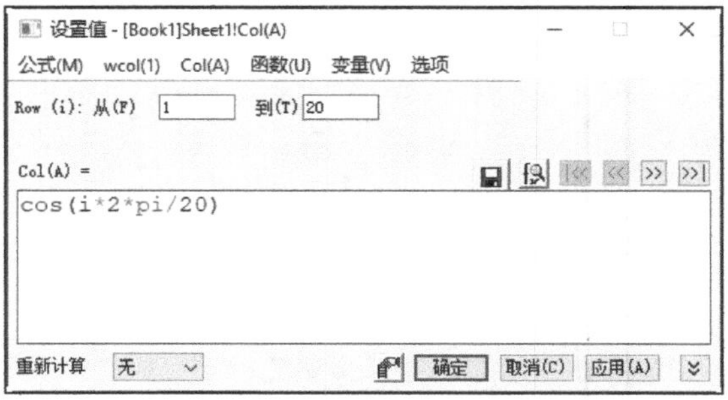

	A(X)	B(Y)	C(Z)
长名称			
单位			
注释			
F(x)=	cos(i*2*pi	sin(i*2*pi/20)	
1	0.95106	0.30902	0.30902
2	0.80902	0.58779	0.58779
3	0.58779	0.80902	0.80902
4	0.30902	0.95106	0.95106
5	6.123E-17	1	1
6	-0.30902	0.95106	0.95106
7	-0.58779	0.80902	0.80902
8	-0.80902	0.58779	0.58779
9	-0.95106	0.30902	0.30902
10	-1	1.225E-16	1.225E-16
11	-0.95106	-0.30902	-0.30902

图 4-19 设置列值

③ 参照步骤②分别设置 B 列值和 C 列值（Col(B) = sin(*i**2*pi/20)、Col(C) = sin(*i**2*pi/20)），设置列值结果如图 4-19 右图所示。

使用示例数据绘图的操作步骤如下。

① 单击 C 列标题选中该列。

② 单击菜单命令【绘图→3D→3D 散点图】(如图 4-20 左图所示)，绘图结果如图 4-20 右图所示。

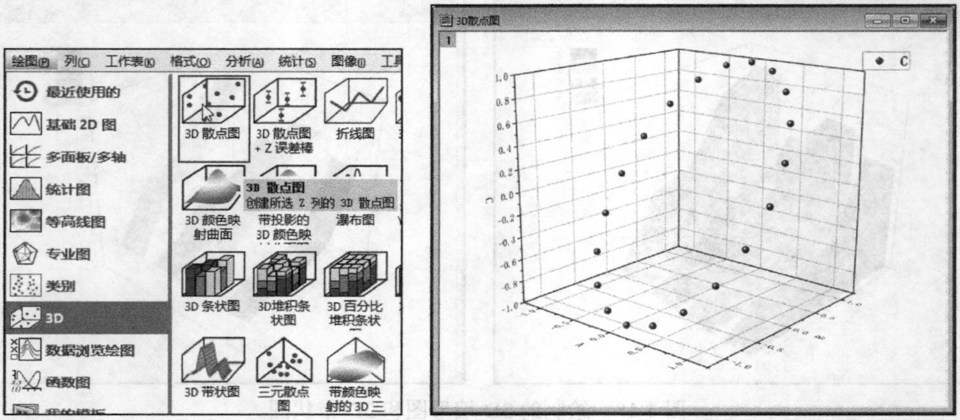

图 4-20　绘制 3D 散点图

4.2.12　绘制 3D 折线图

3D 折线图与 3D 散点图对数据的要求相同，其绘图操作步骤也与绘制 3D 散点图相似，只是绘图时选择【3D】菜单中的【3D 折线图】模板，使用本书绘制 3D 散点图的示例数据得到的绘图结果如图 4-21 左图所示。

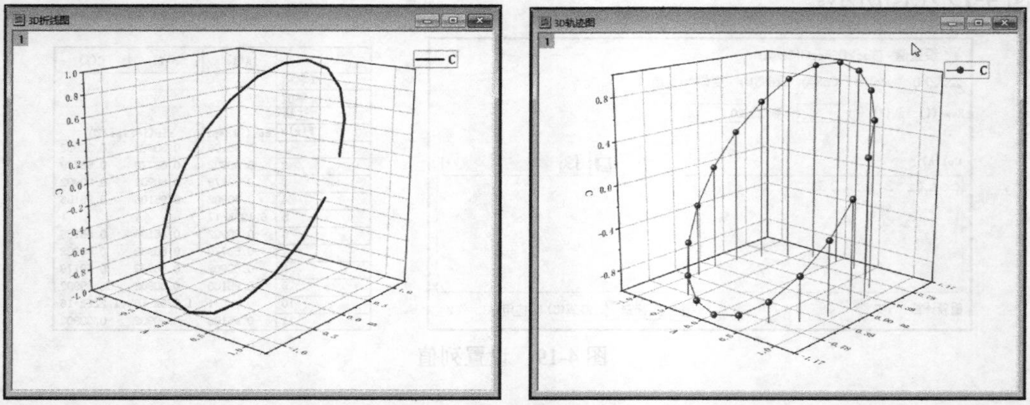

图 4-21　绘制 3D 折线图和 3D 轨迹图

4.2.13　绘制 3D 轨迹图

3D 轨迹图与 3D 散点图对数据的要求相同，其绘图操作步骤也与绘制 3D 散点图相似，只是绘图时选择【3D】菜单中的【3D 轨迹图】模板，使用本书绘制 3D 散点图的示例数据得到的绘图结果如图 4-21 右图所示。

4.2.14 绘制 3D 散点+Z 误差棒图

数据要求：包含数值型 X 列、Y 列和两个 Z 列。示例数据准备操作步骤如下。

① 创建一个包含 X 列、Y 列和两个 Z 列的工作表。

② 单击 A 列标题选中该列并设置列值（Row(*i*): 从 1 到 20，Col(A) = cos(*i**2*pi/20)），如图 4-19 左图所示。

③ 参照步骤②分别设置 B 列值和 C 列值（Col(B) = sin(*i**2*pi/20)、Col(C) = sin(*i**2*pi/20)），结果如图 4-19 右图所示。

④ 单击 D 列标题选中该列并填充列为均匀随机数，如图 4-22 所示。

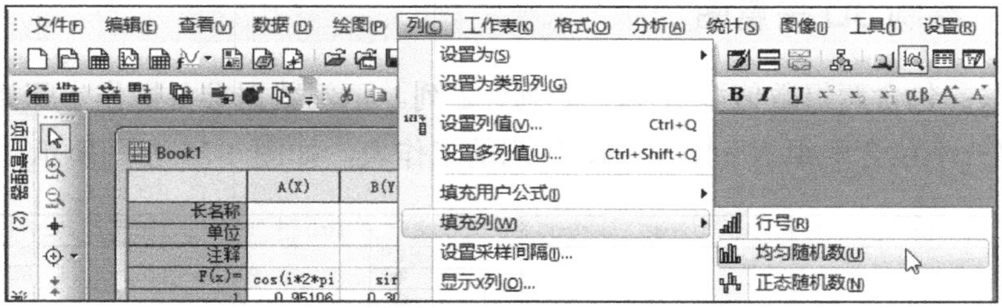

图 4-22 填充列值和绘制 3D 散点+Z 误差棒图结果

使用示例数据绘图的操作步骤如下。

① 单击 C 列标题并拖曳光标至 D 列，选中两个 Z 列。

② 单击菜单命令【绘图→3D→3D 散点图+Z 误差棒】（如图 4-23 所示），绘图结果如图 4-24 所示。

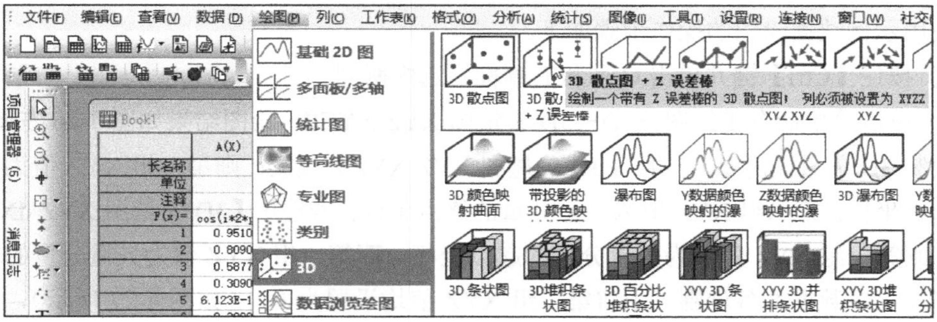

图 4-23 绘制 3D 散点图+Z 误差棒的菜单命令

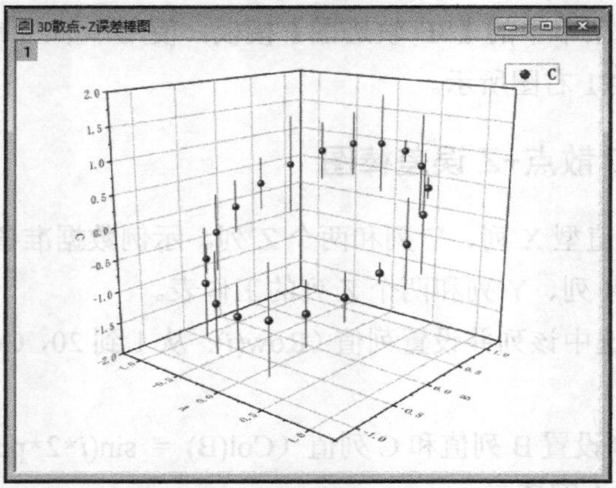

图 4-24　绘制 3D 散点图+Z 误差棒图结果

4.2.15　绘制 3D 矢量图

数据要求：包含两组数值型 X 列、Y 列、Z 列。示例数据准备操作步骤如下。

① 新建一个包含两组 X 列、Y 列、Z 列的工作表，如图 4-25 左图所示。

	A(X1)	B(Y1)	C(Z1)	D(X2)	E(Y2)	F(Z2)
长名称						
单位						
注释						
F(x)=						
1						
2						
3						

	A(X1)	B(Y1)	C(Z1)	D(X2)	E(Y2)	F(Z2)
长名称						
单位						
注释						
F(x)=	cos(i*2*pi	sin(i*2*pi/20)		2*A	2*B	2*C
1	0.95106	0.30902	0.30902	1.90211	0.61803	0.61803
2	0.80902	0.58779	0.58779	1.61803	1.17557	1.17557
3	0.58779	0.80902	0.80902	1.17557	1.61803	1.61803

图 4-25　新建工作表并设置列值

② 使用【设置值】对话框为 A 列、B 列、C 列、D 列、E 列和 F 列设置列值（Row(*i*): 从 1 到 20，Col(A) = cos(*i**2*pi/20)、Col(B) = sin(*i**2*pi/20)、Col(C) = sin(*i**2*pi/20)、Col(D) = 2*Col(A)、Col(E) = 2*Col(B)、Col(F) = 2*Col(C)），设置列值结果如图 4-25 右图所示。

使用示例数据绘图的操作步骤如下。

① 按住【Ctrl】键并单击 C 列和 F 列标题选中两列。

② 单击菜单命令【绘图→3D→3D 矢量图 XYZ XYZ】，绘图结果如图 4-26 左图所示。

绘制 3D 矢量图时，若选用【3D 矢量图 XYZ XYZ】模板，则第一组 XYZ 值为矢量分量的起点坐标，第二组 XYZ 值为矢量分量的终点坐标；若选用【3D 矢量图 XYZ dXdYdZ】模板，则第一组 XYZ 值仍为矢量分量的起点坐标，而第二组 XYZ 值为矢量分量的增量。

若在上述数据准备步骤②中将第二组 XYZ 值均设置为 0.1（如图 4-27 所示），且绘图选用【3D 矢量图 XYZ dXdYdZ】模板，则绘图结果如图 4-26 右图所示。

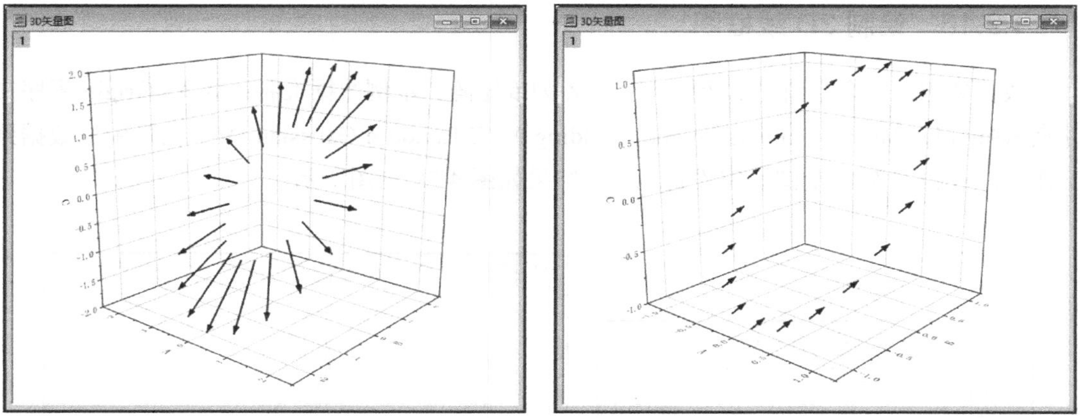

图 4-26 绘制的 3D 矢量图

	A(X1)	B(Y1)	C(Z1)	D(X2)	E(Y2)	F(Z2)
长名称						
单位						
注释						
F(x)=	cos(i*2*pi	sin(i*2*pi/20)			0.1	
1	0.95106	0.30902	0.30902	0.1	0.1	0.1
2	0.80902	0.58779	0.58779	0.1	0.1	0.1
3	0.58779	0.80902	0.80902	0.1	0.1	0.1

图 4-27 设置列值

若使用<Origin 程序文件夹>\Samples\Turorial Data.opju 项目中 3D Vector 的 Book5IA 和 Book2A 工作簿中的数据分别绘制 3D 矢量图 XYZ XYZ 和 3D 矢量图 XYZ dXdYdZ，结果如图 4-28 所示。

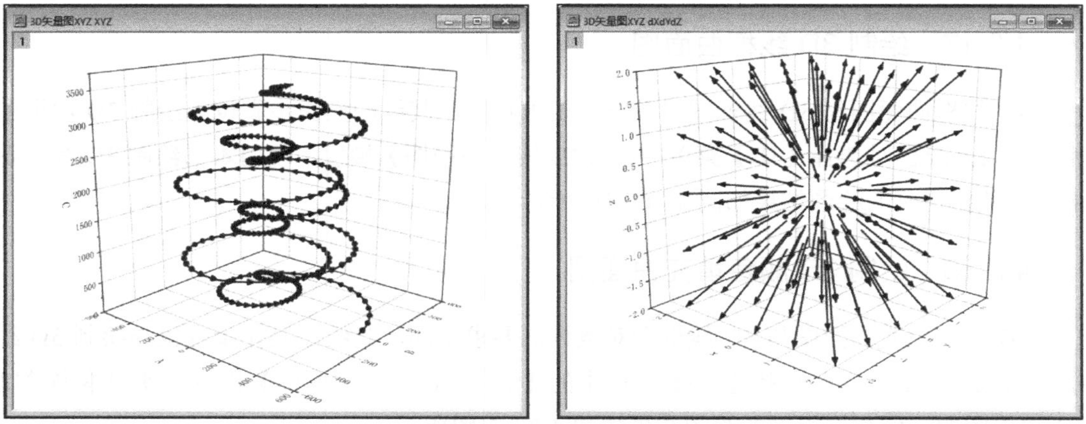

图 4-28 绘制的 3D 矢量图

4.2.16 绘制 3D 线框图

数据要求：包含数值型 X 列、Y 列、Z 列或矩阵。示例数据准备：导入<Origin 程序文件夹>\Samples\Matrix Conversion and Gridding\XYZ Random Gaussian.DAT 文件中的数据到工作表，并将 C 列的绘图设定设置为 Z，结果如图 4-29 左图所示。

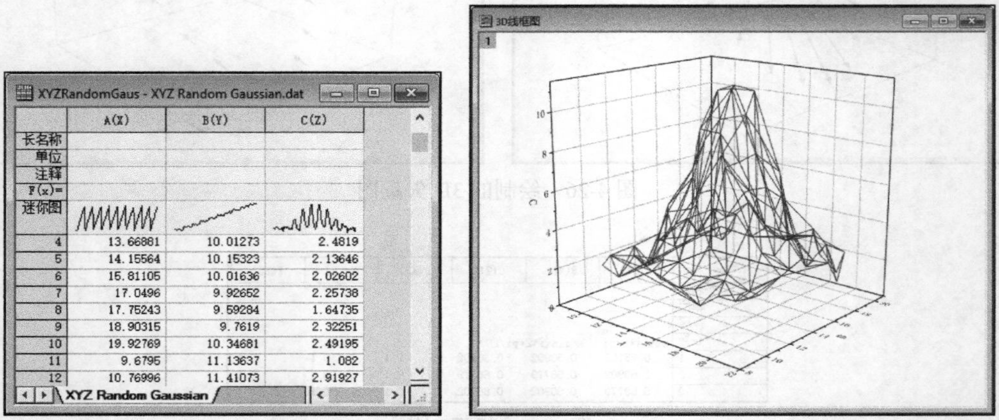

图 4-29 示例数据及绘制的 3D 线框图

使用示例数据绘图的操作步骤如下。

① 单击 C 列标题选中该列。

② 单击菜单命令【绘图→3D→3D 线框图】，绘图结果如图 4-29 右图所示。

4.2.17 绘制 3D 线框曲面图

3D 线框曲面图与 3D 线框图对数据的要求相同，其绘图操作步骤也与绘制 3D 线框图相似，只是绘图时选择【3D】菜单中的【3D 线框曲面图】模板，使用本书绘制 3D 线框图的示例数据得到的绘图结果如图 4-30 左图所示。

4.2.18 绘制 3D 颜色填充曲面图

3D 颜色填充曲面图与 3D 线框图对数据的要求相同，其绘图操作步骤也与绘制 3D 线框图相似，只是绘图时选择【3D】菜单中的【3D 颜色填充曲面图】模板，使用本书绘制 3D 线框图的示例数据得到的绘图结果如图 4-30 右图所示。

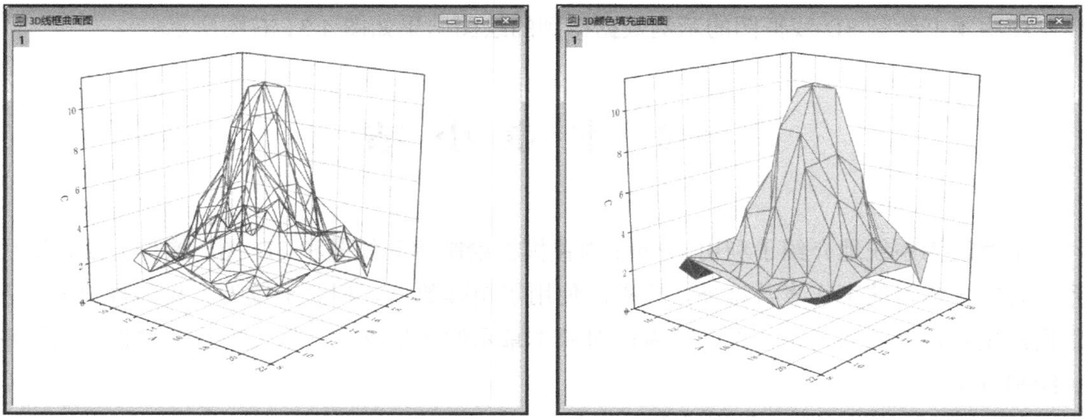

图 4-30 绘制 3D 线框曲面图和 3D 颜色填充曲面图

4.2.19 绘制 3D 颜色映射曲面图

3D 颜色映射曲面图与 3D 线框图对数据的要求相同，其绘图操作步骤也与绘制 3D 线框图相似，只是绘图时选择【3D】菜单中的【3D 颜色映射曲面图】模板，使用本书绘制 3D 线框图的示例数据得到的绘图结果如图 4-31 左图所示。

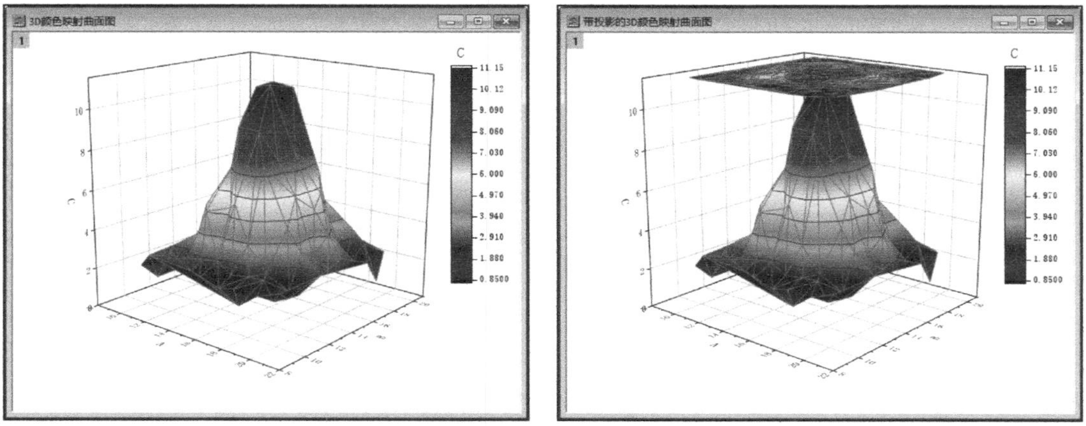

图 4-31 绘制的 3D 颜色映射曲面图和带投影的 3D 颜色映射曲面图

4.2.20 绘制带投影的 3D 颜色映射曲面图

带投影的 3D 颜色映射曲面图与 3D 线框图对数据的要求相同，其绘图操作步骤也与绘制 3D 线框图相似，只是绘图时选择【3D】菜单中的【带投影的 3D 颜色映射曲面图】模板。使用本书绘制 3D 线框图的示例数据得到的绘图结果如图 4-31 右图所示。

4.3　本章小结

本章较为系统地介绍了利用 Origin 内置模板绘制等高线图和 3D 图的操作方法，除用到已有较多练习的工作表数据外，还首次使用了矩阵数据。相对于较为容易理解的工作表数据，矩阵数据较为复杂，希望读者能对照本章示例多加练习，以便熟悉并掌握复杂图形的绘制方法。

第 5 章　专业图绘制和使用图表绘制工具绘图

本章学习目标

- 熟悉并掌握专业图的绘制方法
- 熟悉并掌握使用图表绘制工具绘图的方法

5.1　专业图绘制

5.1.1　绘制 XYAM 矢量图

数据要求：包含四个数值型列。示例数据准备操作步骤如下。

① 单击一个空白工作簿的标题栏将其设置为当前工作簿。

② 单击菜单命令【数据→连接到文件→Origin 文件】，如图 5-1 左图所示。

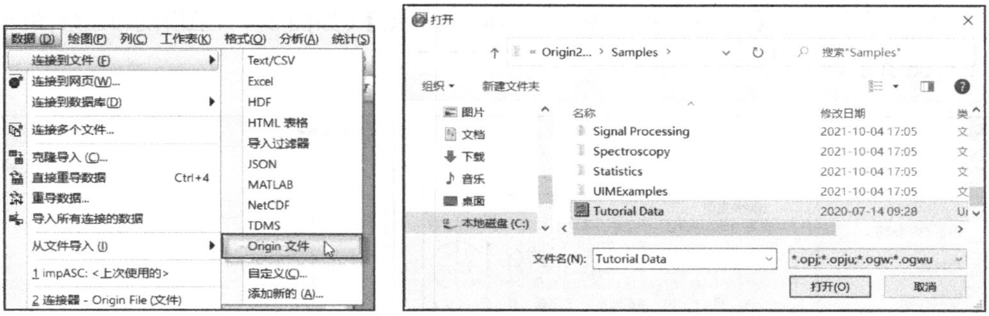

图 5-1　连接到文件选择

③ 在弹出的【打开】对话框中浏览找到<Origin 程序文件夹>\Samples\Tutorial Data.opju 文件并单击选中，然后单击【打开】按钮，如图 5-1 右图所示。

④ 在弹出的【数据连接器浏览器】对话框中浏览找到【Vector XYAM】工作表并单击选中，然后单击【选择需要导入的数据】按钮 （如图 5-2 左图所示）将选中的数据表添加到对话框下部的列表框中（如图 5-2 右图所示），数据导入工作表结果如图 5-3 所示。

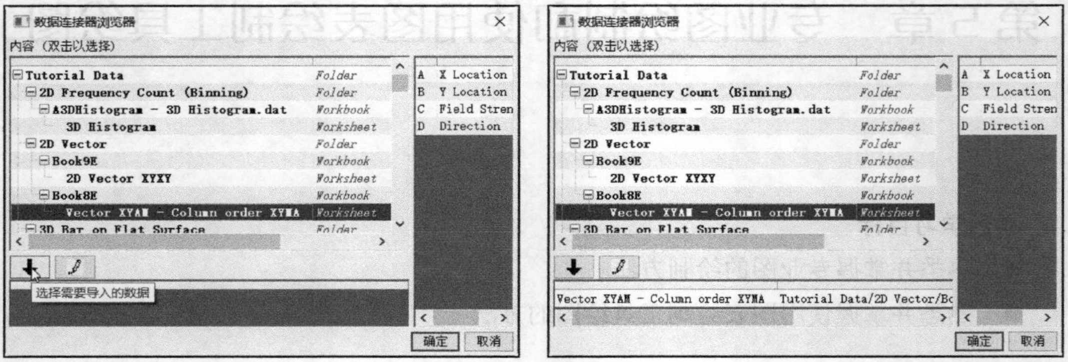

图 5-2　【数据连接器浏览器】

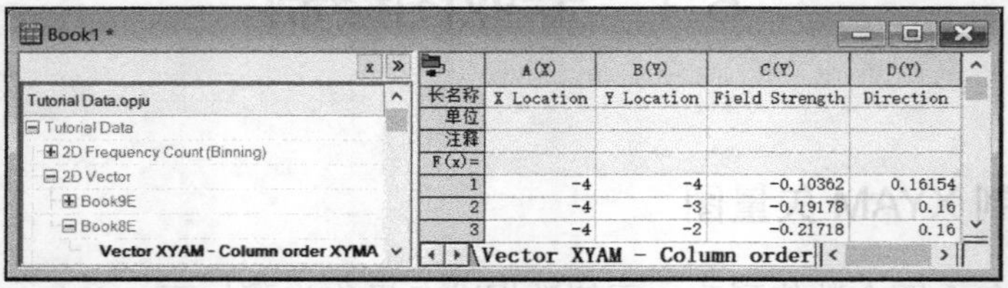

图 5-3　数据导入结果

示例数据绘图操作步骤如下。

① 单击 A 列标题拖曳光标至 D 列，选中四列。

② 单击菜单命令【绘图→专业图→XYAM 矢量图】（如图 5-4 左图所示），绘图结果如图 5-4 右图所示。

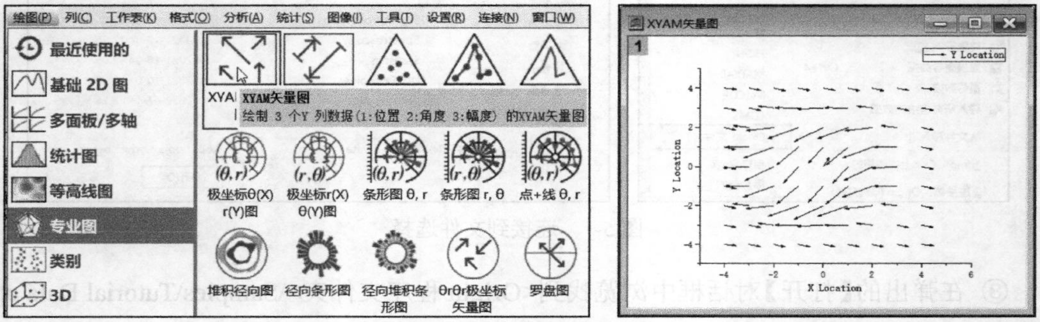

图 5-4　绘制 XYAM 矢量图

5.1.2 绘制 XYXY 矢量图

数据要求：包含四个数值型列。示例数据准备操作步骤如下。

① 单击一个空白工作簿的标题栏将其设置为当前工作簿。

② 单击菜单命令【数据→连接到文件→Origin 文件】，如图 5-5 左图所示。

③ 在弹出的【打开】对话框中浏览找到<Origin 程序文件夹>\Samples\ Tutorial Data.opju 文件并单击选中，然后单击【打开】按钮，如图 5-5 右图所示。

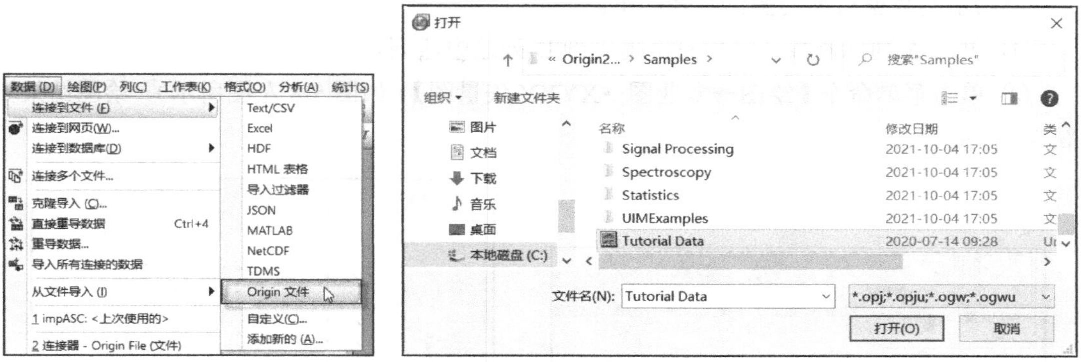

图 5-5 连接到文件选择

④ 在弹出的【数据连接器浏览器】对话框中浏览找到【2D Vector XYXY】工作表并单击选中，然后单击【选择需要导入的数据】按钮（如图 5-6 左图所示）将选中的数据表添加到对话框下部的列表框中（如图 5-6 右图所示），数据导入工作表结果如图 5-7 左图所示。

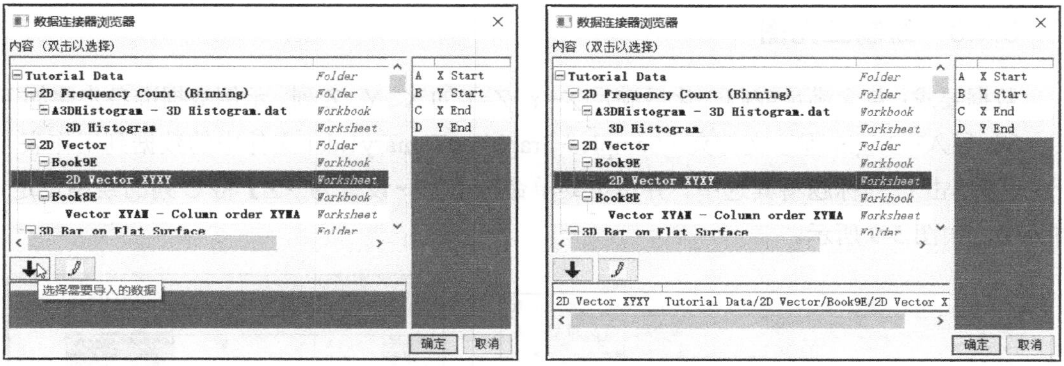

图 5-6 【数据连接器浏览器】

⑤ 单击 C 列标题选中 C 列，并通过菜单命令【列→设置为→X】（如图 5-7 右图所示）

将该列的绘图设定设置为 X。

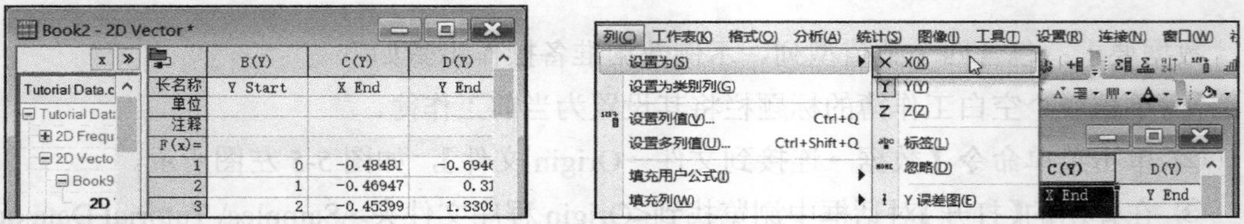

图 5-7 导入数据结果及设置列绘图设定

使用示例数据绘图的操作步骤如下。

① 单击 A 列标题按住鼠标左键拖曳到 D 列选中四列。

② 单击菜单命令【绘图→专业图→XYXY 矢量图】(如图 5-8 左图所示)，绘图结果如图 5-8 右图所示。

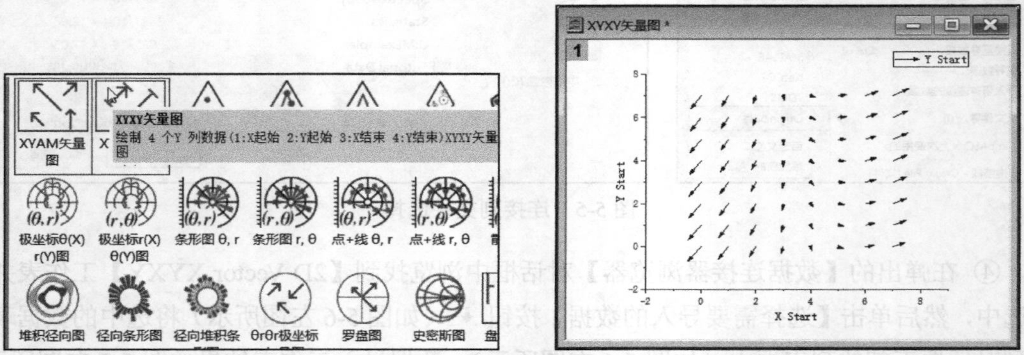

图 5-8 绘制 XYXY 矢量图

5.1.3 绘制三元图

数据要求：包含满足或归一化后满足 X+Y+Z=1 的 X、Y、Z 列。示例数据准备步骤如下。

① 导入<Origin 程序文件夹>\Samples\Graphing\Ternary1.dat 文件中的数据到工作表。

② 单击 C 列标题将其选中，并单击菜单命令【列→设置为→Z】将 C 列的绘图设定设置为 Z，如图 5-9 所示。

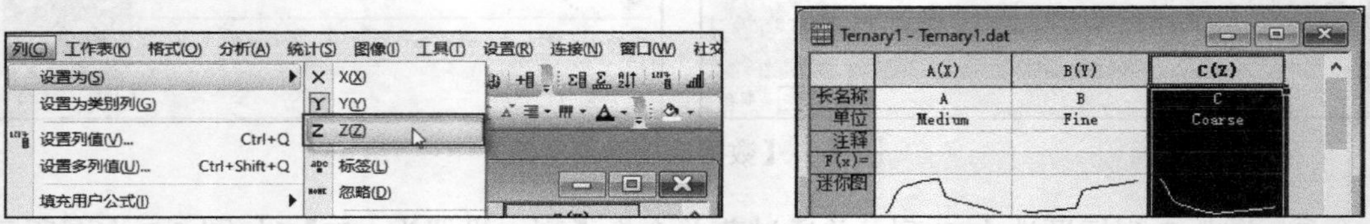

图 5-9 设置列的绘图设定

示例数据绘图操作步骤如下。

① 单击 C 列标题选中列。

② 单击菜单命令【绘图→专业图→三元图】(如图 5-10 左图所示)，绘图结果如图 5-10 右图所示。

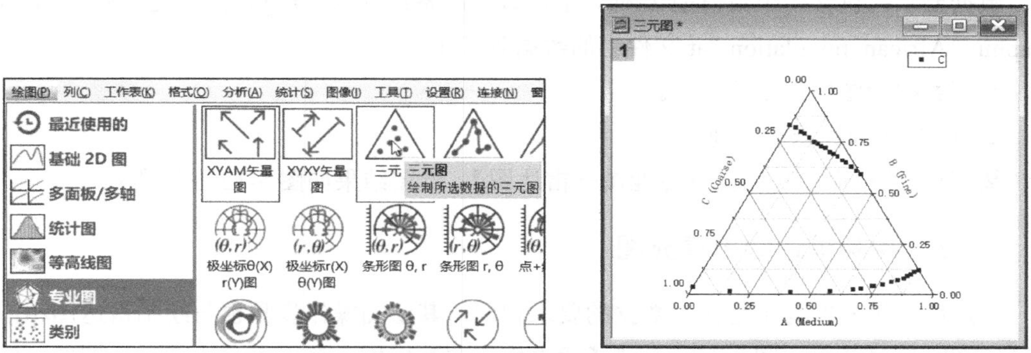

图 5-10　绘制三元图

5.1.4　绘制三元点线图

三元点线图与三元图对数据的要求相同，其绘图操作步骤也与绘制三元图相似，只是绘图时选择【专业图】中的【三元点线图】模板，使用本书绘制三元图的示例数据得到的绘图结果如图 5-11 左图所示。

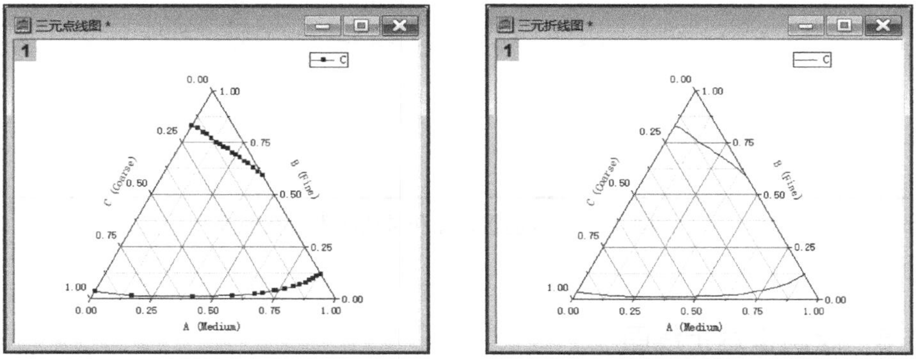

图 5-11　绘制的三元点线图和三元折线图

5.1.5　绘制三元折线图

三元折线图与三元图对数据的要求相同，其绘图操作步骤也与绘制三元图相似，只是绘图时选择【专业图】菜单中的【三元折线图】模板，使用本书绘制三元图的示例数据得到的绘图结果如图 5-11 右图所示。

5.1.6 绘制雷达图

数据要求：包含一个数值型 Y 列。示例数据准备：导入<Origin 程序文件夹>\Samples\Graphing\African_population.dat 文件中的数据到工作表。

示例数据绘图操作步骤如下。

① 单击 B 列标题选中列。

② 单击菜单命令【绘图→专业图→雷达图】，绘图结果如图 5-12 左图所示。

5.1.7 绘制雷达线内填充图

雷达线内填充图与雷达图对数据的要求相同，其绘图操作步骤也与绘制雷达图相似，只是绘图时选择【专业图】菜单中的【线内填充图】模板，使用本书绘制雷达图的示例数据得到的绘图结果如图 5-12 右图所示。

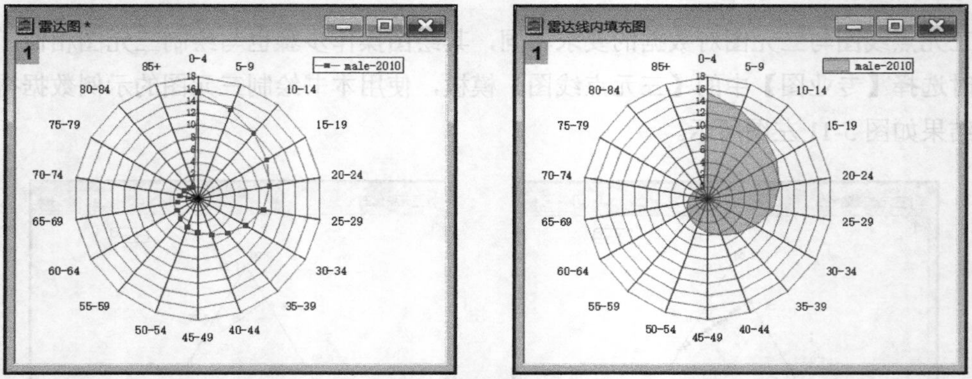

图 5-12 绘制的雷达图和雷达线内填充图

5.1.8 绘制雷达折线图

雷达折线图与雷达图对数据的要求相同，其绘图操作步骤也与绘制雷达图相似，只是绘图时选择【专业图】中的【折线图】模板，使用本书绘制雷达图的示例数据得到的绘图结果如图 5-13 左图所示。

5.1.9 绘制雷达点图

雷达点图与雷达图对数据的要求相同，其绘图操作步骤也与绘制雷达图相似，只是绘图时选择【专业图】菜单中的【点图】模板，使用本书绘制雷达图的示例数据得到的绘图结果如图 5-13 右图所示。

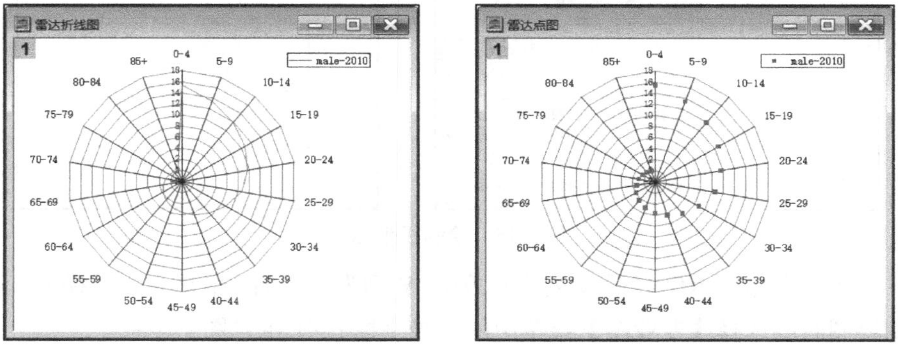

图 5-13 绘制的雷达折线图和雷达点图

5.1.10 绘制极坐标图

数据要求：包含一个数值型 Y 列和一个数值型 X 列（若无 X 列则将行号作为 X 列）。示例数据准备操作步骤如下。

① 点击 A 列标题选中 A 列，然后单击菜单命令【列→设置列值】。

② 在弹出的【设置值】对话框中，设置 A 列数值（Row(i):从 1 到 10，公式为“i*36”（如图 5-14 左图所示），单击【确定】按钮关闭【设置值】对话框。

③ 单击 B 列标题选中 B 列，重复步骤②设置 B 列数值（公式为“i/10”，如图 5-14 右图所示），最后单击【确定】按钮关闭【设置值】对话框。

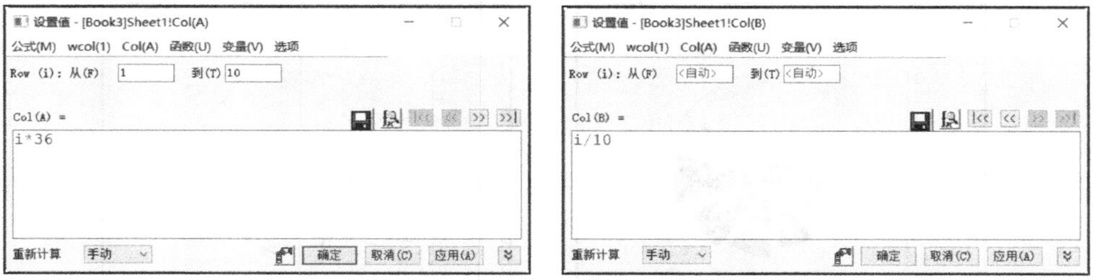

图 5-14 设置 A 列和 B 列数值

使用示例数据绘图的操作步骤如下。

① 单击 B 列标题选中 B 列。

② 单击菜单命令【绘图→专业图→极坐标 θ(X) r(Y)图】（如图 5-15 左图所示），绘制结果如图 5-15 右图所示。

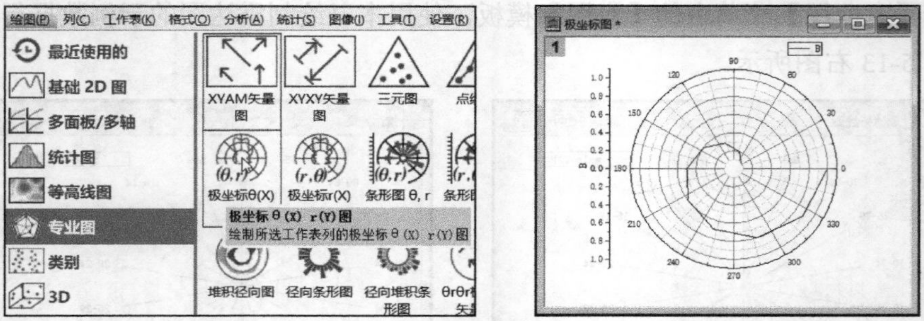

图 5-15　绘制极坐标图

注：上述极坐标图示例数据 X 列为角度θ，Y 列为半径 r；若 X 列为半径 r，而 Y 列为角度，则绘图时应选择【专业图】菜单中的【极坐标 r(X), θ(Y)图】模板。

5.1.11　绘制极坐标条形图

条形图与极坐标图对数据的要求相同，其绘图操作步骤也与绘制极坐标图相似，只是绘图时选择【专业图】菜单中的【极坐标条形图】模板，使用本书绘制极坐标图的示例数据得到的绘图结果如图 5-16 左图所示。

5.1.12　绘制极坐标点+线图

点+线图与极坐标图对数据的要求相同，其绘图操作步骤也与绘制极坐标图相似，只是绘图时选择【专业图】菜单中的【极坐标点+线图】模板，使用本书绘制极坐标图的示例数据得到的绘图结果如图 5-16 右图所示。

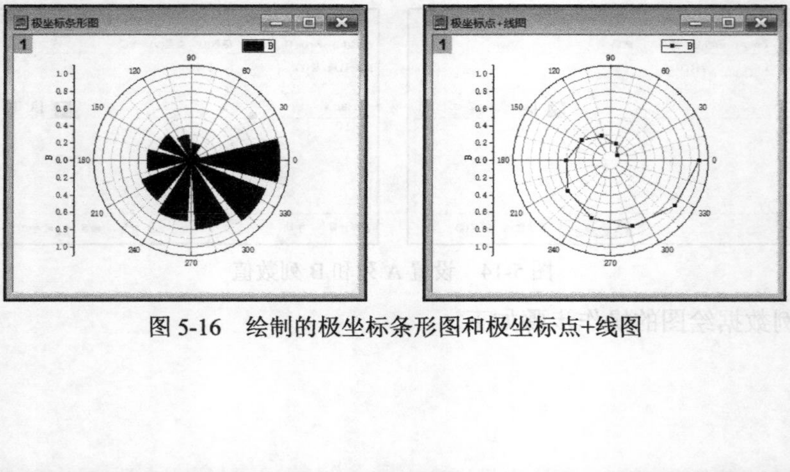

图 5-16　绘制的极坐标条形图和极坐标点+线图

5.1.13 绘制极坐标散点图

极坐标散点图与极坐标图对数据的要求相同，其绘图操作步骤也与绘制极坐标图相似，只是绘图时选择【专业图】菜单中的【极坐标散点图】模板，使用本书绘制极坐标图的示例数据得到的绘图结果如图 5-17 左图所示。

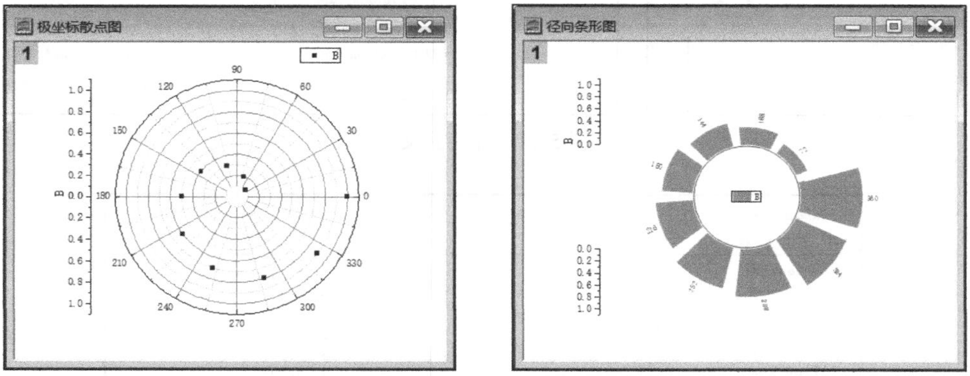

图 5-17 绘制的极坐标散点图和径向条形图

5.1.14 绘制径向条形图

径向条形图与极坐标图对数据的要求相同，其绘图操作步骤也与绘制极坐标图相似，只是绘图时选择【专业图】菜单中的【径向条形图】模板，使用本书绘制极坐标图的示例数据得到的绘图结果如图 5-17 右图所示。

5.1.15 绘制风玫瑰图

数据要求：多个数值型 Y 列。示例数据准备操作步骤如下。

① 单击拟导入数据的工作表的标签卡。

② 单击菜单命令【数据→连接到文件→Origin 文件】，如图 5-18 左图所示。

③ 在【打开】对话框中浏览找到 Samples 文件中的 Tutorial Data.opju 并单击选中，然后单击【打开】按钮，如图 5-18 右图所示。

④ 在打开的【数据连接器浏览器】对话框中通过滚动找到 Wind Rose，然后单击【选择需要导入的数据】按钮，如图 5-19 所示。

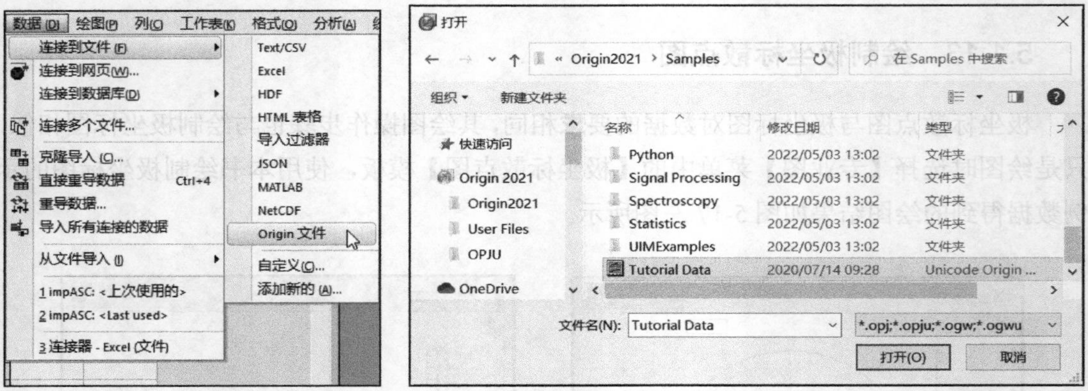

图 5-18　连接到文件

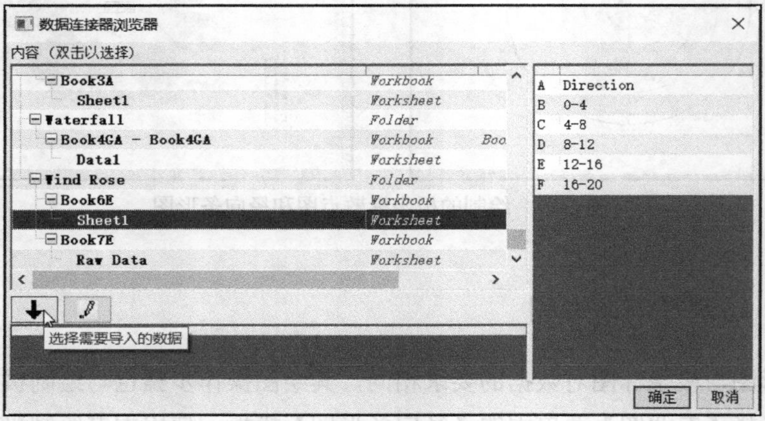

图 5-19　选择需要导入的数据

⑤ 单击【确定】按钮关闭对话框，导入结果如图 5-20 所示。

	A(X)	B(Y)	C(Y)	D(Y)	E(Y)	F(Y)
长名称	Direction	0-4	4-8	8-12	12-16	16-20
单位						
注释						
F(x)=						
1	22.5	3.125	3.125	3.125	6.25	0
2	45	0	3.125	3.125	0	0
3	67.5	0	6.25	0	0	0
4	90	0	0	0	0	3.125
5	112.5	0	0	0	0	0
6	135	3.125	0	0	0	3.125

图 5-20　导入数据结果

示例数据绘制风玫瑰图操作步骤如下。

① 按住【Shift】键并单击 B 列、F 列，选中 B 列到 F 列。

② 单击菜单命令【绘图→专业图→风玫瑰图-分格数据】（如图 5-21 左图所示），绘图结果如图 5-21 右图所示。

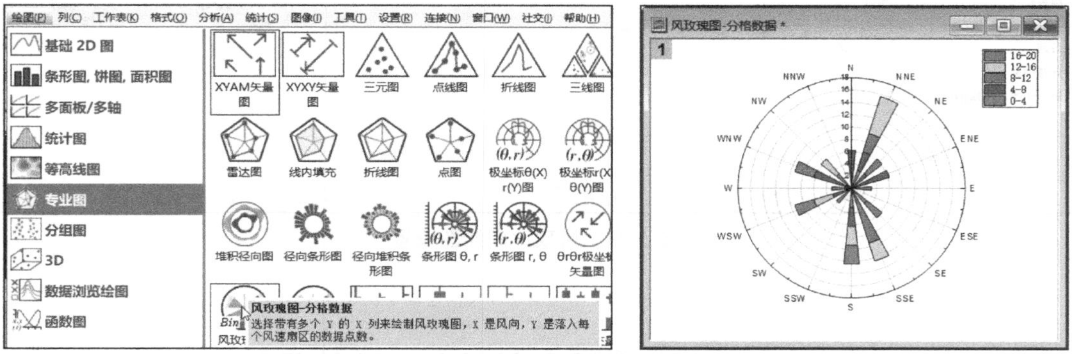

图 5-21　绘制风玫瑰图

注：若准备前述数据时导入的是如图 5-19 所示 Book7E 工作簿中的 Raw Data 工作表中的数据，则绘图时应选择【风玫瑰图-原始数据】模板（如图 5-22 所示）。

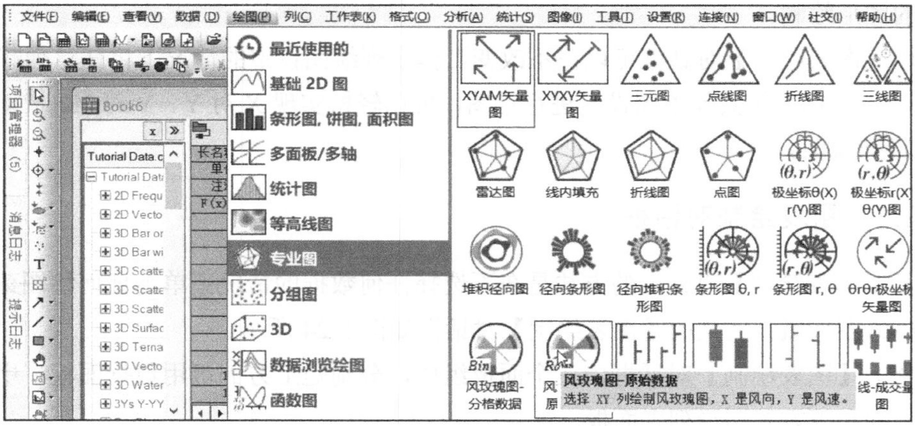

图 5-22　使用原始数据绘制风玫瑰图模板

然后在打开的【Plotting: plot_windrose】对话框中设置方向扇区数量、风速方向等选项，如图 5-23 所示。

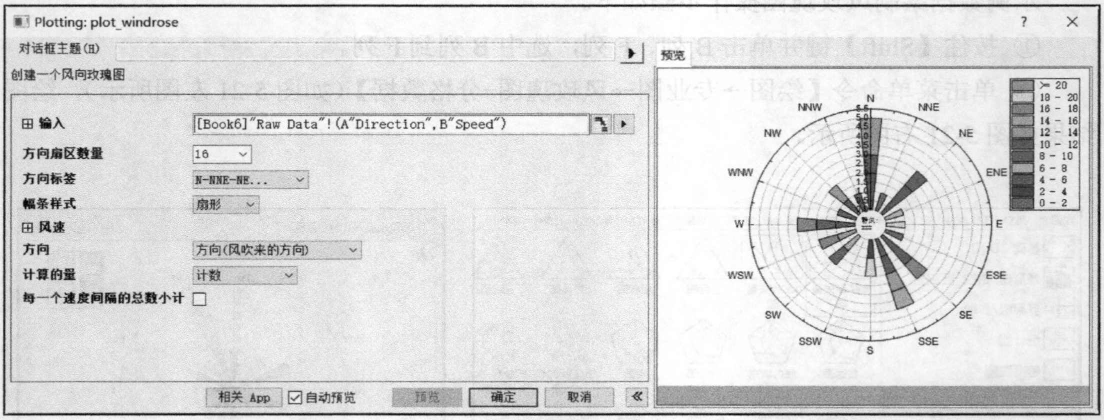

图 5-23　风玫瑰图绘图设置

5.2　使用图表绘制工具绘图

除使用内置模板直接绘图外，Origin 还为用户提供了更强大、更灵活的绘图工具——【图表绘制】对话框；利用该工具，除可以绘制标准模板所能绘制的图形外，还可以完成更为复杂的图形绘制。

利用【图表绘制】对话框可以在不改变工作表列绘图设定的情况下将任意列赋予 X、Y、Z、误差和标签等其他绘图设定进行绘图，可以轻松实现 X 对 Y、Y 对 Y、Y 对 Z 和 Z 对 Y 等特殊绘图。

5.2.1　图表绘制对话框

打开【图表绘制】对话框的方法是在不选择任何数据的情况下单击任何绘图菜单命令或工具栏绘图按钮。完整的【图表绘制】对话框如图 5-24 所示。

完整的【图表绘制】对话框由三个面板组成，分别是上方的可用数据面板、中间的绘图类型面板和下方的图形列表面板。

数据面板的左侧列表可用于选择可用的数据源，右侧列表可用于罗列工作簿和工作表。图形设置区左侧列表用于选择绘图类型，右侧用于设置列绘图设定。图形列表面板则罗列添加到图形的数据。

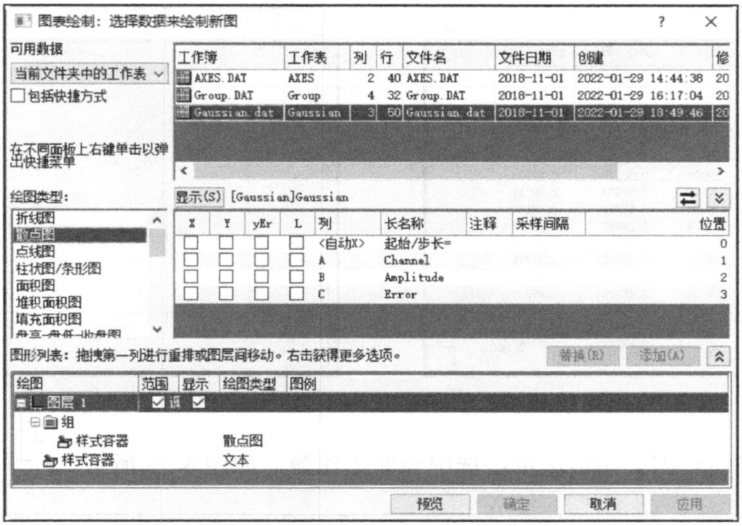

图 5-24 【图表绘制】对话框

5.2.2 绘制任意列对任意列图

Origin 工作表中的每个数据列每次只能设置一列绘图设定，利用 Origin 内置的图形模板只能实现 Y 对 X 或 Z 对 X、Y 等的图形绘制。但使用【图表绘制】工具绘图，可以对数据列赋予不同于工作表中的绘图设定，利用这一功能可以在不改变工作表列绘图设定的情况下绘制 Y 对 Y 的图形。

1. 绘制 Y 对 Y 图

示例数据准备操作步骤如下。

① 创建一个包含三列（XYY）的工作表。

② 用【设置列值】对话框将 A(X)、B(Y)、C(Y)列的公式分别设为“Col(A)=*i*/100”“Col(B)=sin(2*pi*A)”“Col(C)=cos(2*pi*A)”，Row(*i*)：从 1 到 100，设置完成并添加迷你图后结果如图 5-25 左图所示。

③ 选中 B(Y)、C(Y)两列绘制线图结果如图 5-25 右图所示。

若需要 C(Y)对 B(Y)绘图则不能直接使用内置的线图模板，需要通过如下操作步骤实现。

① 在工作表的空白区域单击取消先前绘图时的选定，确保没有数据被选中。

② 单击菜单命令【绘图→基础 2D 图→折线图】模板或单击绘图工具栏上的【折线图】图标打开【图表绘制】对话框。

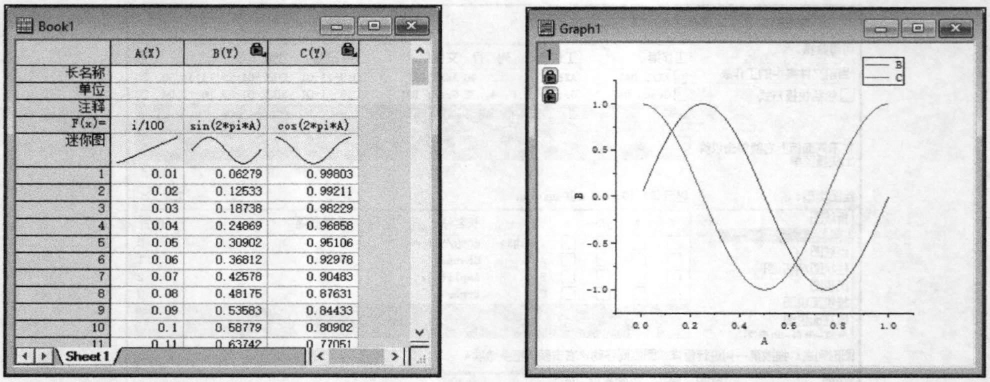

图 5-25　设置 A、B、C 列的数值

③ 在【可用数据】面板区单击选中当前工作簿，如图 5-26 所示。

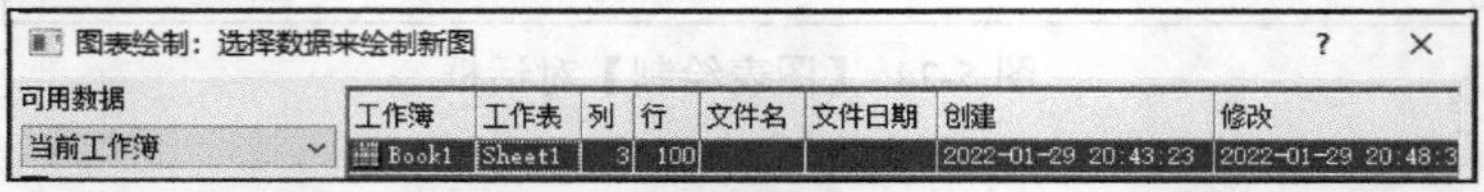

图 5-26　选择数据所在工作表

④ 将 B、C 列的绘图设定分别设置为 X、Y，如图 5-27 所示。

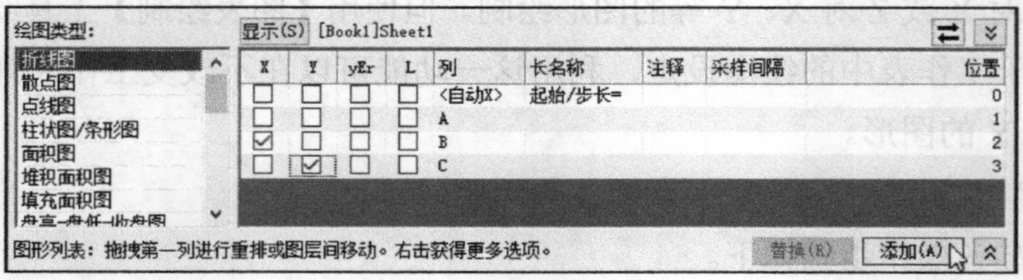

图 5-27　设置列绘图设定

⑤ 单击【添加】按钮将数据添加到图形列表，结果如图 5-28 所示。

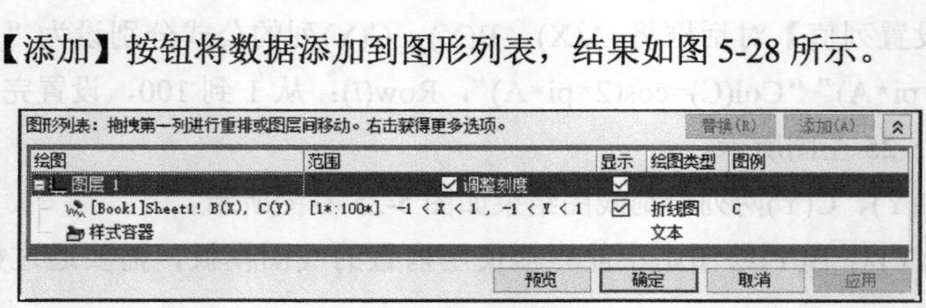

图 5-28　图形列表框

⑥ 单击【确定】按钮关闭【图表绘制】对话框，绘制完成的图形如图 5-29 右图所示。

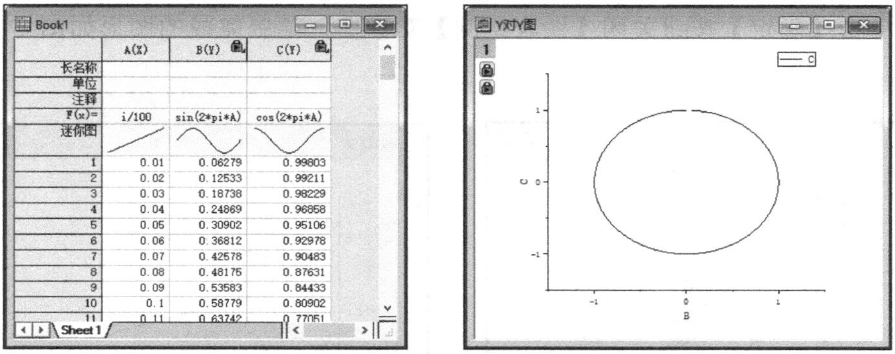

图 5-29　数据源及绘制的 Y 对 Y 图形

尽管图 5-29 左图所示的数据工作表中 B、C 列的绘图设定均为 Y，但通过【图表绘制】工具可以赋予 B 列绘图设定 X 作为自变量绘图。

2. 绘制 X 对 Y 图

示例数据：使用上文绘制 Y 对 Y 图的数据。示例数据绘制 X 对 Y 图的操作步骤如下。

① 在工作表的空白区域单击取消先前绘图时的选定，确保没有数据被选中。

② 单击菜单命令【绘图→基础 2D 图→折线图】模板或单击绘图工具栏上的【折线图】图标打开【图表绘制】对话框。

③ 在【可用数据】面板区单击选中当前工作簿，如图 5-26 所示。

④ 将 B、A 列的绘图设定分别设置为 X、Y，如图 5-30 所示。

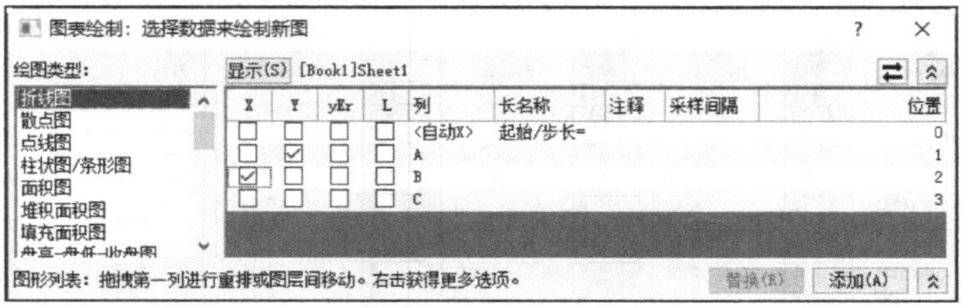

图 5-30　设置列绘图设定

⑤ 单击【添加】按钮将数据添加到图形列表，结果如图 5-31 所示。

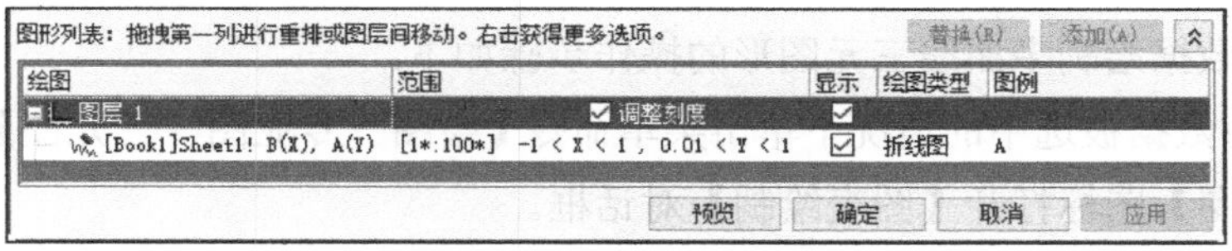

图 5-31　图形列表框

⑥ 单击【确定】按钮关闭【图表绘制】对话框，绘制完成的图形如图 5-32 右图所示。

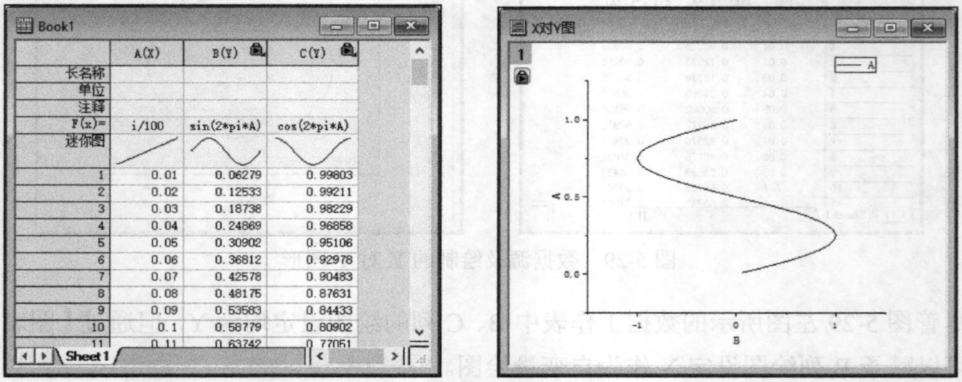

图 5-32　数据源及绘制的 Y 对 Y 图形

5.2.3　绘制多曲线三角图

示例数据准备：将<Origin 程序文件夹>\Samples\Graphing\Ternary1.dat、Ternary2.dat、Ternary3.dat 和 Ternary4.dat 文件中的数据导入为多个工作簿（也可以是同一工作簿的不同工作表），如图 5-33 所示。

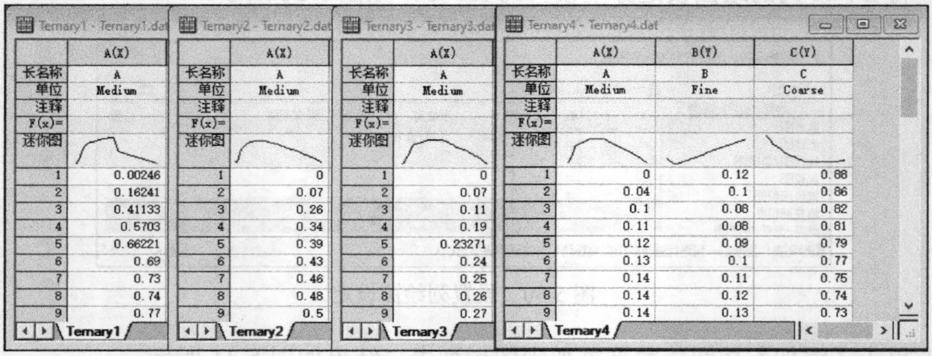

图 5-33　导入的多工作簿数据

使用示例数据绘制多曲线三元图形的操作步骤如下。

① 在没有数据被选中的情况下单击菜单命令【绘图→专业图→三元图】或 2D 图工具栏中的【三元图】图标打开【图表绘制】对话框。

② 将【可用数据】选择为“当前文件夹中的工作表”，如图 5-34 所示。

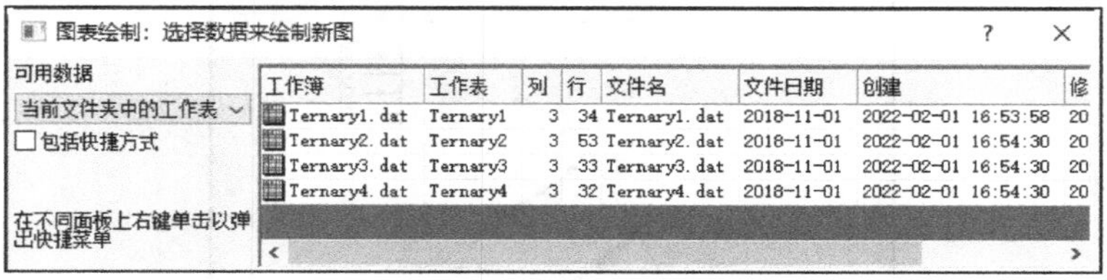

图 5-34 选择可用数据

③ 在数据源区选中 Ternary1.dat，然后将曲线 1 设置为 A(X)-B(Y)-C(Z)，如图 5-35 所示，然后单击【添加】按钮。

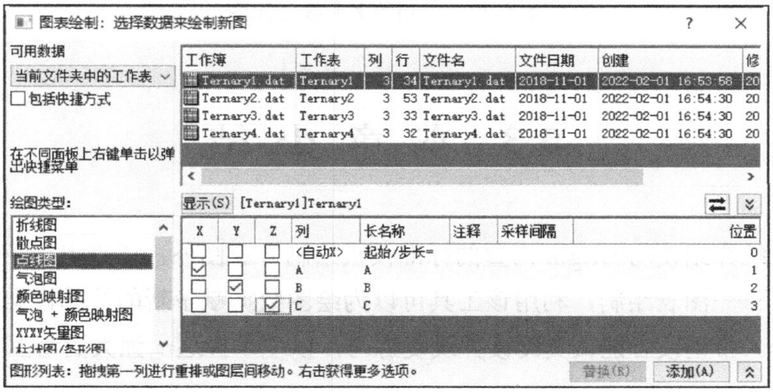

图 5-35 分配曲线 1 数据绘图设定

④ 仿照步骤③依次将 Ternary2.dat、Ternary3.dat 和 Ternary4.dat 分配好绘图设定并添加到图形列表框，完成后图形数据列表结果如图 5-36 所示。

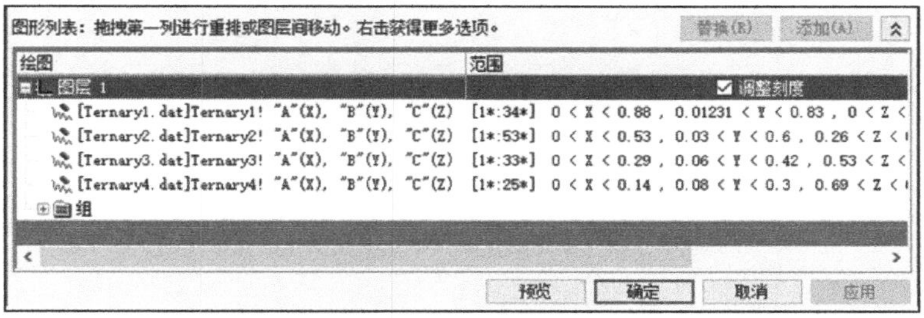

图 5-36 设置完成后图形数据列表

⑤ 单击【确定】按钮关闭【图表绘制】对话框，绘制完成的多曲线三角图如图 5-37 所示。

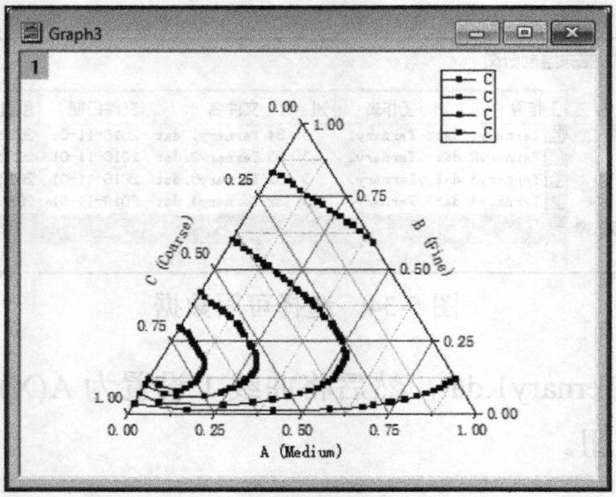

图 5-37　绘制的多曲线三元图

5.3　本 章 小 结

本章除系统介绍使用 Origin 内置的标准模板绘制专业图外，还重点介绍了一种功能强大的绘图工具——图表绘制，利用该工具可以为绘图数据赋予新的绘图设定以便绘制复杂的非常规图形。希望读者能认真阅读并反复练习，以便掌握这一强大的绘图工具。

第 6 章　图形数据操作和图形定制

本章学习目标

- 熟悉并掌握图形数据操作方法
- 掌握并掌握图形定制方法

6.1　图形数据操作

6.1.1　更改绘图类型

若数据要求相同的图形需要更改为其他类型如散点图更改为折线图、点线图甚至是柱状图和条形等，并不需要重新绘制，可以直接更改绘图类型。

更改绘图类型既可以通过图形数据右键菜单实现，还可以通过绘图工具栏、【图表绘制】或【绘图细节】对话框实现。

1. 通过图形数据右键菜单更改绘图类型

通过图形数据右键菜单更改绘图类型的方法是在图形数据上单击鼠标右键打开快捷菜单，选择【绘图更改为→散点图】命令，如图 6-1 所示。

2. 通过绘图工具栏更改绘图类型

通过绘图工具栏更改绘图类型的操作步骤如下。

① 单击位于图形窗口内左上角的图层图标。

② 通过【数据】菜单选择拟更改绘图类型的数据。

③ 单击【2D 工具栏】中的相应新绘图类型图标。

3. 通过【图表绘制】对话框更改绘图类型

利用【图表绘制】对话框更换绘图类型的操作步骤如下。

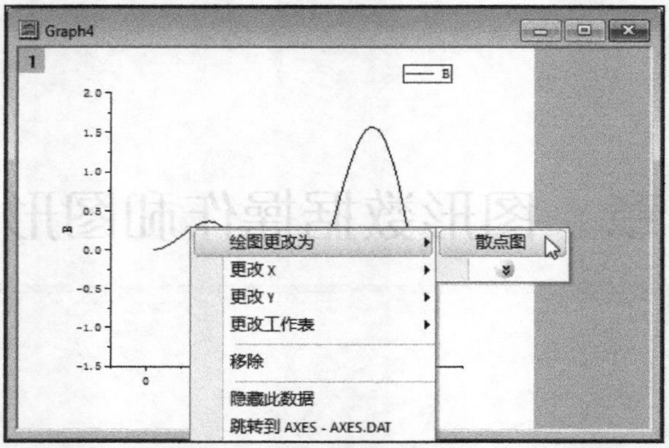

图 6-1　通过图形数据快捷菜单更改绘图类型

① 单击位于图形窗口左上角的图层图标。

② 通过【数据】菜单选择拟更改绘图类型的数据。

③ 单击菜单命令【图→图表绘制】或在位于图形窗口左上角的图层图标上单击鼠标右键打开快捷菜单，选择【图表绘制】命令，如图 6-2 所示。

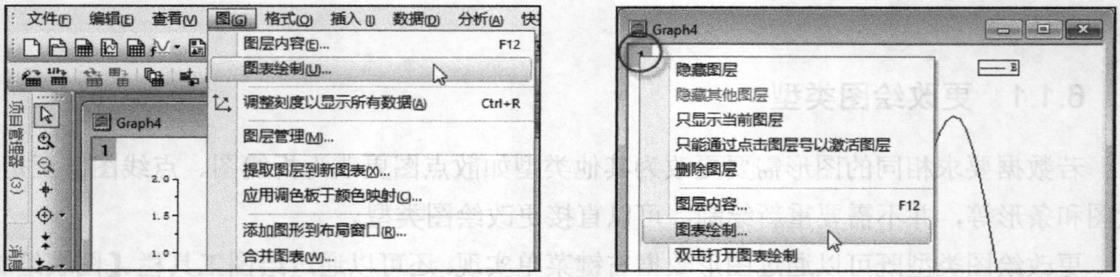

图 6-2　【图表绘制】对话框打开命令

④ 在【绘图类型】列表中选择新的绘图类型，然后单击【替换】按钮，如图 6-3 所示；最后再单击【确定】按钮关闭【图表绘制】对话框即可完成更换绘图类型。

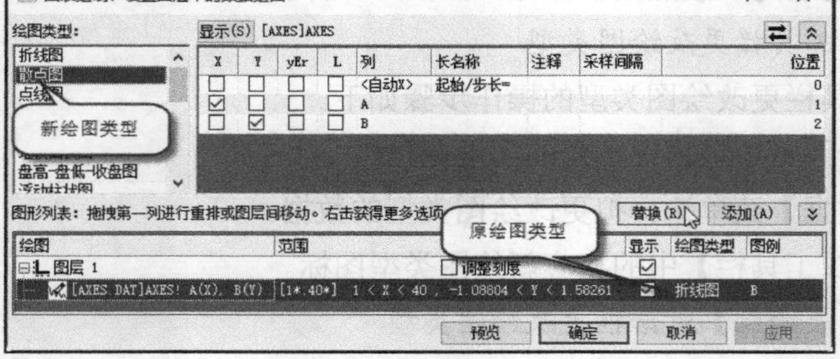

图 6-3　利用【图表绘制】更换绘图类型

4. 通过【绘图细节】对话框更改绘图类型

通过【绘图细节】对话框更改绘图类型的操作步骤如下。

① 在拟更改绘图类型的数据上单击鼠标右键打开快捷菜单，单击【绘图细节】命令，如图 6-4 左图所示。

② 在弹出的【绘图细节】对话框左下角处选择新的绘图类型，如图 6-4 右图所示，最后再单击【确定】按钮关闭【绘图细节】对话框即可完成更改绘图类型。

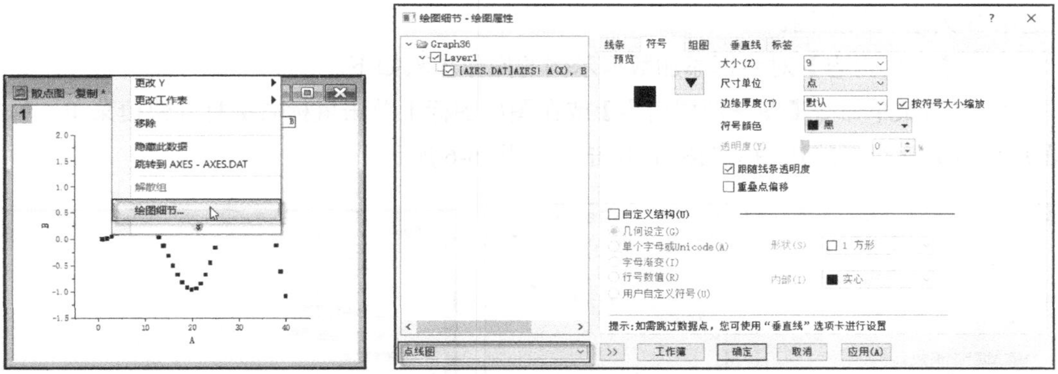

图 6-4　通过【绘图细节】更改绘图类型

6.1.2 更改图形数据源

示例准备：导入<Origin 程序文件夹>\Samples\Graphing\WIND.DAT 文件数据，然后选中 B 列绘制柱状图。

更改图形数据源的操作步骤如下。

① 在数据上单击鼠标右键打开快捷菜单，单击【更改→[WIND]WIND!C(Y): Power】命令，如图 6-5 左图所示。

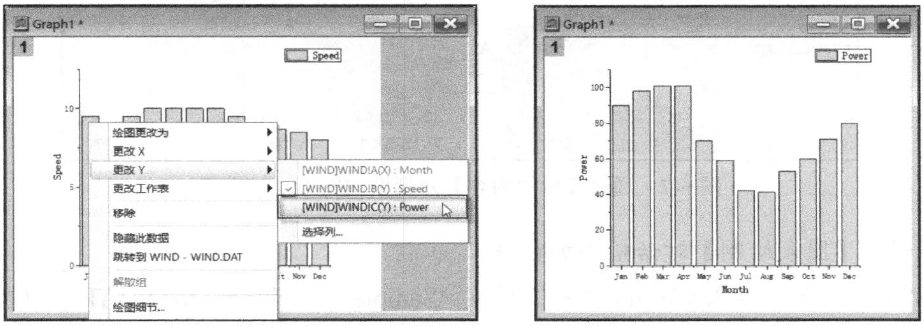

图 6-5　更改图形数据源

② 在弹出的【提示信息】框中接受默认选项并单击【确定】按钮关闭提示框，更改数据源后图形如图 6-5 右图所示。

6.1.3　向图形中添加数据

1．利用【图层内容】对话框添加数据

示例数据准备：导入<Origin 程序文件夹>\Samples\Graphing\Group.DAT 文件数据，然后选中 B 列绘制散点图。

利用【图层内容】对话框添加数据示例的操作步骤如下。

① 单击菜单命令【图→图层内容】或在图层图标上单击鼠标右键打开快捷菜单，单击【图层内容】命令（或在图层图标上双击），如图 6-6 所示。

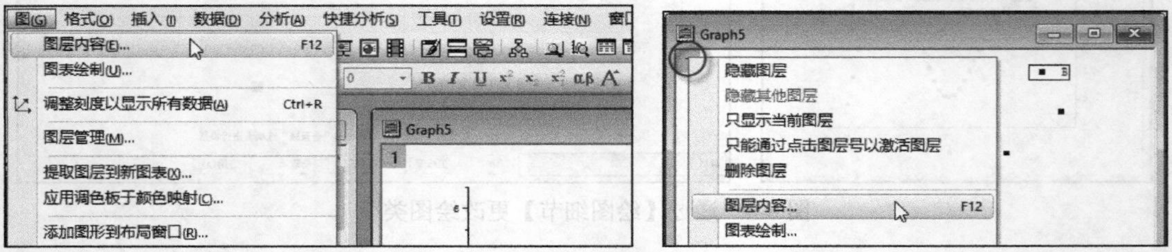

图 6-6　打开【图层内容】对话框命令

② 在打开的【图层内容】对话框左侧的可用数据列表中选中要添加的数据并单击【添加绘图】图标，如图 6-7 所示；最后再单击【确定】按钮关闭【图层内容】对话框完成图形数据添加。

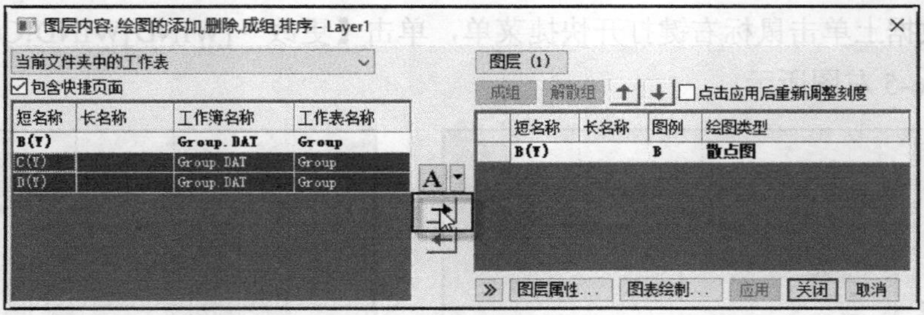

图 6-7　通过【图层内容】对话框向图形添加数据

2．利用【图表绘制】对话框添加数据

示例数据准备：导入<Origin 程序文件夹>\Samples\Graphing\Group.DAT 文件数据，然后选中 B 列绘制散点图。

利用【图表绘制】对话框添加数据示例的操作步骤如下。

① 单击菜单命令【图→图表绘制】或在图层图标上单击鼠标右键打开快捷菜单，单击【图表绘制】命令，如图 6-8 所示。

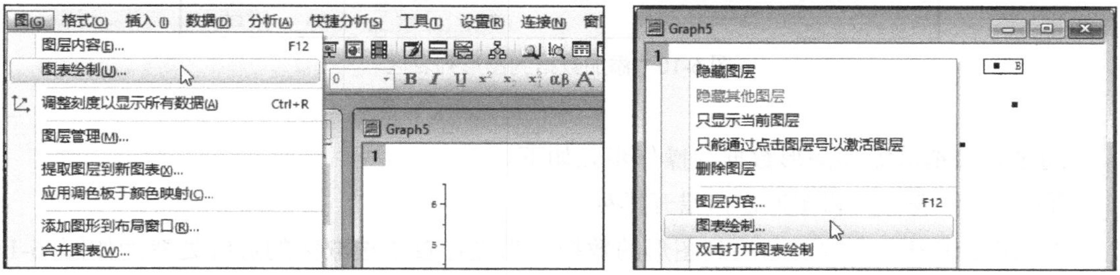

图 6-8 打开【图表绘制】对话框的两种方式

② 在打开的【图表绘制】对话框的上方面板左侧的【可用数据】列表中选中要添加的数据并在中间面板区设置绘图类型并完成数据绘图设置，如图 6-9 所示。

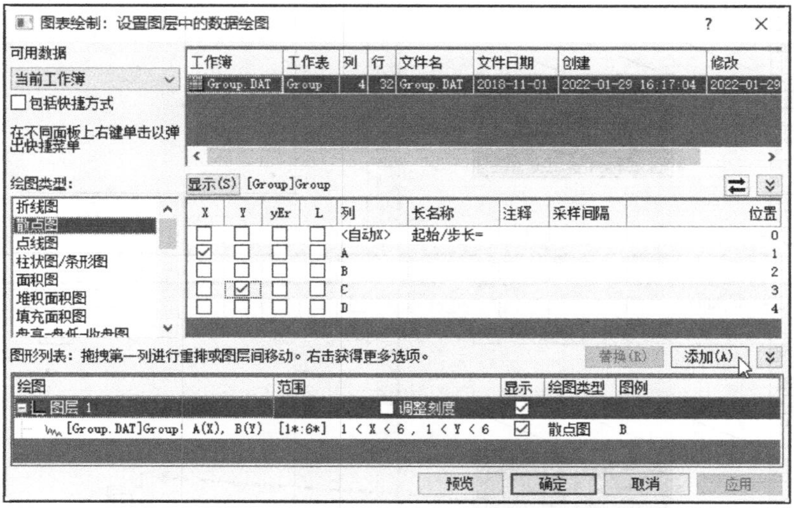

图 6-9 通过【图表绘制】对话框添加数据

③ 单击【添加】按钮后图形列表区如图 6-10 所示；最后再单击【确定】按钮关闭【图表绘制】对话框完成图形数据添加。

3. 通过拖放添加数据

示例数据准备：导入<Origin 程序文件夹>\Samples\Graphing\Group.DAT 文件中的数据到工作表，然后选中 B 列绘制散点图。

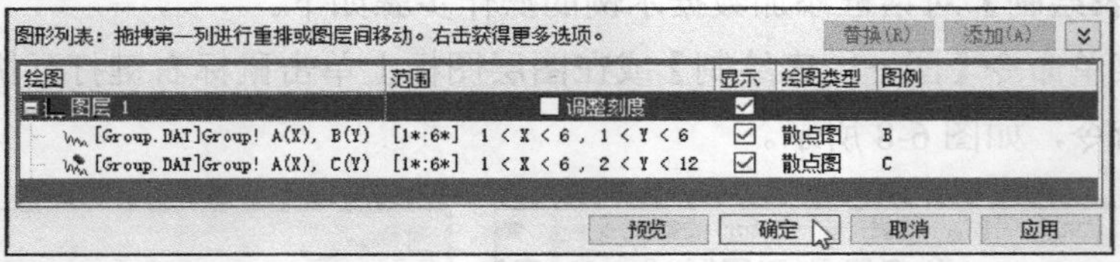

图 6-10　添加数据到图形列表区

通过直接拖放添加图形数据的操作步骤如下。

① 将工作表窗口和图形窗口错开排列。

② 在工作表中选中要添加到图形的数据，当光标置于选取区的边缘处变为如图 6-11 上图所示形状时，按住鼠标左键拖曳到图形窗口释放，如图 6-11 下图所示。

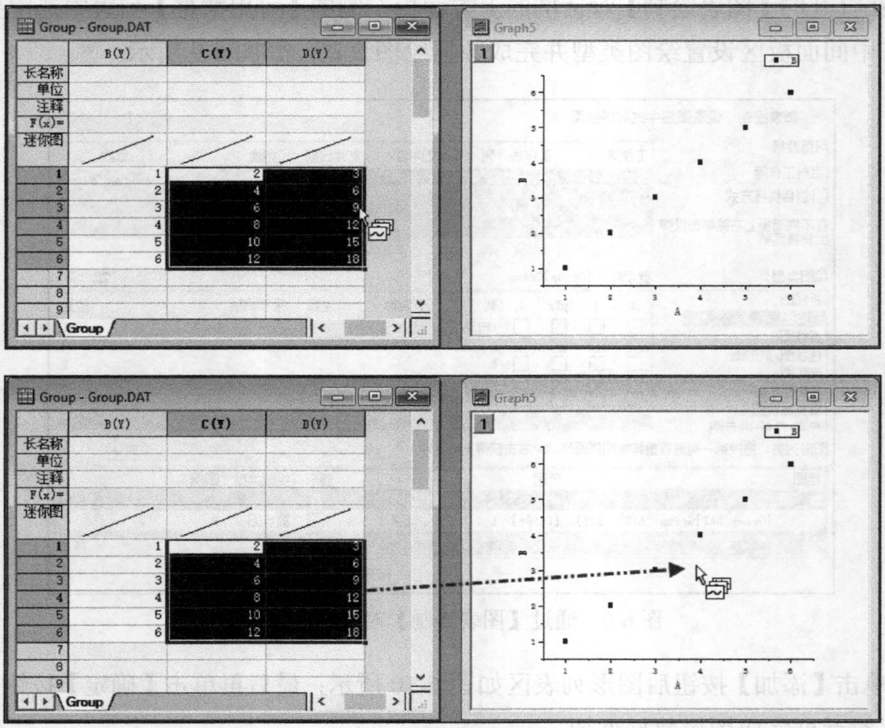

图 6-11　拖曳数据到图形窗口

③ 在弹出的提示信息框中单击【确定】按钮（如图 6-12 左图所示），完成添加数据后如图 6-12 右图所示。

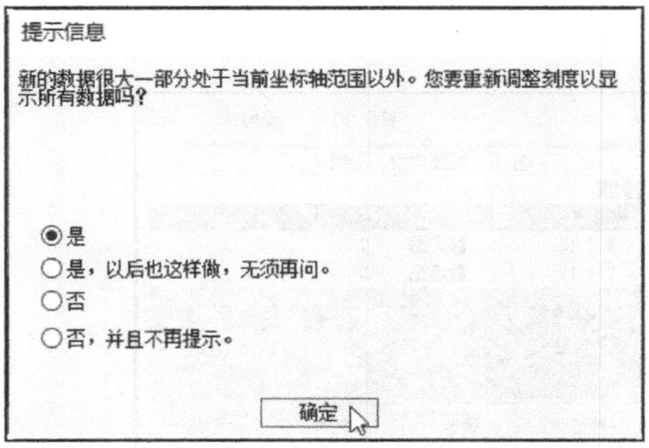

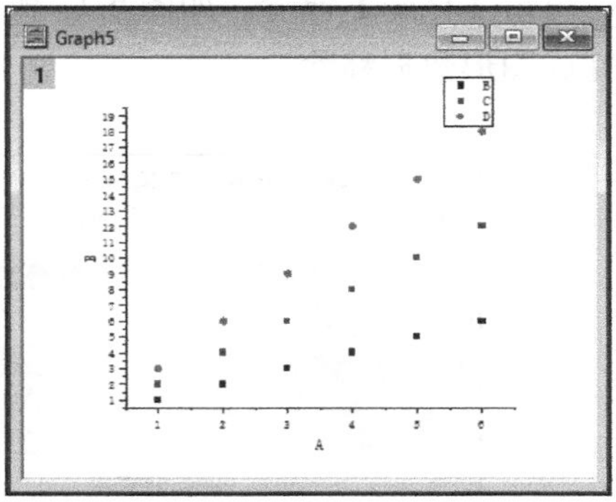

图 6-12 提示信息框和添加数据后的图形窗口

6.1.4 移除图形数据

1. 通过【图层内容】对话框移除数据

利用【图层内容】对话框移除数据示例的操作步骤如下。

① 单击菜单命令【图→图层内容】或在图层图标上双击。

② 在打开【图层内容】对话框的右侧图形数据列表中选中要移除的数据并单击【移除绘图】按钮，如图 6-13 所示；最后再单击【确定】按钮关闭【图层内容】对话框完成图形数据移除。

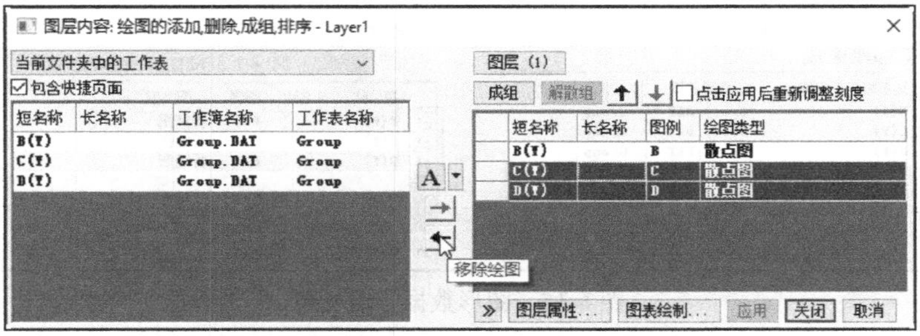

图 6-13 通过【图层内容】对话框移除图形数据

2. 通过【图表绘制】对话框移除数据

利用【图表绘制】对话框添加数据示例的操作步骤如下。

① 单击菜单命令【图→图表绘制】或在图层图标上单击鼠标右键打开快捷菜单，再单击【图表绘制】命令。

② 在打开【图表绘制】对话框下方图形列表区域的拟移除数据上单击鼠标右键打开快

捷菜单，单击【移除】命令，如图 6-14 所示；最后再单击【确定】按钮关闭【图表绘制】对话框完成图形数据移除。

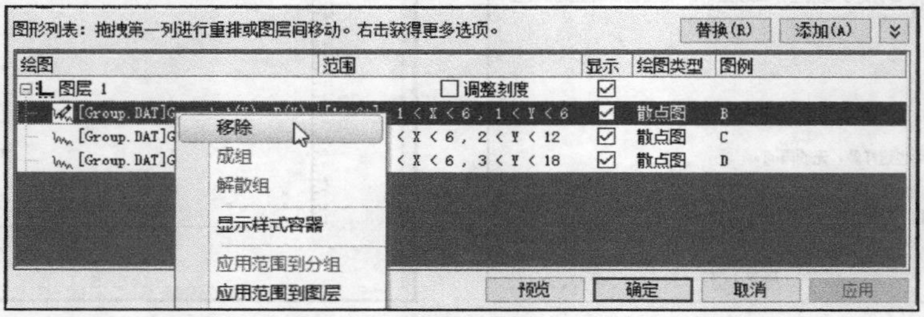

图 6-14　通过【图表绘制】对话框移除数据

6.1.5　分组图形数据

当同一个图层中包含多个图形数据时，可以将它们编成为一个分组，以便统一进行管理和定制等。

当多个数据列被同时选中进行统一绘图或被统一拖放到图形时，这些数据列在图形中自动被归为一个分组。在【图层内容】对话框中被分组的数据的短名称前会冠以分组标记 g1、g2 等，如图 6-15 所示。

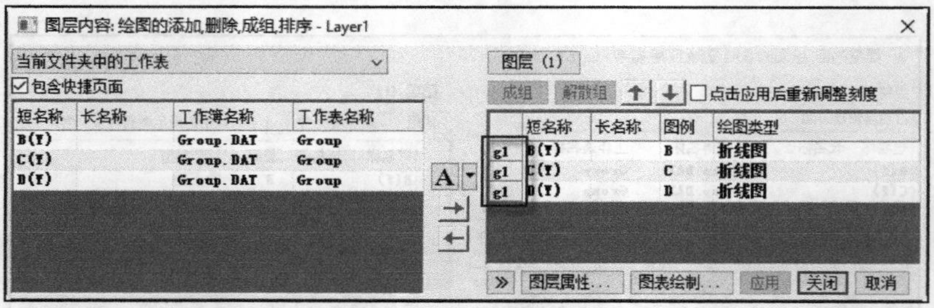

图 6-15　图形数据分组标记

不处于成组状态的图形数据，可以通过【图层内容】对话框将其归为一个组，操作步骤如下。

① 在图层图标上双击打开【图层内容】对话框。

② 在图形数据列表区选中拟成组的数据列，然后单击【成组】按钮，如图 6-16 左图所示。

处于成组状态的图形数据也可以通过【图层内容】对话框解散组，如图 6-16 右图所示。

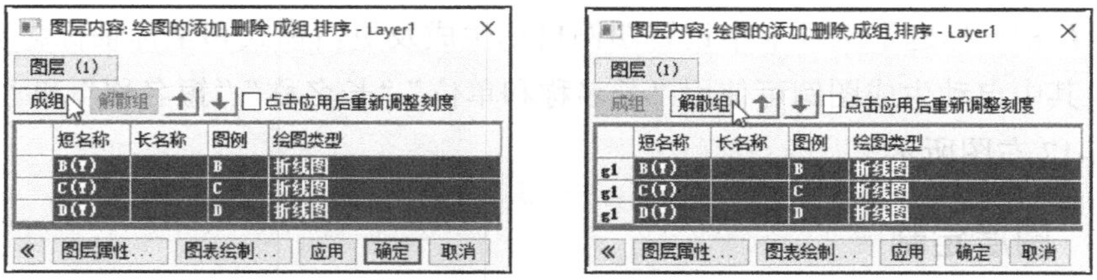

图 6-16 图形数据成组及解散组

6.2 图 形 定 制

利用 Origin 模板绘制的图形通过进一步定制才能最终符合展示、发表或出版的要求。图形定制包括页面定制、图层定制和管理、坐标轴定制、绘图定制等。

6.2.1 页面定制

页面设置定义了图形窗口的全局属性如页面尺寸、图例/标题等。页面定制示例的操作步骤如下。

① 在拟定制页面的图形窗口为当前窗口的情况下，单击菜单命令【格式→页面属性】打开【绘图细节-页面属性】对话框。

② 在【打印/尺寸】选项卡中设置页面尺寸、单位等，如图 6-17 左图所示。

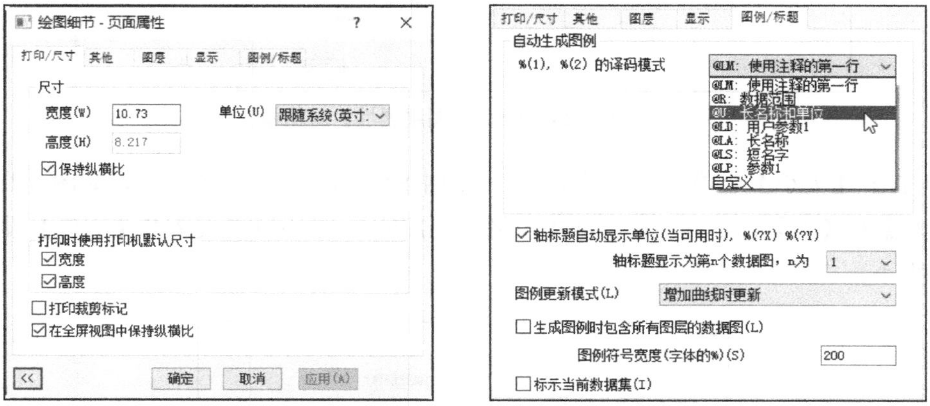

图 6-17 【绘图细节-页面属性】对话框

③ 在【显示】选项卡中设置页面背景颜色、渐变填充等。

④ 在【图例/标题】选项卡中设置图例自动生成及更新模式和坐标轴标题自动显示单位等选项。其中自动生成图例可使用“长名称和单位”“长名称”“短名称”和“用户参数”等，如图 6-17 右图所示。

6.2.2　图层定制

图层设置用于设定图层的背景、大小、显示/速度和堆叠等。图层定制示例的操作步骤如下。

① 在拟定制图层为当前图层的情况下，单击菜单命令【格式→图层属性】打开【绘图细节-图层属性】对话框。

② 在打开的【背景】选项卡中可设置图层的背景颜色、边框以及渐变填充等，如图 6-18 所示。

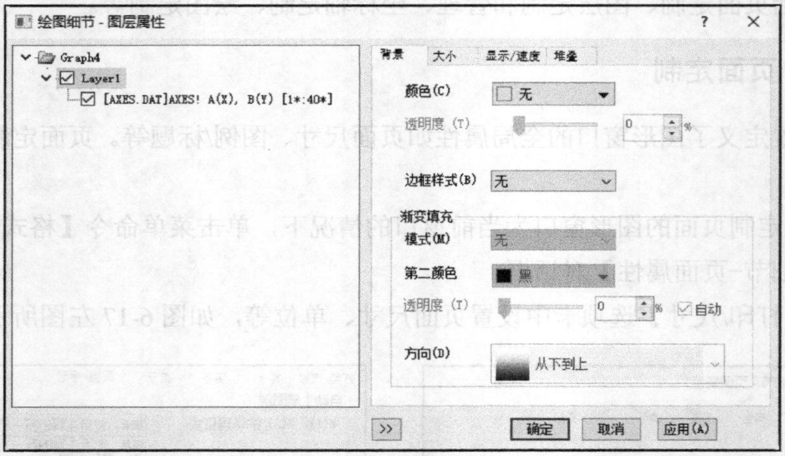

图 6-18 【绘图细节-图层属性】对话框

③ 打开【大小】选项卡可设置图层在页面中的位置、大小和缩放等，如图 6-19 所示。其中【左】和【上】设定图层在页面中左侧和上部的页边距；【宽度】和【高度】设定图层面积的大小。

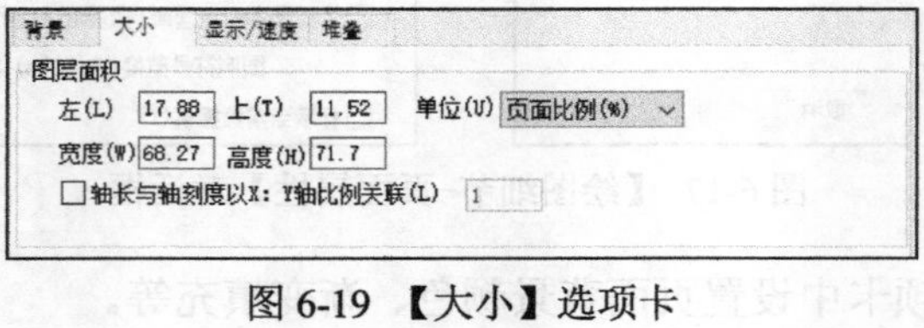

图 6-19 【大小】选项卡

④ 打开【显示/速度】选项卡可以设置图层中的数据图选项、显示模式和显示元素等，如图 6-20 所示。

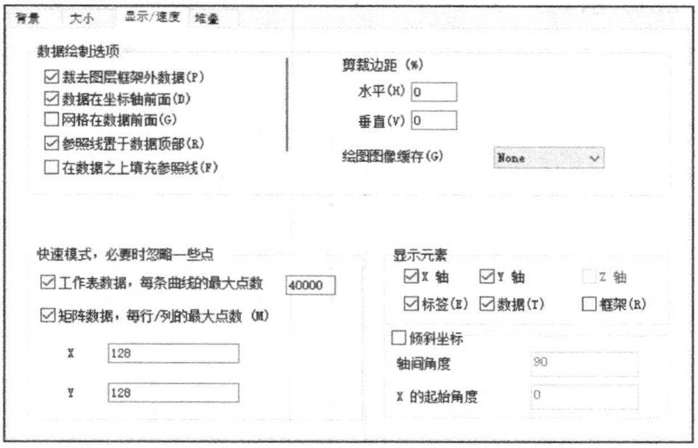

图 6-20 【显示/速度】选项卡

【显示元素】设置 Origin 绘制的图形中包含的元素如坐标轴、标签、数据和框架等。默认情况下，Origin 绘图元素只包含坐标轴、标签和数据，并不显示框架，如图 6-21 左图所示。勾选【显示元素】中的【框架】复选框，可以将绘图置于一个长方形框架中，如图 6-21 右图所示。

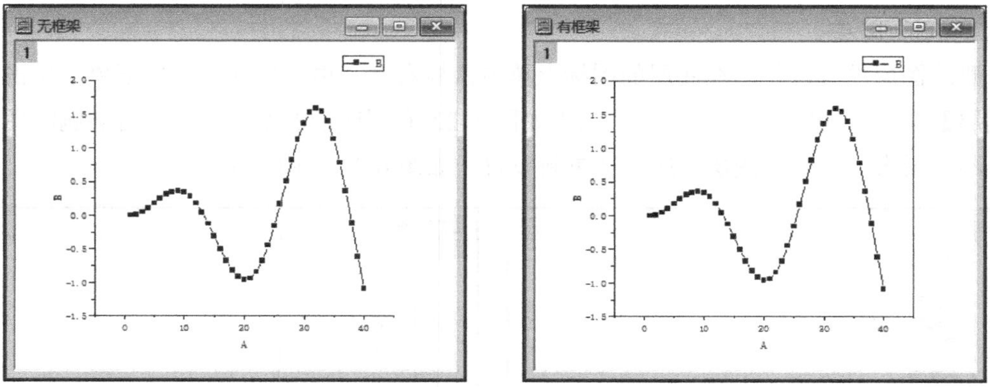

图 6-21 图形框架

注：图形框架也可以通过菜单命令【查看→显示→框架】进行显示或隐藏。

6.2.3 图层管理

示例数据准备：导入<Origin 程序文件夹>\Samples\Curve Fitting\Multi Peaks.DAT 文件数据，然后选中 B 列、C 列、D 列绘制四窗格图。

1. 隐藏/显示图层

隐藏图层的方法是在图层的图标上单击鼠标右键，再在打开的快捷菜单上单击【隐藏图层】命令，如图 6-22 所示。

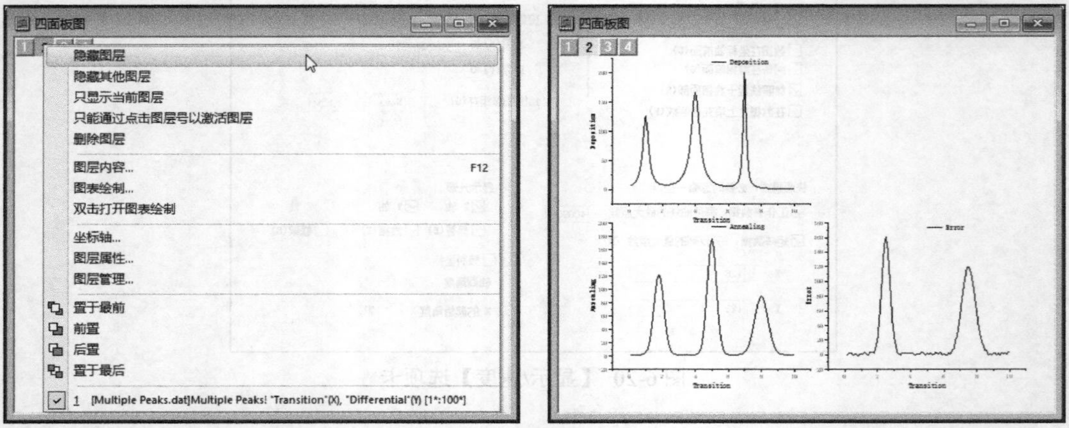

图 6-22 隐藏图层

重新显示图层的方法是在隐藏图层的图标上单击鼠标右键，再在打开的快捷菜单上单击【隐藏图层】命令。

2. 删除图层

删除图层的方法是，在图层的图标上单击鼠标右键，再在打开的快捷菜单上单击【删除图层】命令，如图 6-23 所示。不同于如图 6-22 右图所示的隐藏图层，若被删除图层的序号不是最大，则剩余图层的序号会重新设置，如图 6-23 右图所示。

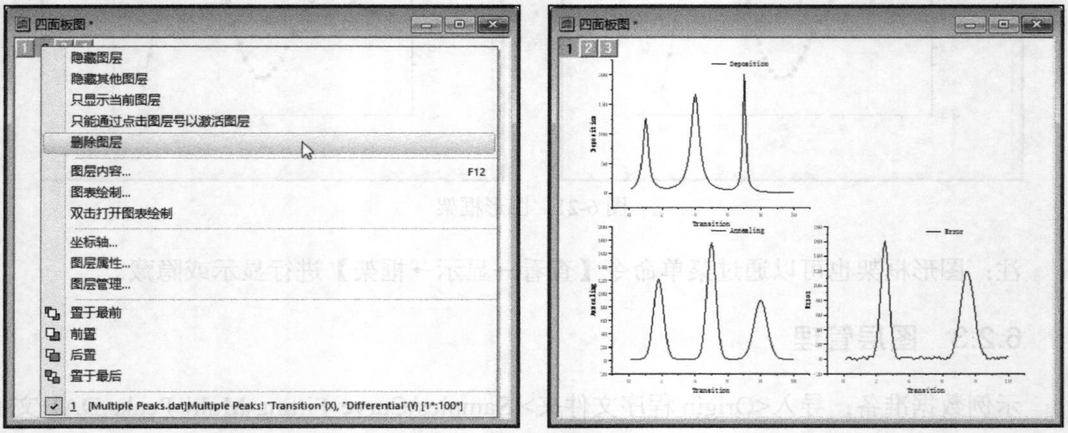

图 6-23 删除图层

3. 排列图层

多面板绘图的图层分布可以重新排列，操作步骤如下。

① 单击菜单命令【图→图层管理】或在图层图标上 右击再在打开的快捷菜单中单击【图层管理】命令，如图 6-24 所示。

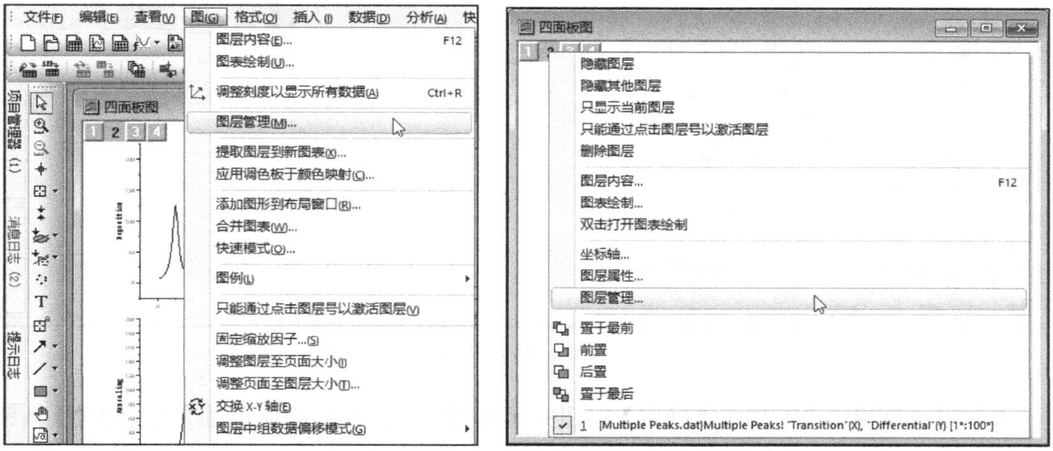

图 6-24 打开【图层管理】对话框命令

② 在打开的【图层管理】对话框中单击【排列图层】选项卡，并设置【行数】为“4”，【列数】为“1”，如图 6-25 所示。

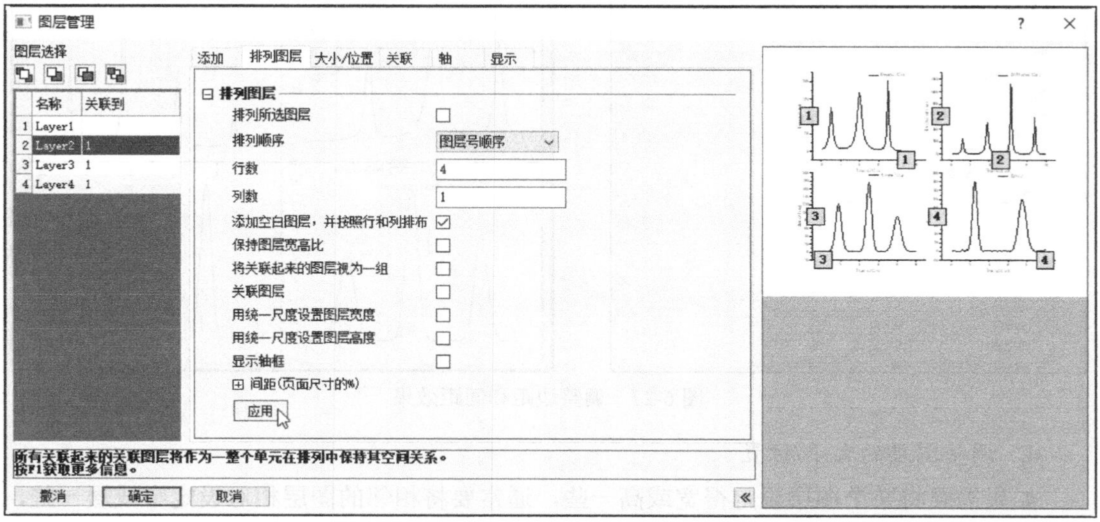

图 6-25 排列图层

③ 单击【应用】按钮预览结果如图 6-26 所示。

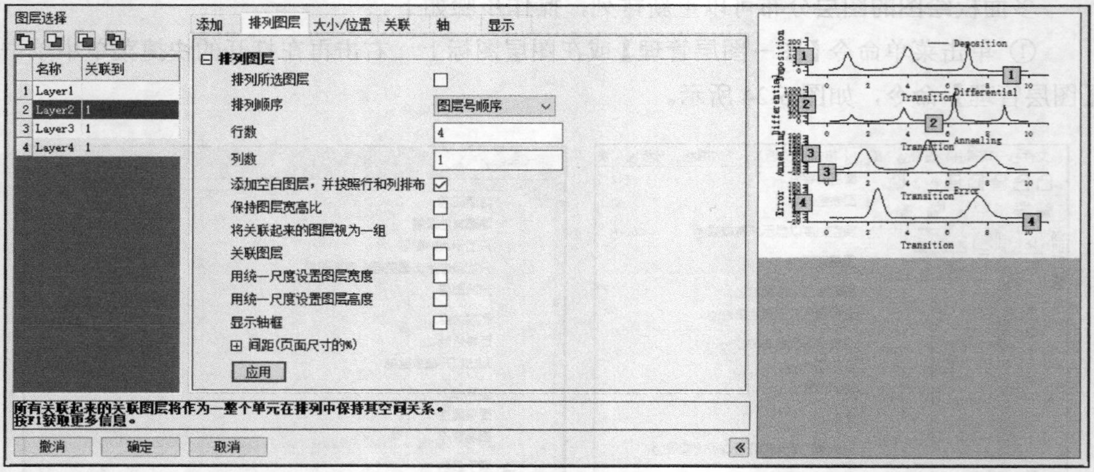

图 6-26 排列图层预览

若对排列结果满意，单击【确定】按钮关闭对话框；若要撤销排列则单击【撤销】按钮。

排列图层除可以调整图层的排布方式外，还可以对图层的页的边距和图层之间的间距进行调整。为了凸显调整页边距及图层间距的效果，这里将二者均设置为 0，示例如图 6-27 所示。

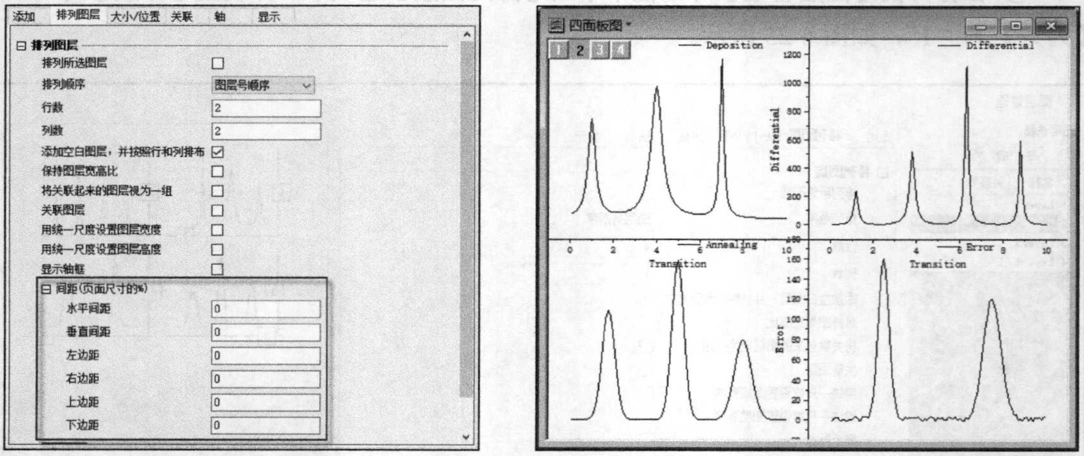

图 6-27 调整边距和间距效果

4. 调整图层的大小/位置

如果需要将某个图层设定得宽或高一些，通常要将相邻的图层相对设定窄或矮一些，同时还要移动图层位置以免相互遮盖。示例操作步骤如下。

① 选中【调整大小】选项，然后依次选中图层 1 和图层 4，并设定【宽度】和【高度】分别为“20”和“35”（单位均使用页面百分比，如图 6-28 左图所示），最后单击【应用】按钮。

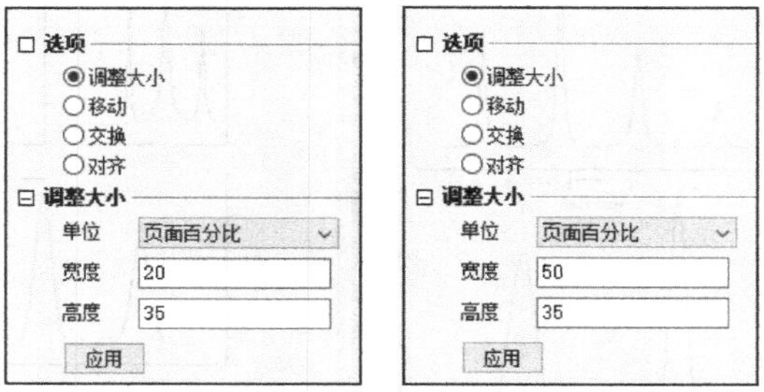

图 6-28 设置图层的宽度和高度

② 依然选中【调整大小】选项，然后依次选中图层 2 和图层 3 并设定【宽度】和【高度】分别为“50”和“35”（如图 6-28 右图所示），最后单击【应用】按钮。

③ 切换到【移动】选项，然后选中图层 1 并设定【左】和【上】分别为“15”和“10”（如图 6-29 左图所示），最后单击【应用】按钮。

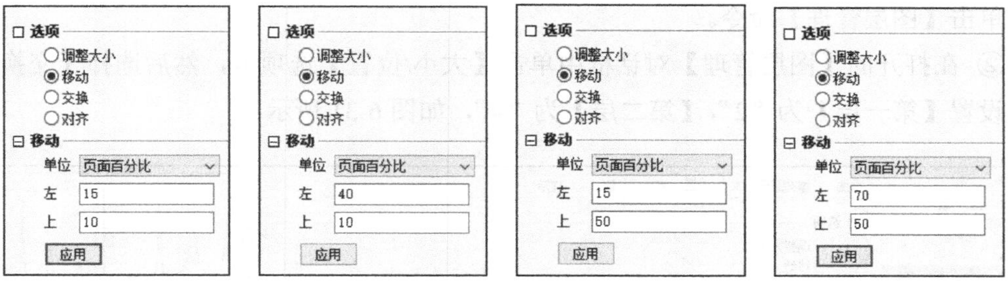

图 6-29 设置图层的边距和间距

④ 依然选中【移动】选项，然后选中图层 2 并设定【左】为“40”（左边距 15+左图层宽 20+水平间距 5），【上】为“10”（如图 6-29 左中图所示），最后单击【应用】按钮。

⑤ 依然选中【移动】选项，然后选中图层 3 并设定【左】为“15”，【上】为“50（上边距 10+上图层高 35+垂直间距 5）”（如图 6-29 右中图所示），最后单击【应用】按钮。

⑥ 依然选中【移动】选项，然后选中图层 4 并设定【左】为“70（左边距 15+左图层宽 50+水平间距 5）”，【上】为“50（上边距 10+上图层高 35+垂直间距 5）”（如图 6-29 右图所示），最后单击【应用】按钮。

⑦ 最后单击【确定】按钮关闭图层管理对话框，图层大小和位置调整结果如图 6-30 右图所示。

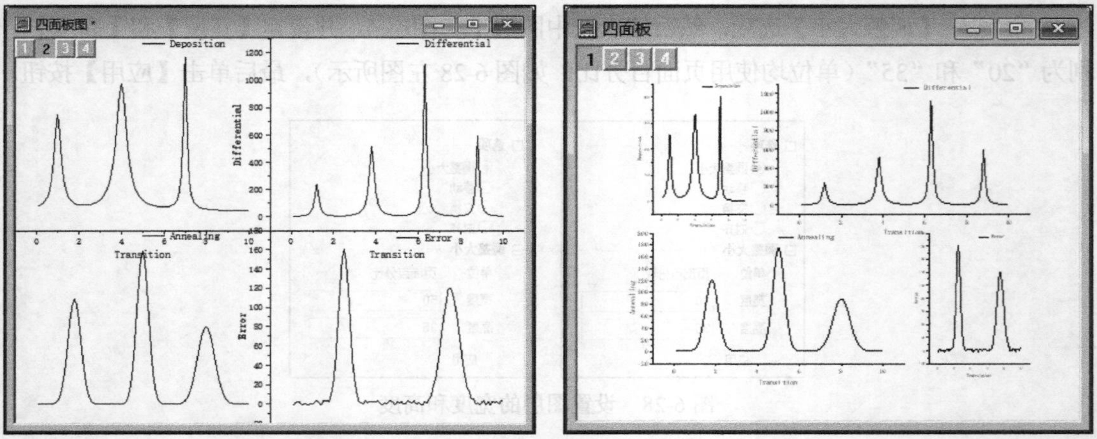

图 6-30 原图及调整大小和位置后结果

5. 交换图层

多窗格图的图层可以交换位置，操作步骤如下。

① 单击菜单命令【图→图层管理】，或在图层图标上单击鼠标右键再在打开的快捷菜单上单击【图层管理】命令。

② 在打开的【图层管理】对话框中单击【大小/位置】选项卡，然后选择【交换】选项并设置【第一层】为“2”，【第二层】为“4”，如图 6-31 所示。

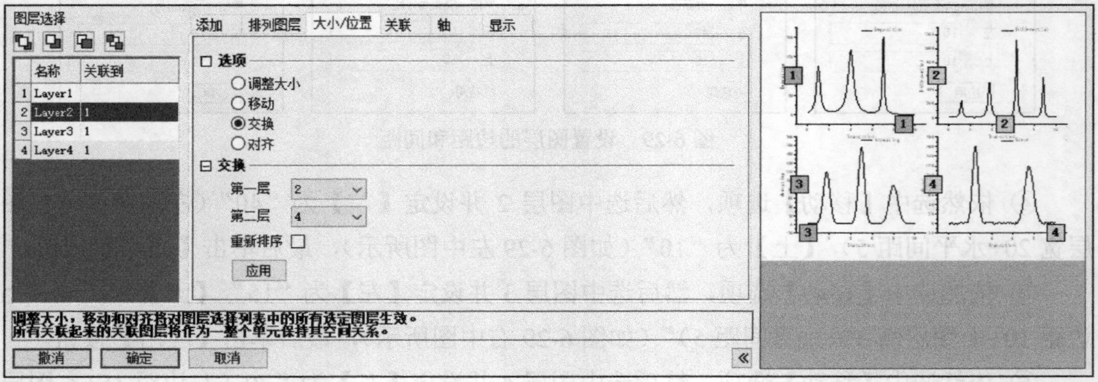

图 6-31 交换图层

③ 单击【应用】按钮预览结果如图 6-32 所示。

若对交换结果满意，单击【确定】按钮关闭对话框；若要撤销交换则单击【撤销】按钮。

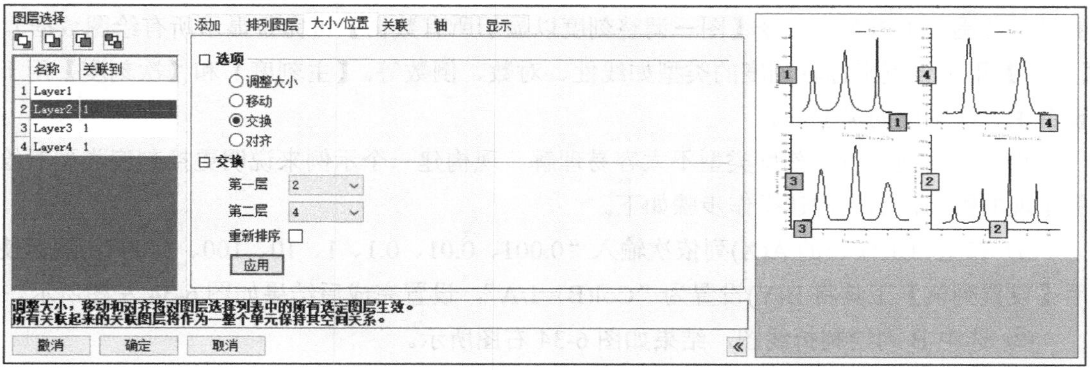

图 6-32 交换图层预览

6.2.4 坐标轴定制

坐标轴设置定义坐标的刻度、刻度线标签、标题、网格、轴线和刻度线、断点以及轴须等。通过【X 坐标轴-图层 *n*】对话框可以定制坐标轴，打开该对话框的操作步骤如下。

① 单击拟定制坐标轴所在图层的图标将该图层设置为当前层。

② 单击菜单命令【格式→轴→X 轴】打开如图 6-33 所示的【X 坐标轴-图层 1】对话框。

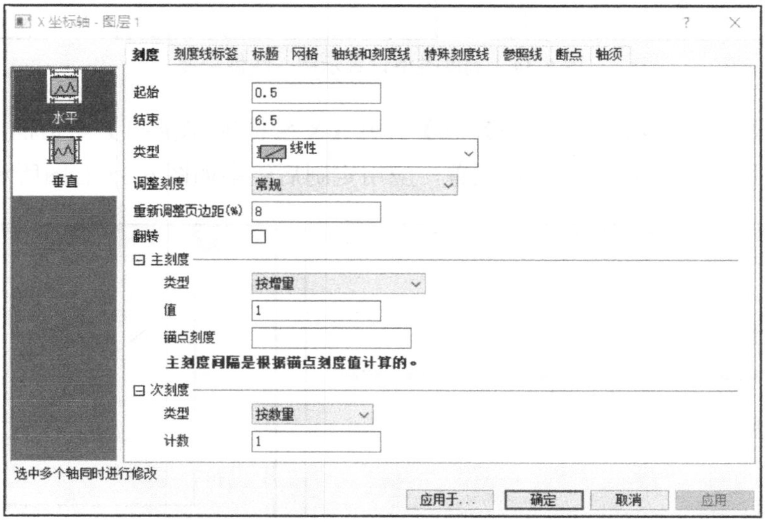

图 6-33 坐标轴定制对话框

1. 刻度定制

【刻度】选项卡包含的选项如图 6-33 所示。其中【起始】和【结束】用于设置坐标轴的显示范围（单击菜单命令【图→调整刻度以显示所有数据】可完整显示所有绘图数据）。【类型】用于设置坐标轴刻度的类型如线性、对数、倒数等。【主刻度】和【次刻度】用于设置主、次刻度的类型等。

相对于其他项目，刻度类型不太容易理解。现构建一个示例来说明更换刻度类型对绘图呈现的影响，示例构建操作步骤如下。

① 在空白工作表的 A(X)列依次输入“0.001、0.01、0.1、1、10、100、1000”，然后使用【设置列值】工具将 B(Y)设置为“Col(B)=1/A”，设置完成后结果如图 6-34 左图所示。

② 选中 B 列绘制折线图，结果如图 6-34 右图所示。

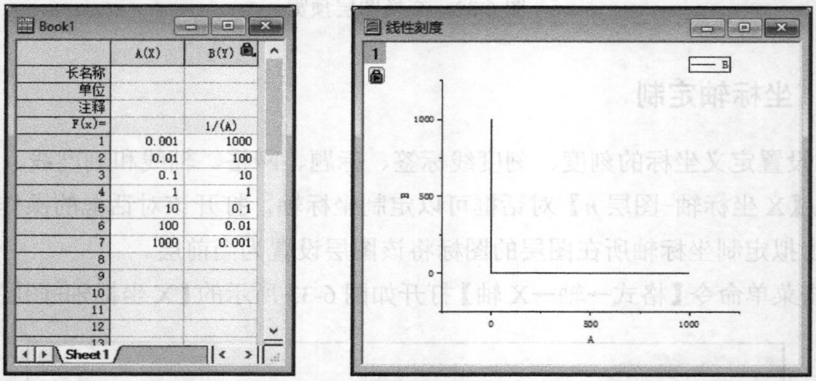

图 6-34　刻度类型设置示例—线性刻度

③ 单击菜单命令【格式→轴→X 轴】打开【X 坐标轴-图层 1】对话框，将 X 轴和 Y 轴的刻度均按照如图 6-35 左图所示设置，应用定制后结果如图 6-35 右图所示。

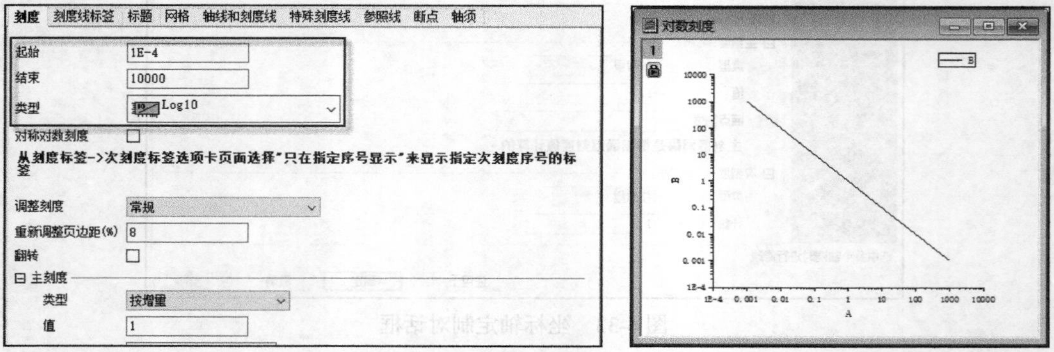

图 6-35　刻度类型设置示例—对数刻度

在线性刻度下，若感觉刻度过于密集，可以调整主、次刻度增量值以减少刻度显示，示例对比如图 6-36 所示。

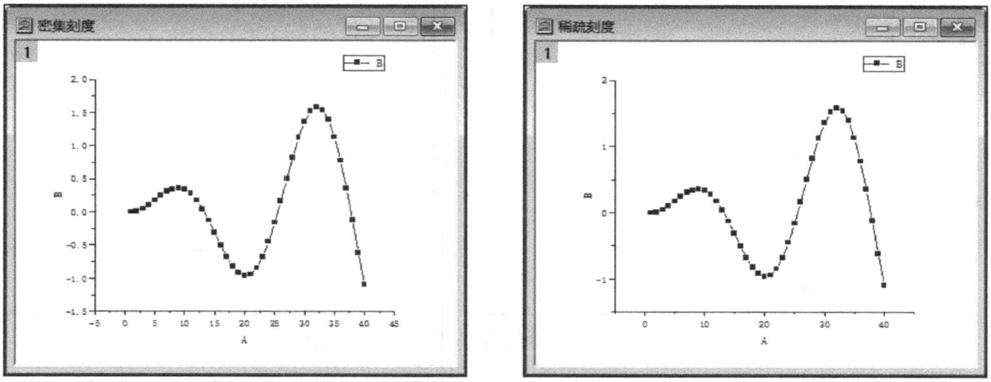

图 6-36 密集刻度和稀疏刻度

2. 刻度线标签定制

【刻度线标签】选项卡包含的选项如图 6-37 左图所示。若将图 6-35 右图所示的绘图中 X 轴、Y 轴刻度线标签显示均设置为“科学记数法”，则结果如图 6-37 右图所示。

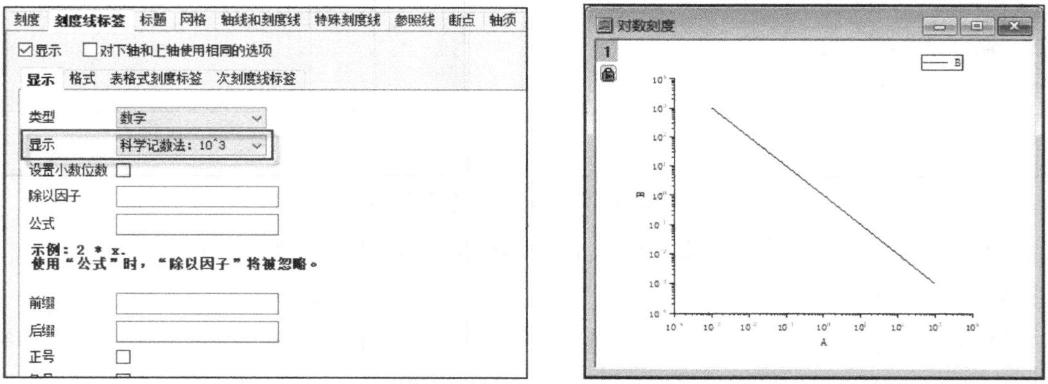

图 6-37 刻度线标签选项及设置示例

3. 轴线和刻度线定制

【轴线和刻度线】选项卡用于设置坐标轴轴线的显示、颜色、粗细和刻度线的样式、长度、颜色等，如图 6-38 左图所示。

将图 6-37 右图所示绘图的两个坐标轴的主、次刻度线样式设置为“朝内”，效果如图 6-38 右图所示。

4. 网格定制

【网格】选项卡用于设置主、次刻度网格和附件线，如图 6-39 左图所示。

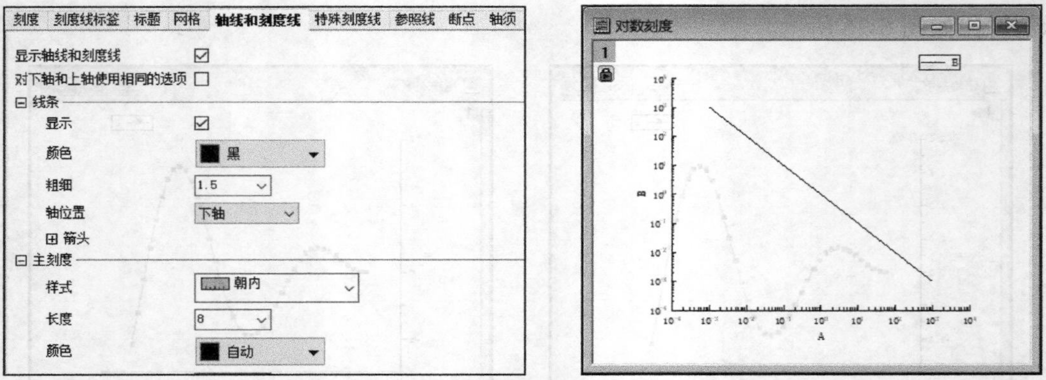

图 6-38 轴线和刻度线选项及设置示例

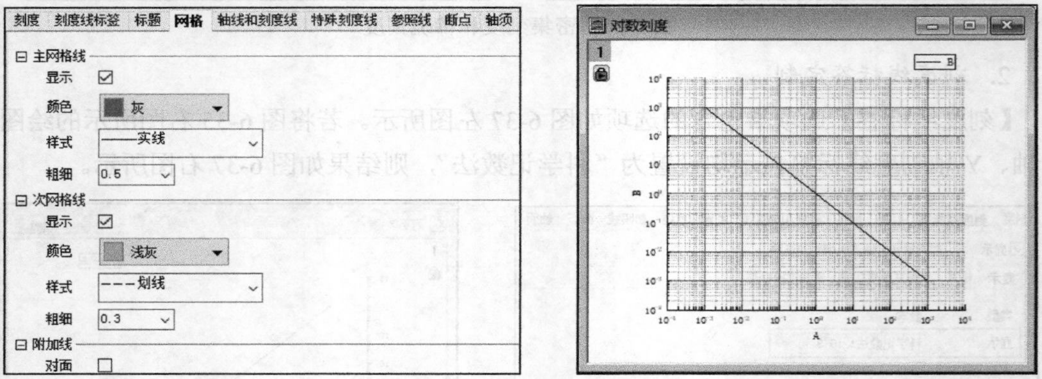

图 6-39 网格选项卡及设置示例

如图 6-38 右图所示的绘图显示主、次网格线后效果如图 6-39 右图所示。

5. 标题定制

【标题】选项卡用于设定坐标轴标题的显示、文本、颜色、旋转、位置和字体及大小等，如图 6-40 左图所示。

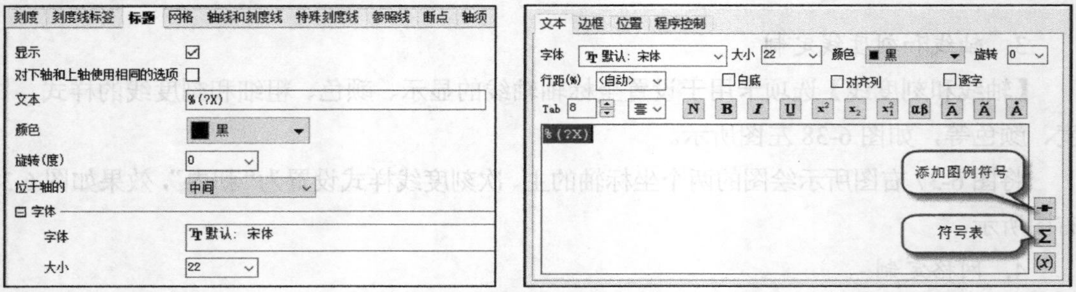

图 6-40 标题选项卡和对话框

默认情况下，轴标题自动链接到列的长名称和单位。若要更改为其他复杂的标题，则需要单击菜单命令【格式→坐标轴标题→X 轴标题】打开如图 6-40 右图所示的对话框再进行文本、边框和位置等设置。

6.2.5 定制绘图

绘图设置定义了数据点之间的连接、符号、标签等。绘图定制操作步骤如下。

① 在拟定制绘图数据选定的情况下，单击菜单命令【格式→绘图属性】打开【绘图细节-绘图属性】对话框。

② 在打开的【线条】选项卡中可以设置数据点之间的连接、样式、宽度、颜色、透明度以及曲线下填充等，如图 6-41 所示。

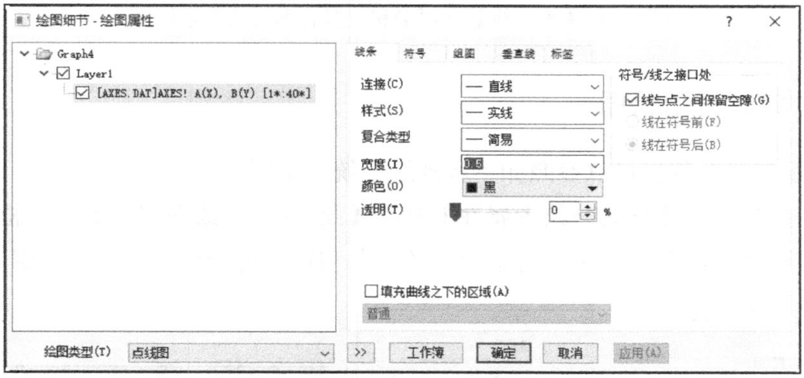

图 6-41 【绘图细节-绘图属性-线条】选项卡

③ 打开【符号】选项卡可以设置数据点的符号、大小、颜色等，如图 6-42 所示。

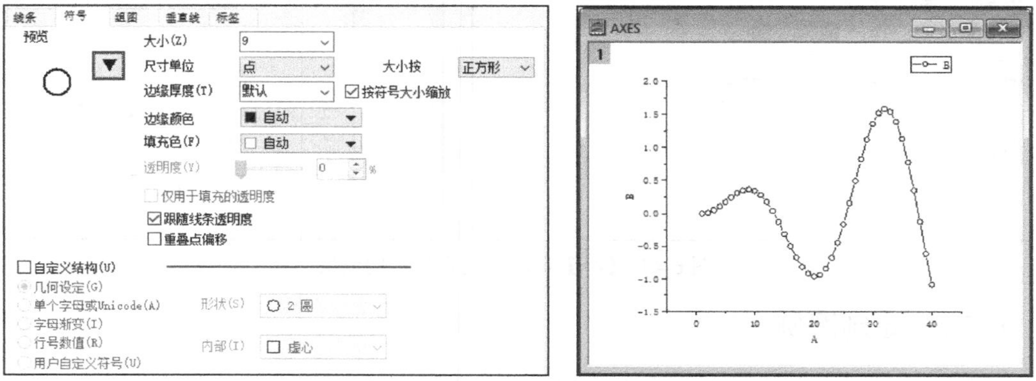

图 6-42 【符号】选项卡及设置示例

④ 打开【垂直线】选项卡可以设置数据点到坐标轴的水平、垂直线和数据稀疏显示等，如图 6-43 所示。

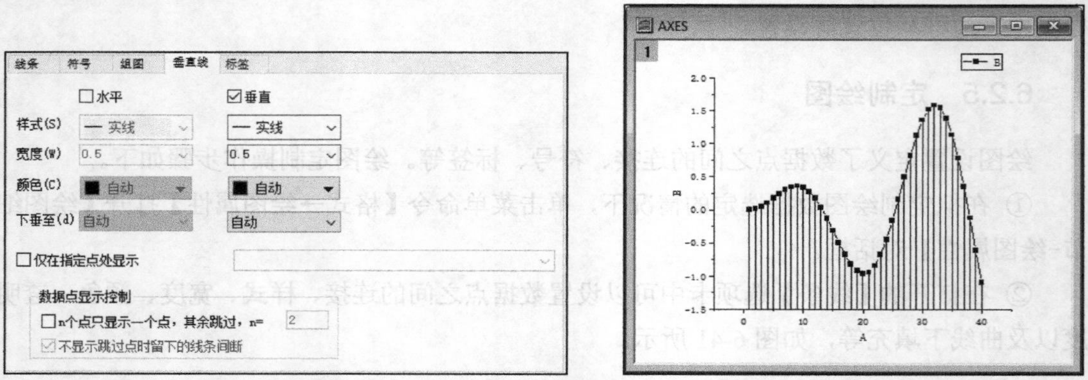

图 6-43 【垂直线】选项卡和设置有垂直线的示例图

6.2.6　定制分组绘图

已经分组的多个数据可以参照如下步骤进行统一定制。

① 单击菜单命令【格式→绘图属性】打开【绘图细节-绘图属性】对话框。

② 在打开的【组】选项卡中对组绘图的线条和符号进行统一定制，如图 6-44 所示。

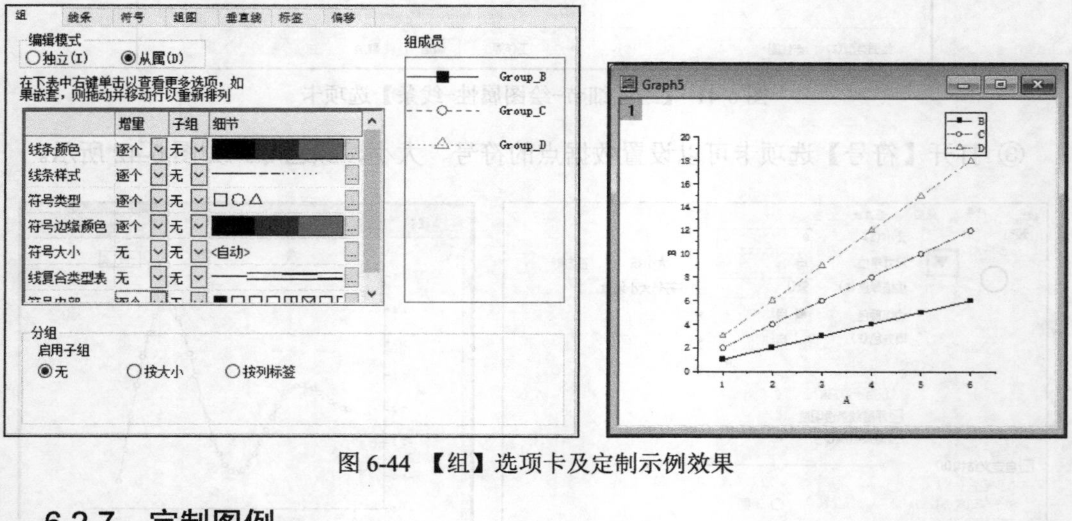

图 6-44 【组】选项卡及定制示例效果

6.2.7　定制图例

默认情况下，Origin 绘图时会自动创建链接到工作表中特殊行的图例并将其置于图形上方。自动图例的生成模式和更新模式由页面属性中的【图例/标题】选项决定，参见页面定制部分。

图例的移动可以通过直接拖曳实现；若要删除图例，选中图例后按【Delete】键即可。重建图例可以通过快捷【Ctrl+L】或者菜单命令【图→图例→重构图例】实现。

关于图例的其他设置可以通过菜单【图→图例】的子菜单实现，如图 6-45 左图所示。

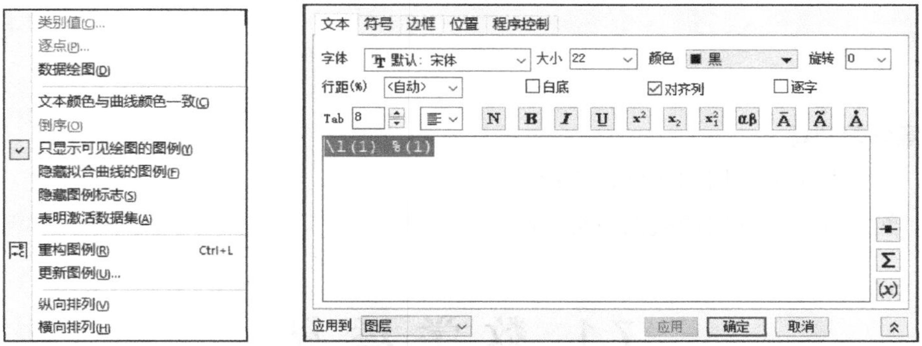

图 6-45 图例子菜单和对象属性编辑

在图例被选中的情况下单击菜单命令【格式→对象属性】打开如图 6-45 右图所示的对话框编辑图例细节。

6.3 本 章 小 结

由于利用 Origin 内置模板初步绘制的图形一般较为粗糙，不够精细，通常无法满足出版要求，因此需要在绘图基础上对数据、坐标轴、图例和图层等进行进一步的操作和定制，以便满足科技期刊复杂的绘图要求。

本章系统、详细地介绍了图形数据操作、图形定制和图层定制等基本操作，方便读者通过对照练习熟悉并掌握绘制复杂科技图形的方法和技巧。

第 7 章　数学运算和拟合分析

本章学习目标

- ■　熟悉并掌握常用的数据数学运算
- ■　熟悉并掌握常用的数据拟合分析

7.1　数 学 运 算

7.1.1　插值/外推

示例数据准备操作步骤如下。

导入<Origin 程序文件夹>\Samples\Mathematics\Interpolation.dat 文件中的数据到工作表，然后选中 B 列绘制散点图，如图 7-1 所示。

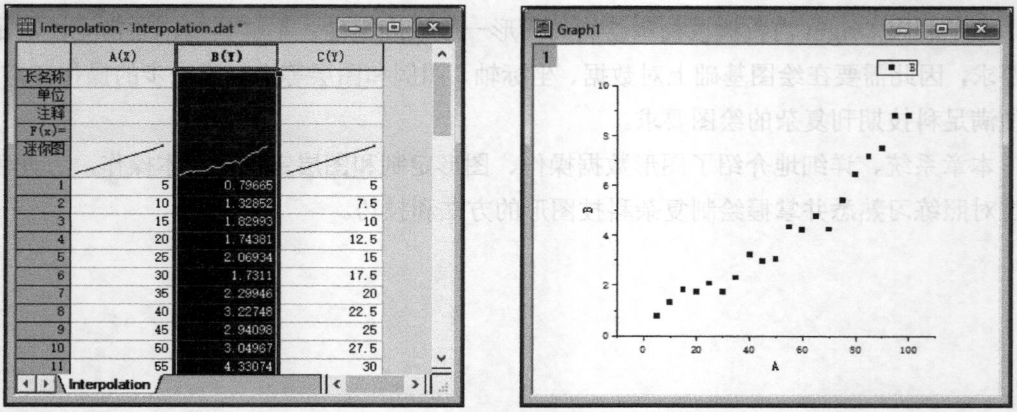

图 7-1　导入示例数据和绘制的散点图

示例数据插值/外推操作步骤如下。

① 单击 Graph1 图形窗口的标题栏将其设置为当前窗口。

② 单击菜单命令【分析→数学→插值/外推→打开对话框】，如图 7-2 所示。

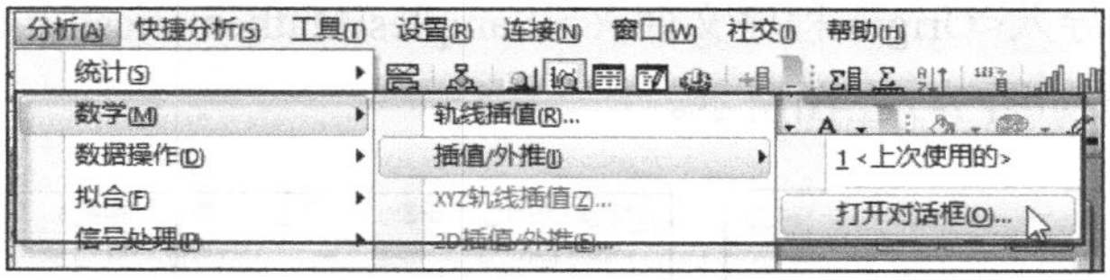

图 7-2 【插值/外推】菜单命令

③ 在打开的【插值/外推: interplxy】对话框中选择【方法】为“线性”，并设定【重新计算】等选项，如图 7-3 所示。

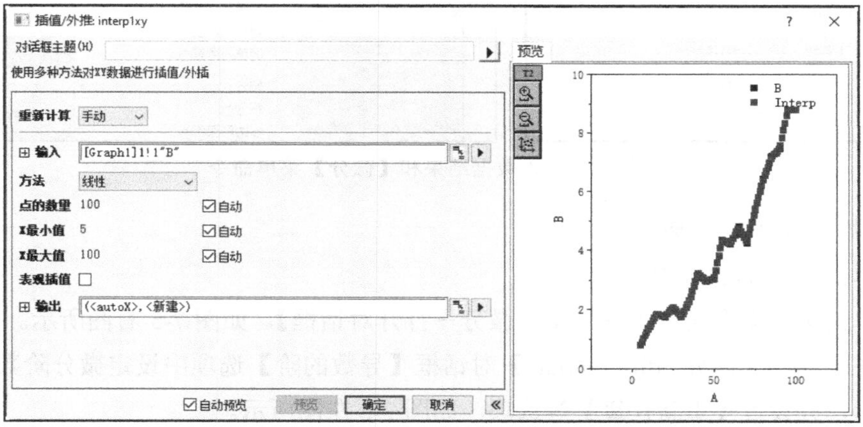

图 7-3 【插值/外推：interplxy】对话框

④ 最后单击【确定】按钮关闭对话框，插值结果如图 7-4 左图所示。

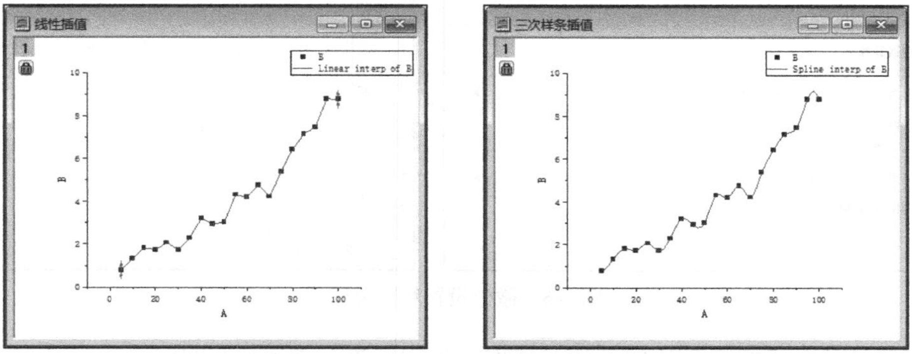

图 7-4 插值结果

若步骤③中插值【方法】选用"三次样条"，则插值结果如图 7-4 右图所示。

7.1.2 数据微分

示例数据准备：导入<Origin 程序文件夹>\Samples\Mathematics\Sine Curve.dat 文件中的数据到工作表，结果如图 7-5 左图所示。

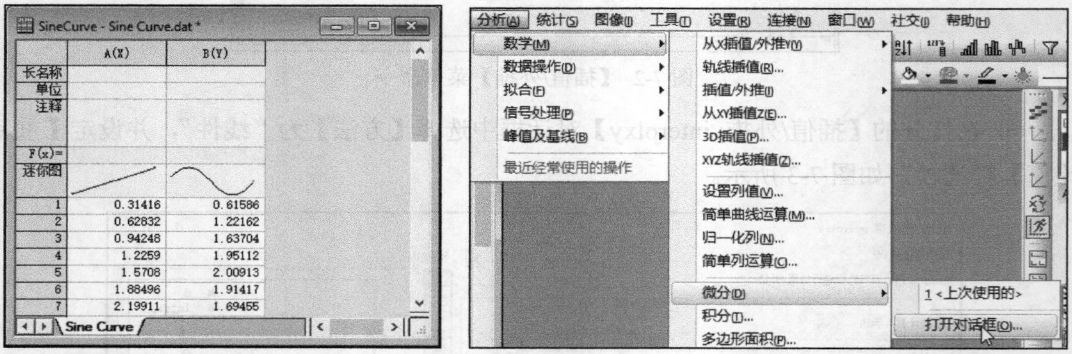

图 7-5 导入数据结果和【微分】菜单命令

示例数据微分操作步骤如下。

① 单击 B 列标题选中该列。

② 单击菜单命令【分析→数学→微分→打开对话框】，如图 7-5 右图所示。

③ 在打开的【微分：differentiate】对话框【导数的阶】选项中设定微分阶数（本例默认为 1 阶），并设置【重新计算】等选项，如图 7-6 左图所示。

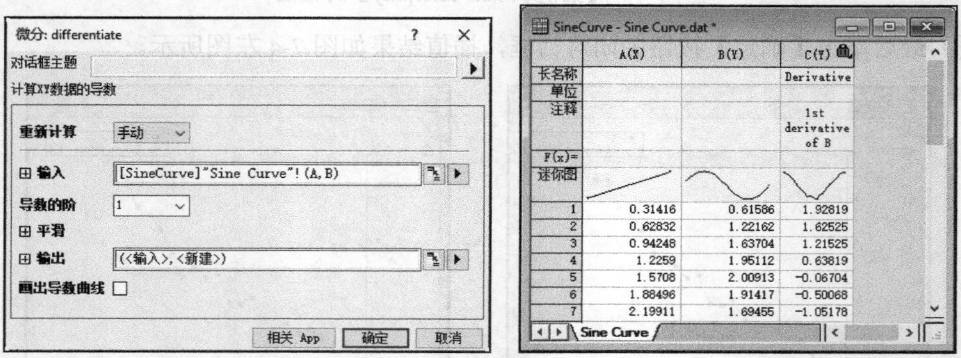

图 7-6 微分设置和微分结果

④ 最后单击【确定】按钮关闭对话框，得到结果如图 7-6 右图所示。

7.1.3 数据积分

示例数据准备：导入<Origin 程序文件夹>\Samples\Mathematics\Sine Curve.dat 文件中的数据到工作表，结果如图 7-5 左图所示。

示例数据积分操作步骤如下。

① 单击 B 列标题选中该列。

② 单击菜单命令【分析→数学→积分→打开对话框】，如图 7-7 左图所示。

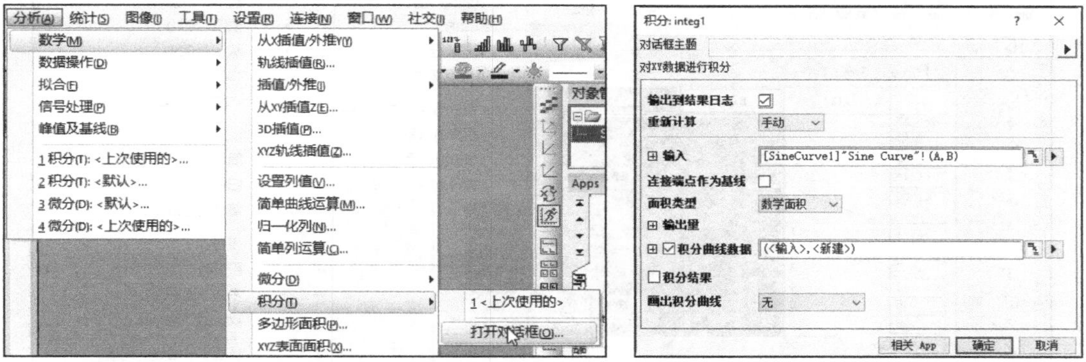

图 7-7 【积分】菜单命令

③ 在打开的【积分: integ1】对话框中设定【重新计算】【面积类型】等选项，如图 7-7 右图所示。

④ 最后单击【确定】按钮关闭对话框，得到积分结果及结果日志如图 7-8 所示。

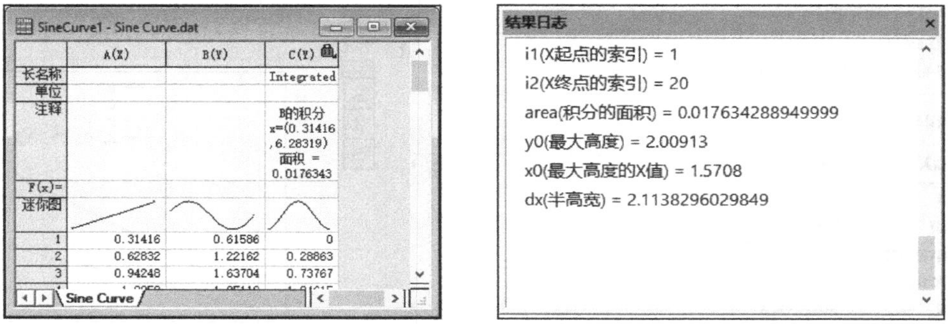

图 7-8 积分结果及结果日志

7.1.4 计算多条曲线的均值

示例数据准备：导入<Origin 程序文件夹>\Samples\Graphing\Group.DAT 文件中的数据

到工作表。

示例数据计算多条曲线的均值操作步骤如下。

① 按住【Shift】键依次单击 B 列、D 列的列标题，选中 B 列、C 列、D 列。

② 单击菜单命令【分析→数学→计算多条曲线的均值(打开对话框)】，如图 7-9 所示。

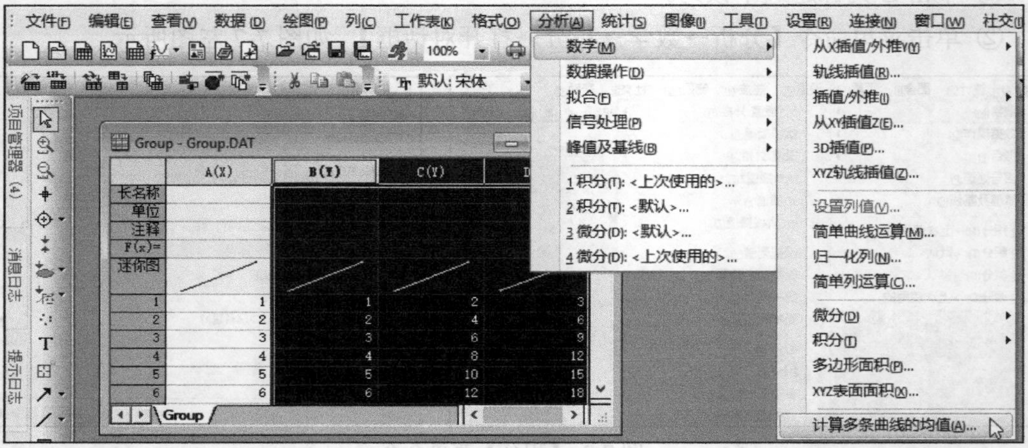

图 7-9 【计算多条曲线的均值】菜单命令

③ 在打开的【计算多条曲线的均值: avecurves】对话框中设定【重新计算】【方法】【x 均值】(在本例中，x 值共用，因此选择“与源 X 数据相同”) 等选项，如图 7-10 所示。

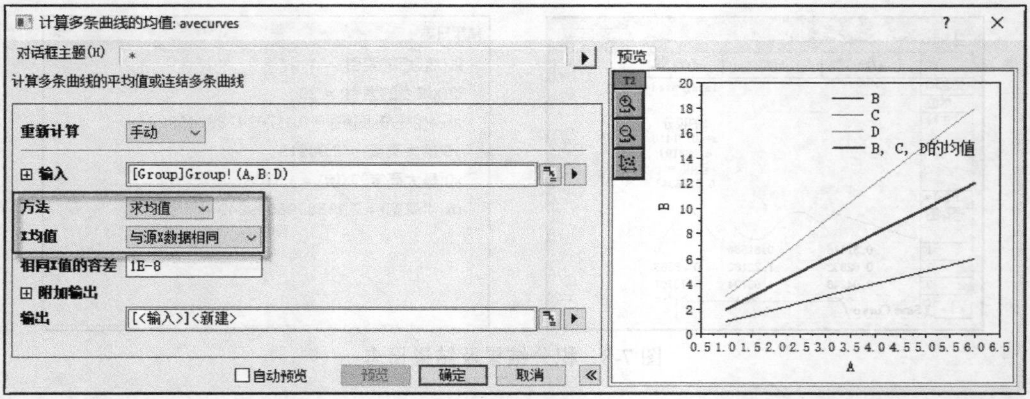

图 7-10 【计算多条曲线的均值: avecurves】对话框

④ 单击【确定】按钮关闭对话框，源数据及结果如图 7-11 所示。

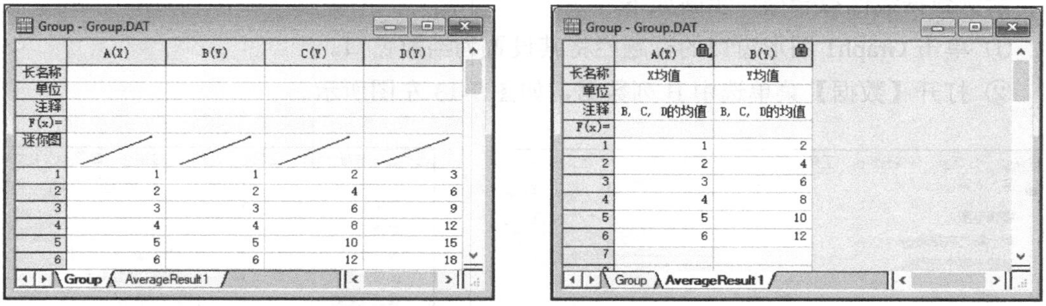

图 7-11 源数据（左）及计算多条曲线的均值结果（右）

7.2 数 据 拟 合

在数据分析处理过程中，经常需要从一组测定的数据，例如 N 个点（X_i, Y_i），去求得因变量 Y 对自变量 X 的一个近似解析表达式，这就是数据拟合。

Origin 提供了线性、多项式、非线性函数以及自定义函数拟合等多种数据拟合模块，方便用户对数据进行拟合分析。

7.2.1 线性拟合

示例数据准备：导入<Origin 程序文件夹>\Samples\Curve Fitting\Linear Fit.dat 文件中的数据到工作表，然后选中所有列绘制散点图，绘图结果如图 7-12 所示。

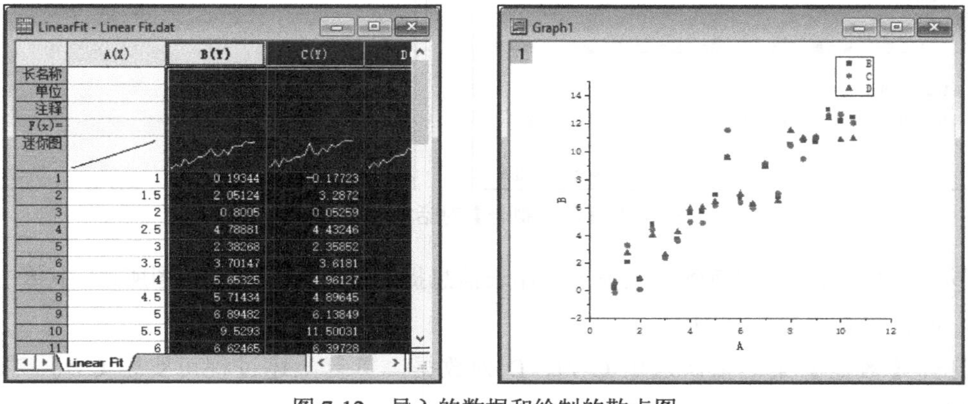

图 7-12 导入的数据和绘制的散点图

示例数据线性拟合操作步骤如下。

① 单击 Graph1 图形窗口的标题栏将其设置为当前窗口。

② 打开【数据】菜单选中 B 列数据，如图 7-13 左图所示。

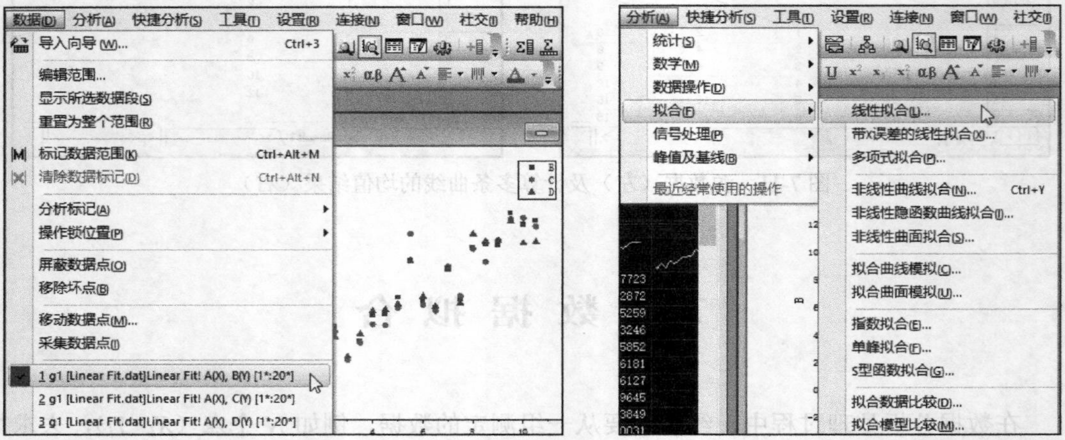

图 7-13 选择数据和线性拟合菜单命令

③ 单击菜单命令【分析→拟合→线性拟合→打开对话框】，如图 7-13 右图所示。

④ 打开【线性拟合】对话框进行相应设置后单击【确定】按钮，如图 7-14 左图所示。

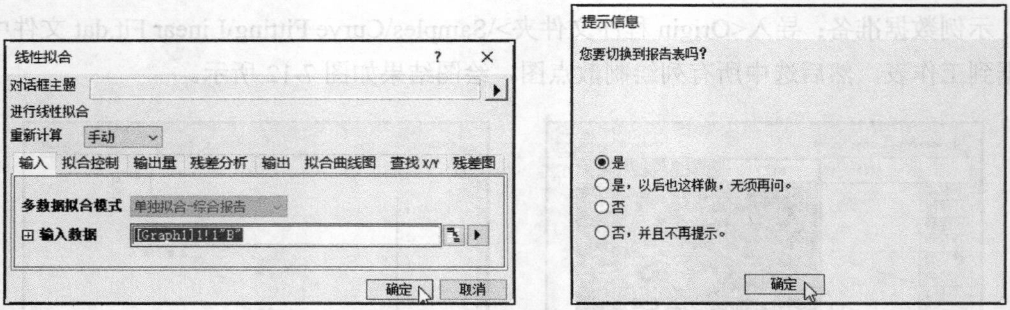

图 7-14 【线性拟合】对话框和提示信息

⑤ 在弹出的是否切换到结果报告工作表信息提示框（如图 7-14 右图所示）中单击【是】按钮，拟合结果如图 7-15 所示。

打开【数据】菜单依次选中 C 列、D 列数据，重复上述过程可实现 C 列、D 列数据的拟合。

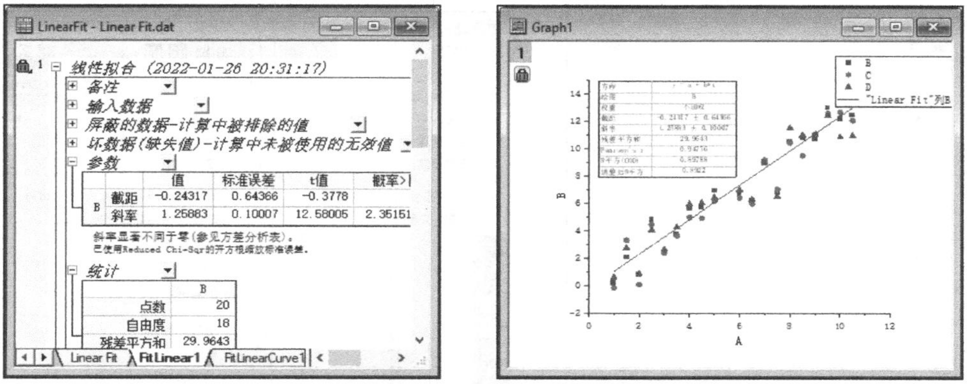

图 7-15　新增的拟合结果报告表和拟合图形结果

7.2.2　多项式拟合

示例数据准备：导入<Origin 程序文件夹>\Samples\Curve Fitting\Polynomial Fit.dat 文件中的数据到工作表，然后选中 B 列和 C 列绘制散点图，结果如图 7-16 所示。

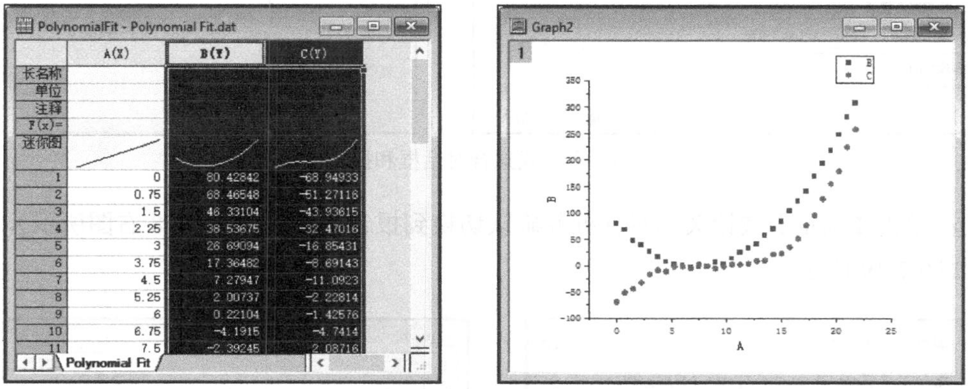

图 7-16　导入的数据和绘制的散点图

使用示例数据拟合二次多项式的操作步骤如下。

① 单击 Graph2 图形窗口的标题栏将其设置为当前窗口。

② 单击打开【数据】菜单并选择 B 列数据，如图 7-17 左图所示。

③ 单击菜单命令【分析→拟合→多项式拟合→打开对话框】，如图 7-17 右图所示。

④ 在打开的【多项式拟合】对话框中将【多项式阶】设置为“2”，如图 7-18 左图所示。

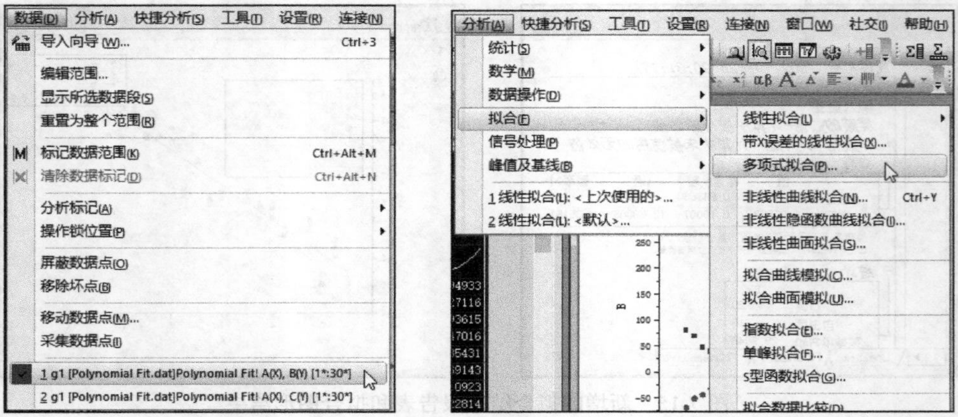

图 7-17　选择图形数据和多项式拟合菜单命令

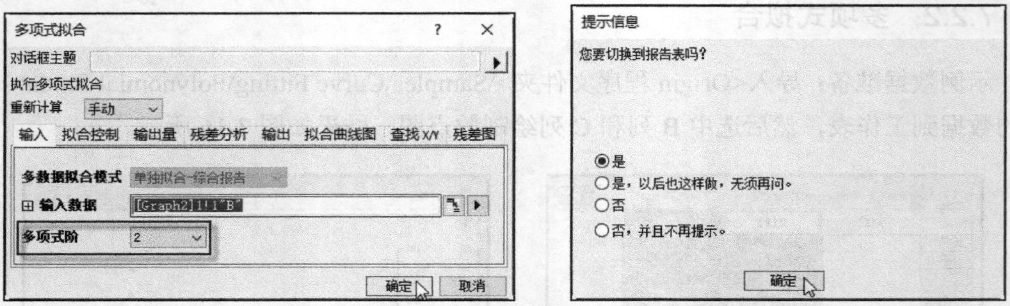

图 7-18　多项式拟合对话框和提示信息

⑤ 单击【确定】按钮关闭对话框并确认切换到报告提示（如图 7-18 右图所示），拟合结果如图 7-19 所示。

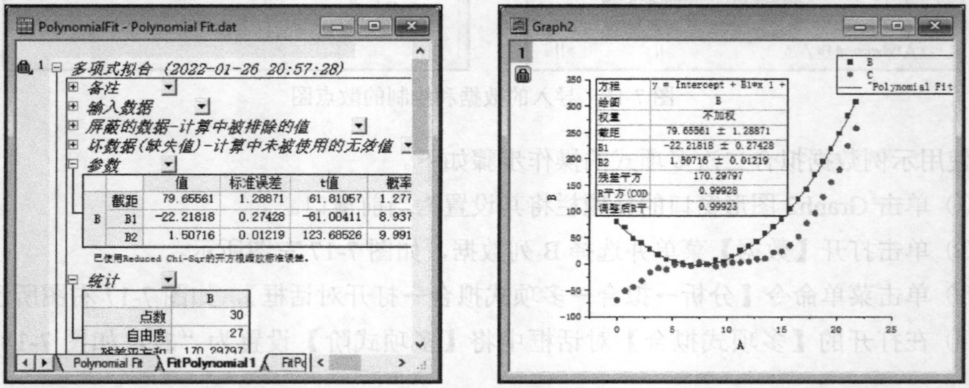

图 7-19　拟合结果报告和拟合绘图结果

使用示例数据拟合三次多项式的操作步骤如下。

① 单击 Graph2 图形窗口的标题栏将其设置为当前窗口。

② 单击打开【数据】菜单并选择 C 列数据。

③ 单击菜单命令【分析→拟合→多项式拟合→打开对话框】打开【多项式拟合】对话框。

④ 将【多项式阶】设置为“3”，如图 7-20 所示。

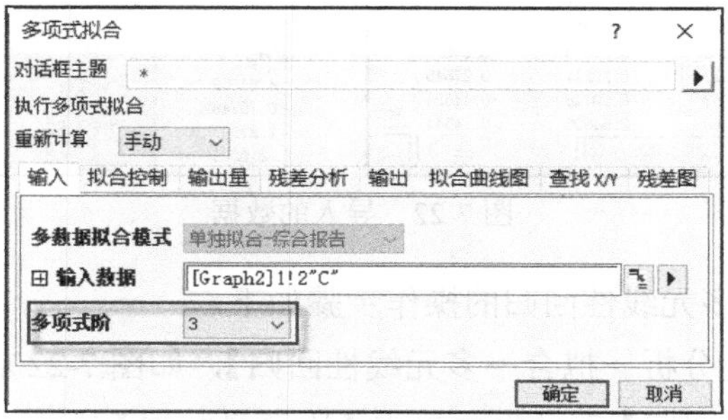

图 7-20 多项式次数及拟合选项设置

⑤ 最后单击【确定】按钮关闭对话框并确认切换到报告提示，拟合结果如图 7-21 所示。

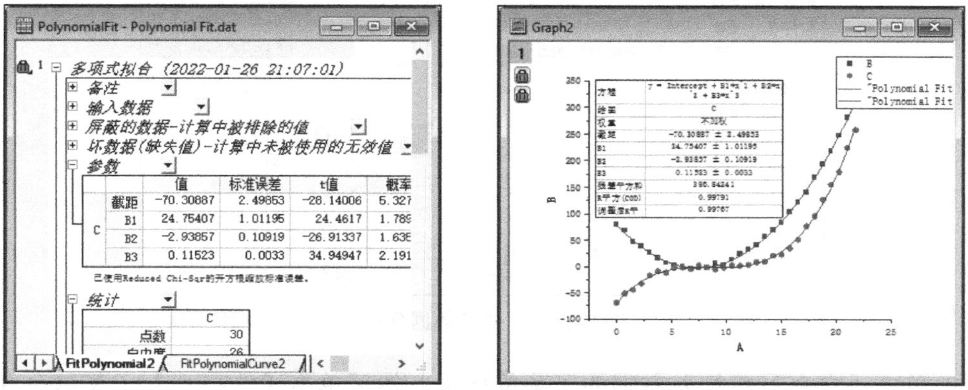

图 7-21 拟合结果报告和拟合绘图结果

7.2.3 多元线性回归

多元线性回归用于分析多个自变量关联到一个因变量之间的线性关系。

示例数据准备：导入<Origin 程序文件夹>\Samples\Curve Fitting\Multiple Linear Regression.dat

文件中的数据到工作表，结果如图 7-22 左图所示。

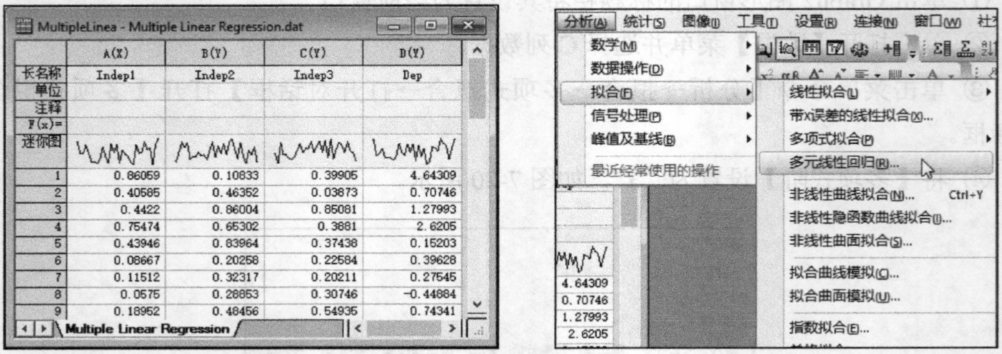

图 7-22　导入的数据

使用示例数据进行多元线性回归的操作步骤如下。

① 单击菜单命令【分析→拟合→多元线性回归】，如图 7-22 右图所示。

② 在打开的【多元回归】对话框中单击【因变量数据】右端的子菜单标志，然后选择“D(Y): Dep”将 D 列设置为因变量，如图 7-23 所示。

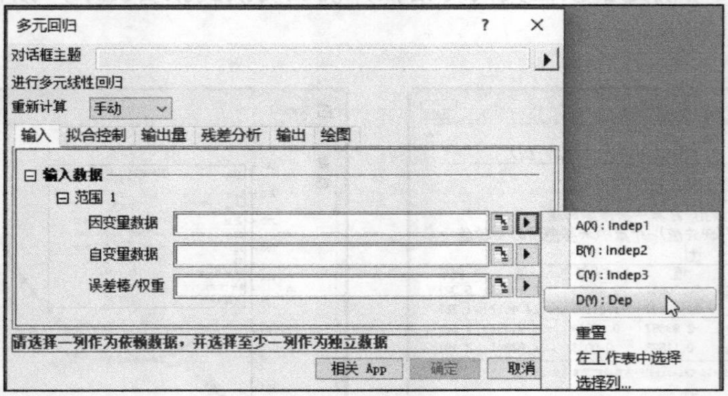

图 7-23　因变量数据列选择

③ 单击【自变量数据】右端的子菜单标志，然后单击【选择列】子菜单命令，如图 7-24 所示。

④ 在打开的【列浏览器】对话框上部列表框中选中 A 列、B 列、C 列，然后单击【添加】按钮将其加入下部列表框中，如图 7-25 所示。

⑤ 单击【确定】按钮返回【多元回归】对话框，参与拟合数据选择结果如图 7-26 左图所示。

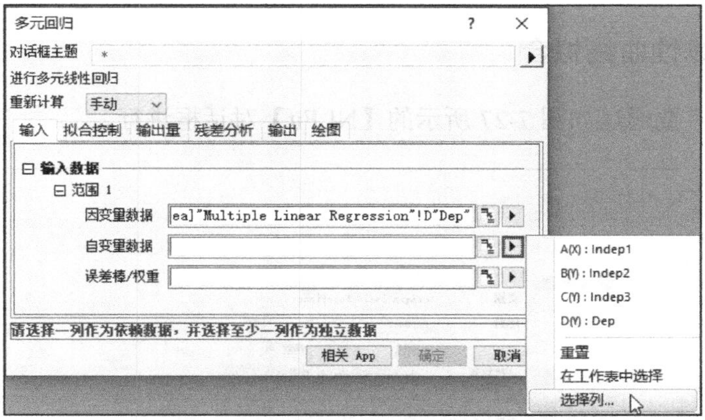

图 7-24 【选择列】子菜单命令

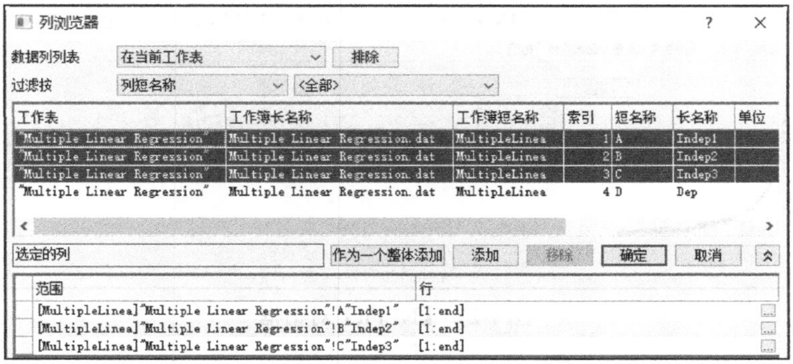

图 7-25 自变量列数据选择

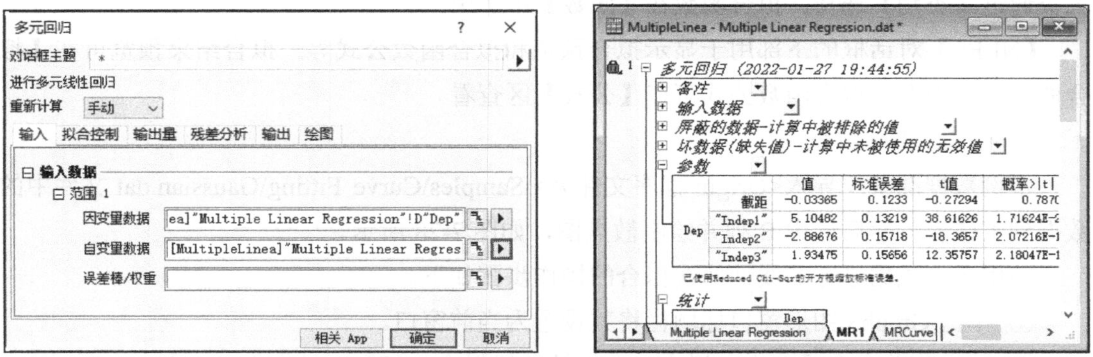

图 7-26 参与拟合数据选择结果

⑥ 单击【多元回归】对话框中的【确定】按钮关闭对话框并确认提示信息，回归结果如图 7-26 右图所示。

7.2.4 非线性曲线拟合

非线性拟合主要通过如图 7-27 所示的【NLFit】对话框进行。

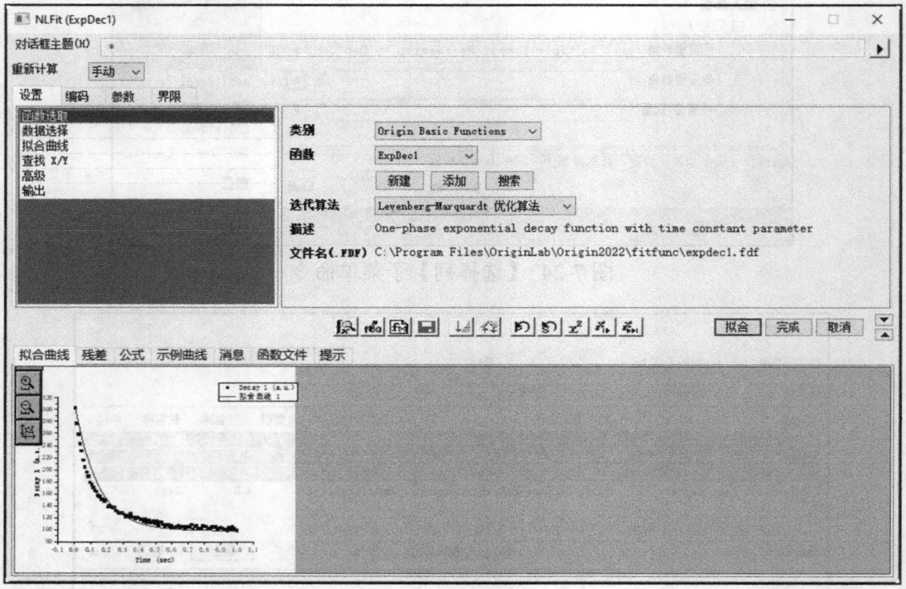

图 7-27 【NLFit】对话框

【NLFit】对话框的上部用于设定拟合函数和迭代算法等：需要使用的拟合函数所在的大类通过【类别】选择；拟合函数在【函数】中选用。

【NLFit】对话框的下部用于显示拟合预览和拟合函数公式等：拟合结果预览可在【拟合曲线】区查看；拟合函数公式可在【公式】区查看。

1. Gauss 函数拟合

示例数据准备：导入<Origin 程序文件夹>\Samples\Curve Fitting\Gaussian.dat 文件中的数据到工作表，然后选中 B 列并绘制散点图，如图 7-28 所示。

使用示例数据进行非线性曲线拟合的操作步骤如下。

① 单击 Graph3 图形窗口标题栏将其设置为当前窗口。

② 单击菜单命令【分析→拟合→非线性曲线拟合→打开对话框】，如图 7-29 所示。

③ 在打开的【NLFit】对话框中将【函数】设置为“Gauss”，如图 7-30 所示。

④ 单击【拟合】按钮关闭【NLFit】对话框，然后确认提示信息，拟合结果如图 7-31 所示。

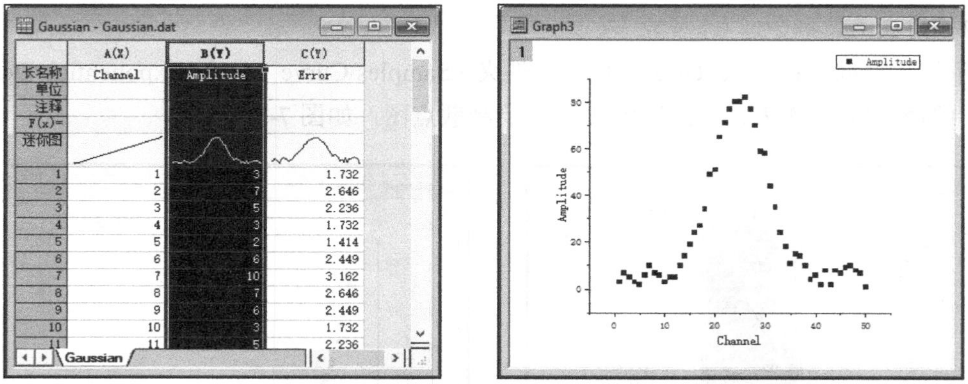

图 7-28 导入示例数据及绘制散点图结果

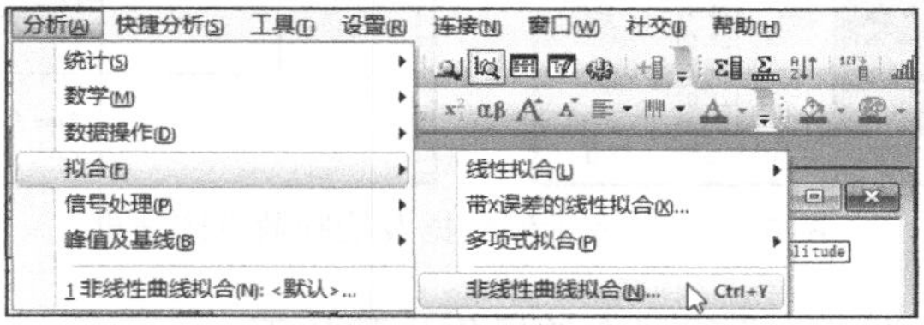

图 7-29 【非线性曲线拟合】菜单命令

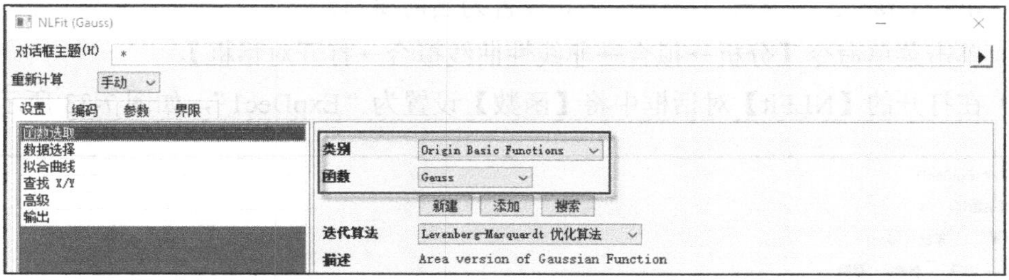

图 7-30 非线型拟合选项设置

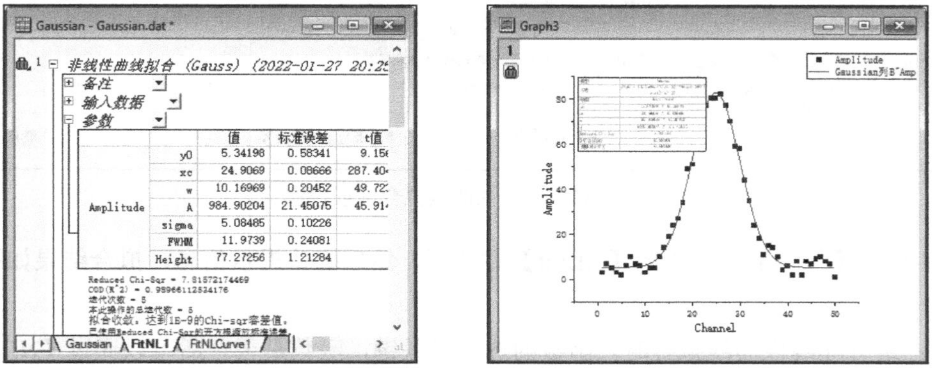

图 7-31 拟合结果

2. 指数函数拟合

示例数据准备：导入<Origin 程序文件夹>\Samples\Curve Fitting\Exponential Dcay.dat文件中的数据到工作表，然后选中B列并绘制散点图，如图7-32所示。

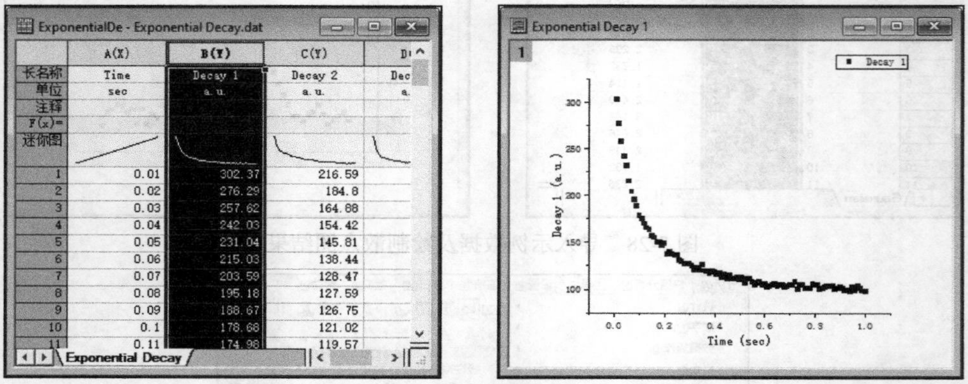

图7-32　导入示例数据及绘制散点图结果

使用示例数据进行非线性曲线拟合的操作步骤如下。

① 单击Graph3图形窗口标题栏将其设置为当前窗口。

② 单击菜单命令【分析→拟合→非线性曲线拟合→打开对话框】。

③ 在打开的【NLFit】对话框中将【函数】设置为“ExpDec1”，如图7-33所示。

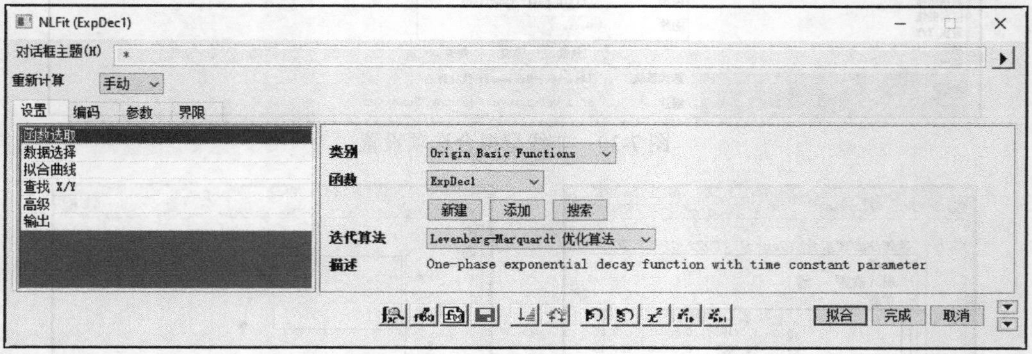

图7-33　非线性曲线拟合选项设置

④ 单击【拟合】按钮关闭【NLFit】对话框，然后确认提示信息，拟合结果如图7-34所示。

注：进行非线性曲线拟合时，函数的选择是关键，函数是否合适可以通过【NLFit】对话框中的【拟合曲线】区的拟合曲线与原数据的匹配度预判，如图7-35所示。

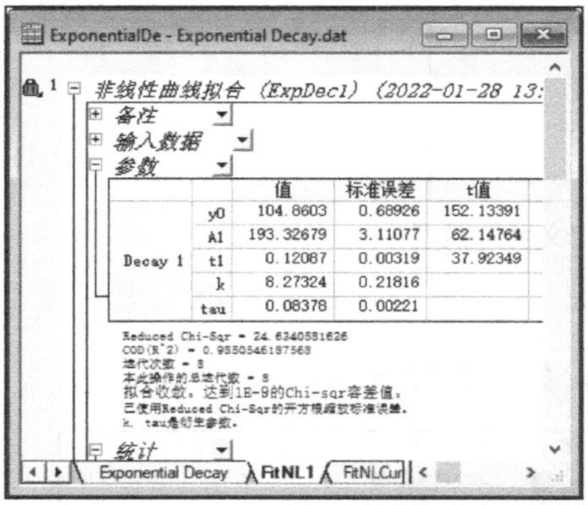

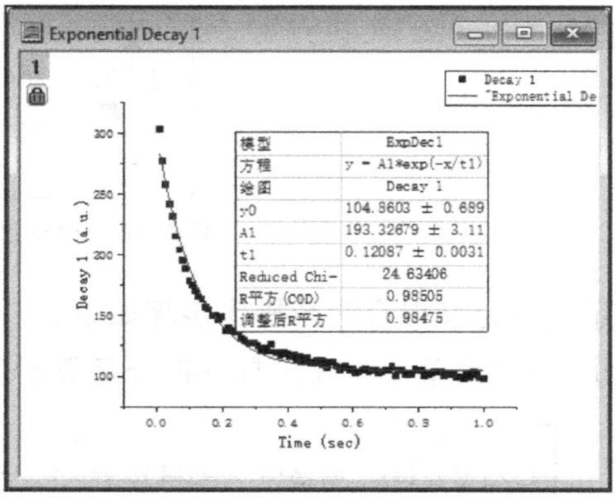

图 7-34 拟合结果

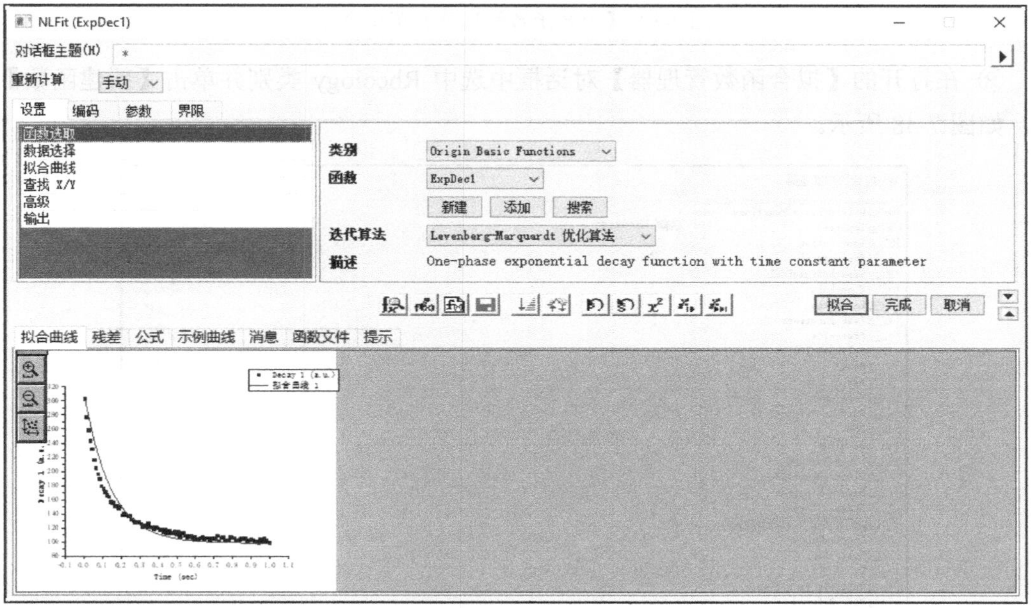

图 7-35 非线性拟合函数预判

7.2.5 自定义拟合函数

如果需要的拟合函数比较特殊而 Origin 中没有内置，这种情况下用户需要自定义拟合函数。

1. 自定义函数创建

本书示例的自定义函数模型如图 7-36 所示。

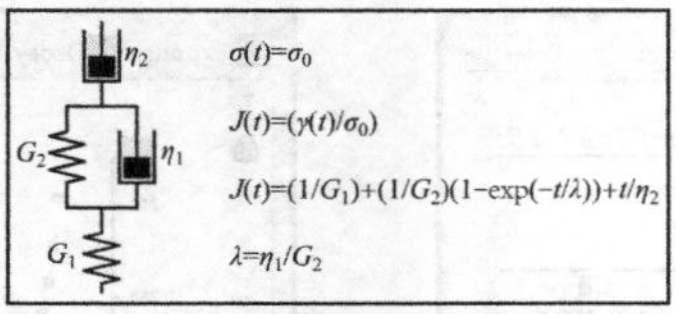

图 7-36 拟构造的自定义函数模型

示例自定义拟合函数操作步骤如下。

① 单击菜单命令【工具→拟合函数管理器】，如图 7-37 所示。

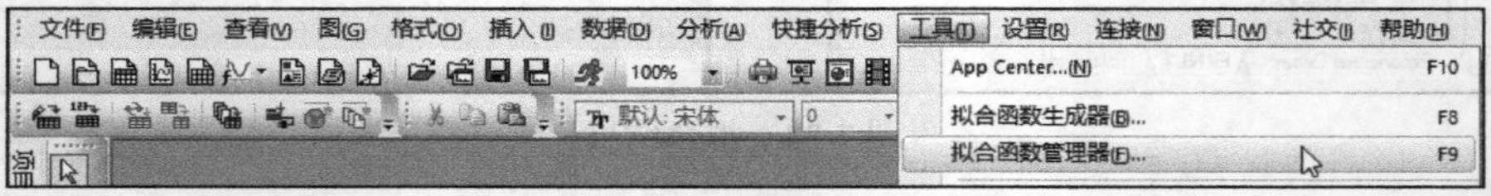

图 7-37 【拟合函数管理器】菜单命令

② 在打开的【拟合函数管理器】对话框中选中 Rheology 类别并单击【新建函数】按钮，如图 7-38 所示。

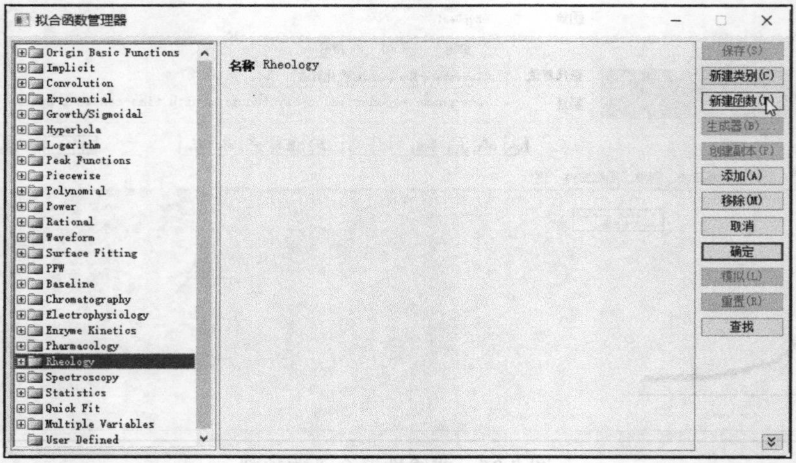

图 7-38 新建函数类别选择

③ 在打开的【新建函数】列表框中依次输入函数名称、参数名称和函数，如图 7-39 所示。

④ 滚动到参数设置部分并单击【参数设置】按钮，如图 7-40 左图所示。

⑤ 在打开的【参数设置】对话框中将参数初始值均设置为 1，并将其下限均设置为大于 0（“<”或“<=”符号需在相应位置单击进行更改），如图 7-40 右图所示。

⑥ 单击【确定】按钮返回【拟合函数管理器】界面，再单击【保存】按钮保存创建的拟合函数，如图 7-41 所示。

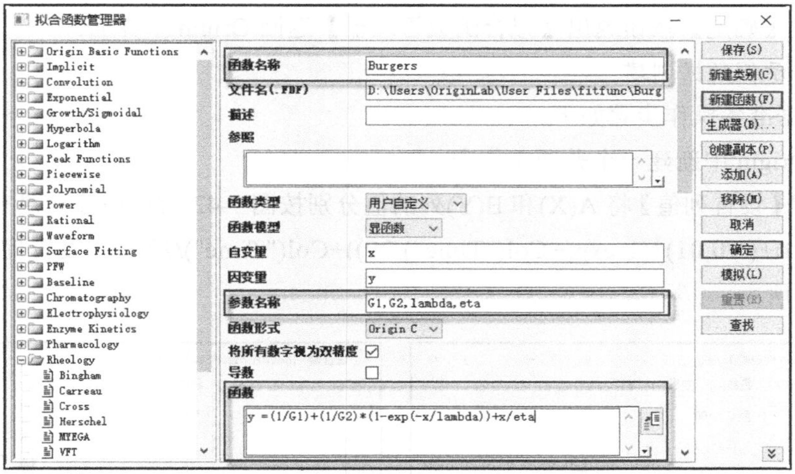

图 7-39 函数名称、参数名称和函数输入

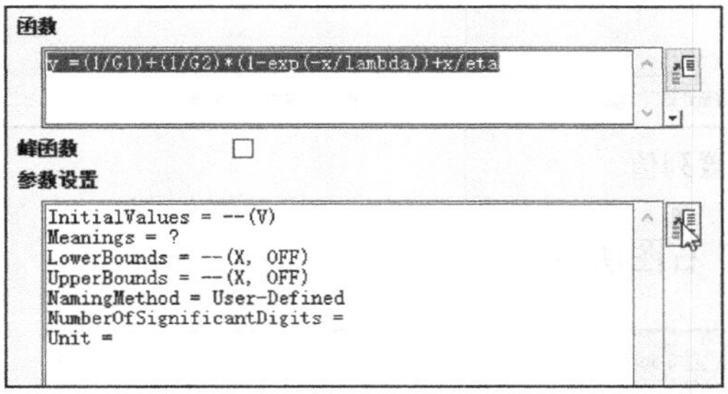

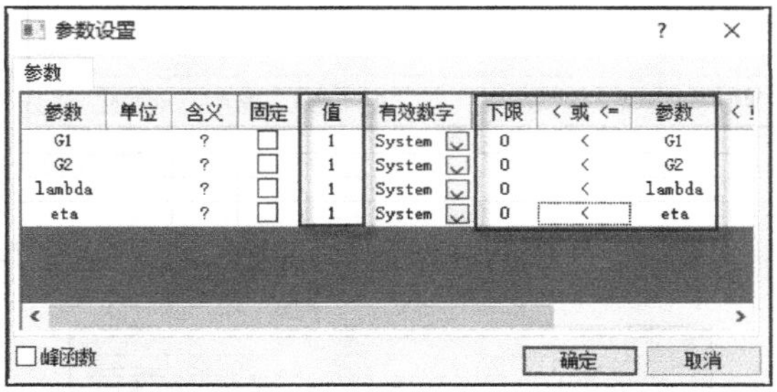

图 7-40 参数设置

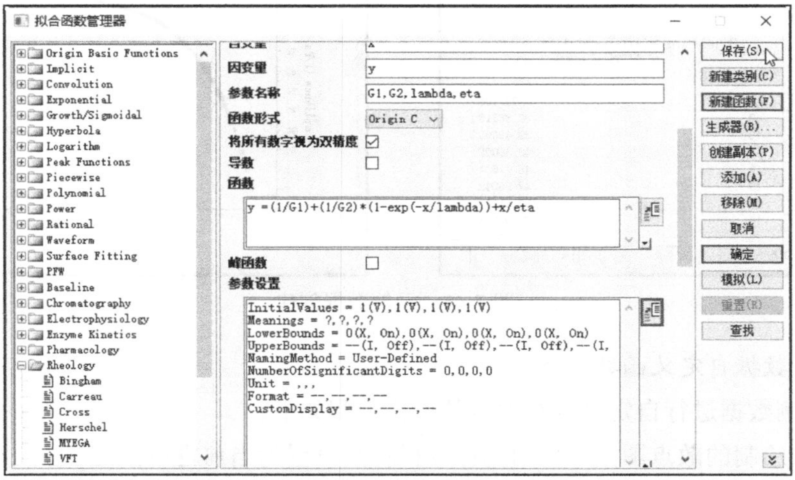

图 7-41 保存新建的函数

⑦ 单击【确定】按钮退出【拟合函数管理器】返回 Origin 主界面。

2. 拟合示例数据创建

示例数据准备操作步骤如下。

① 在 Origin 中新建一个普通工作表。

② 使用【设置列值】将 A(X)和 B(Y)列的值分别按图 7-42 所示进行设置（Col(A)=*i*−1，Col(B)=(1/10)+(1/0.01)*(1-exp(−Col("Time")/20))+Col("Time")/200），设置完成的结果如图 7-43 左图所示。

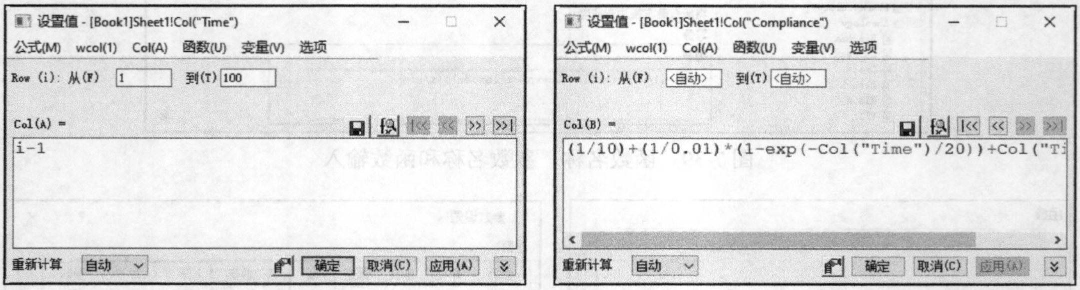

图 7-42 设置列值

③ 选中 B 列并绘制散点图，结果如图 7-43 右图所示。

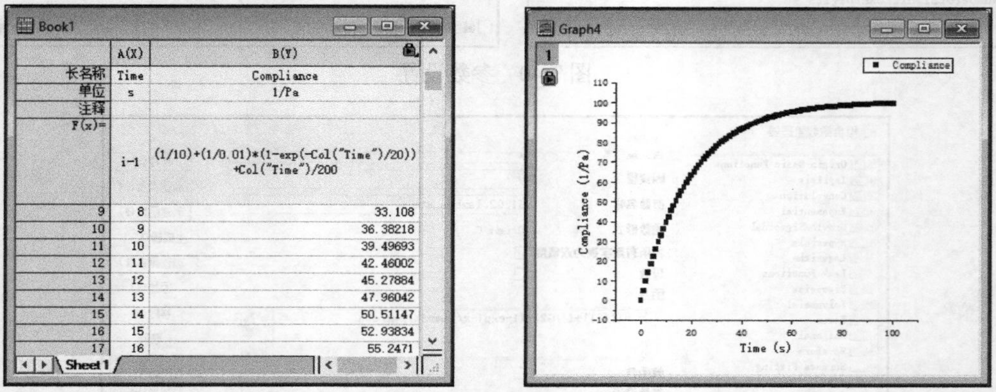

图 7-43 示例数据创建

3. 示例数据自定义函数拟合

使用示例数据进行自定义函数拟合的操作步骤如下。

① 单击绘制的散点图图形窗口的标题栏将其设置为当前窗口。

② 单击菜单命令【分析→拟合→非线性曲线拟合→打开对话框】，然后在打开的

【NLFit】对话框中选择类别和自定义函数，如图 7-44 所示。

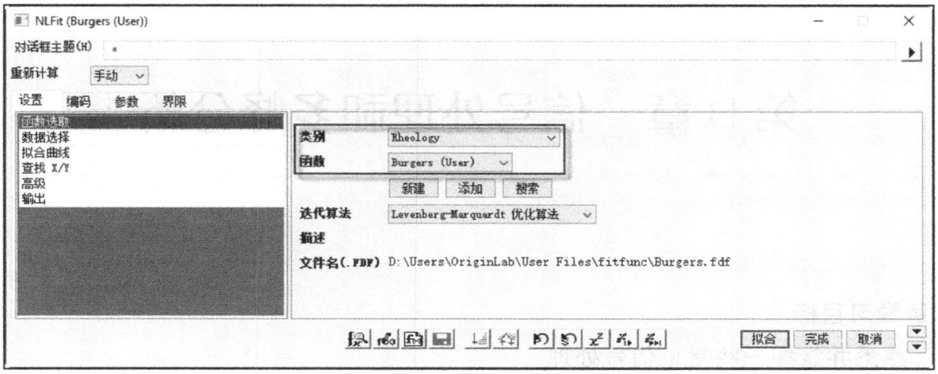

图 7-44 【NLFit】对话框

③ 单击【拟合】按钮关闭对话框并确认提示信息，拟合结果如图 7-45 所示。

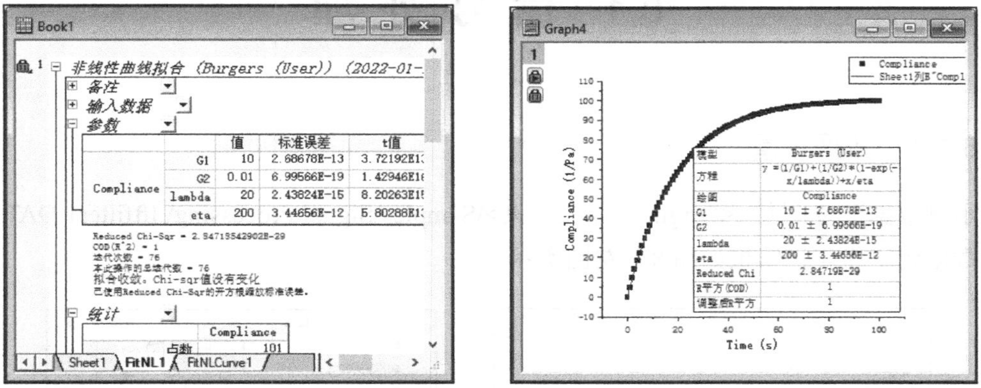

图 7-45 拟合结果

对比拟合出的参数与示例数据构建参数可以看出，拟合结果非常理想。

7.3 本章小结

本章有选择性地介绍了 Origin 对数据进行数学运算和拟合分析的操作流程，方便读者对照练习各种数学运算和拟合分析操作，帮助读者快速熟悉并掌握 Origin 处理、分析数据的方法。

第 8 章　信号处理和多峰分析

本章学习目标

- ■ 熟悉并掌握一些常见信号处理
- ■ 熟悉并掌握多峰分析

8.1　信 号 处 理

8.1.1　数据平滑

示例数据准备：导入<Origin 程序文件夹>\Samples\Signal Processing\ fftfilter1.DAT 文件中的数据到工作表，结果如图 8-1 左图所示。

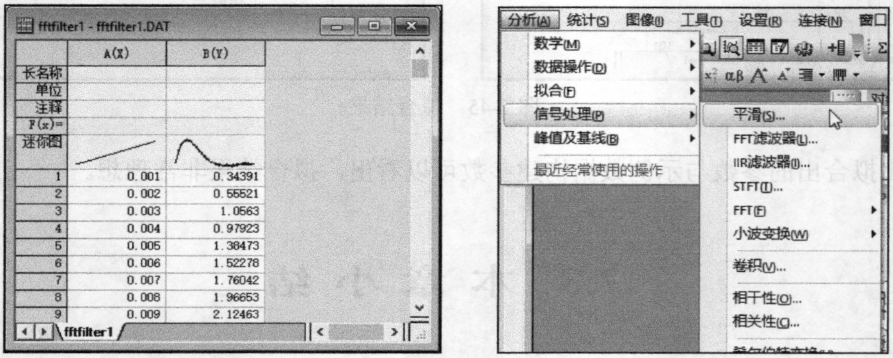

图 8-1　导入数据结果和【平滑】菜单命令

示例数据平滑操作步骤如下。

① 单击 B 列标题选中该列。

② 单击菜单命令【分析→信号处理→平滑→打开对话框】，如图 8-1 右图所示。

③ 在打开的【平滑: smooth】对话框中设置平滑处理控制参数，如图 8-2 所示。

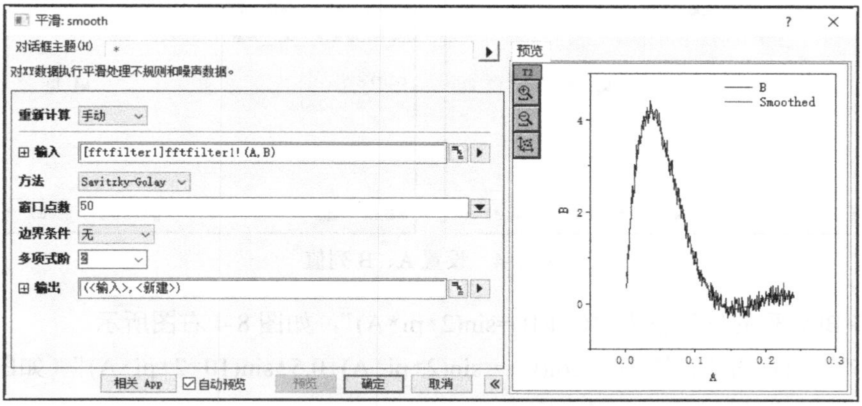

图 8-2 【平滑: smooth】对话框

④ 单击【确定】按钮关闭对话框，平滑结果添加迷你图后如图 8-3 左图所示。

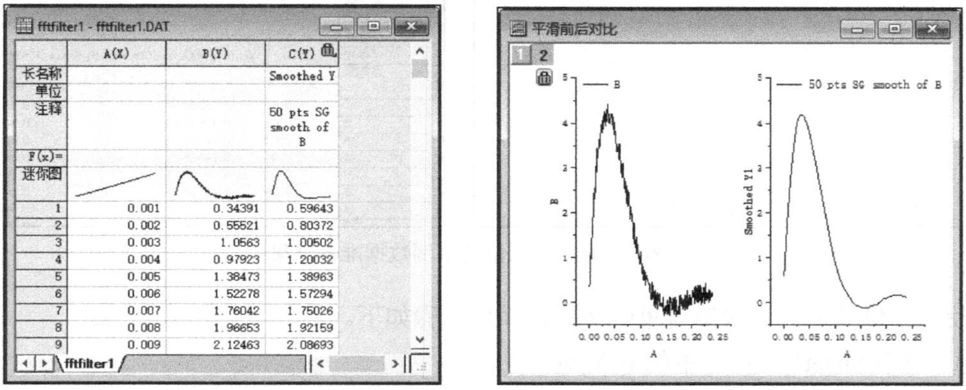

图 8-3 数据平滑结果

选中 B 列和 C 列并绘制水平两栏图（如图 8-3 右图所示），从该图可以清晰地看出平滑前后的曲线特征。

8.1.2 快速傅里叶变换

示例数据准备操作步骤如下。

① 创建包含 1 个 X 列和 2 个 Y 列的工作表。

② 通过【设置值】对话框将 A(X)列从第 1 行到第 100 行的值设置为“Col(A)=*i*/100”，

如图 8-4 左图所示。

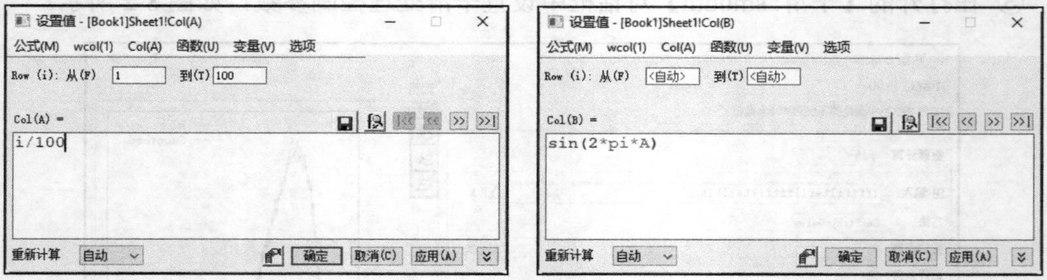

图 8-4　设置 A、B 列值

③ 将 B(Y)列的值设置为“Col(B)=sin(2*pi*A)”，如图 8-4 右图所示。

④ 将 C(Y)列的值设置为“Col(C)= sin(2*pi*A)+0.5*sin(10*2*pi*A)”（如图 8-5 左图所示），设置列值结果如图 8-5 右图所示。

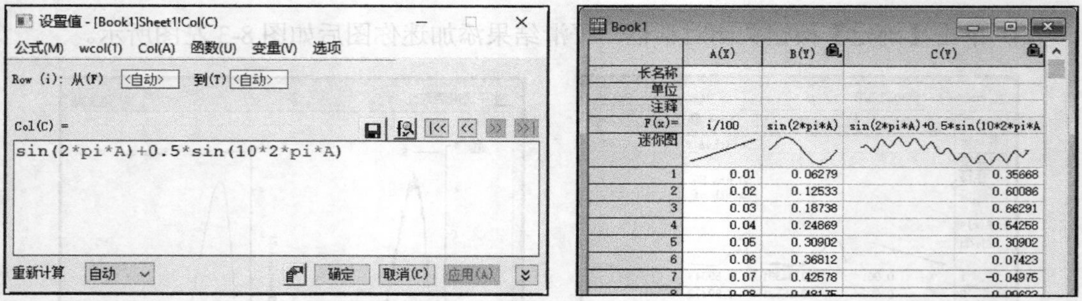

图 8-5　设置 C 列值及示例数据准备结果

使用示例数据进行快速傅里叶变换的操作步骤如下。

① 选中 Sheet1 工作表中的 B(Y)列。

② 单击菜单命令【分析→信号处理→FFT→ FFT→打开对话框】，如图 8-6 所示。

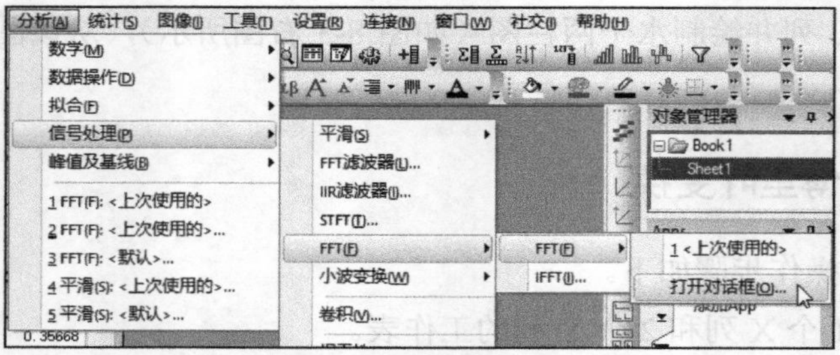

图 8-6【FFT】菜单命令

③ 在打开的【FFT: fft1】对话框中勾选【自动预览】复选框，如图 8-7 所示。

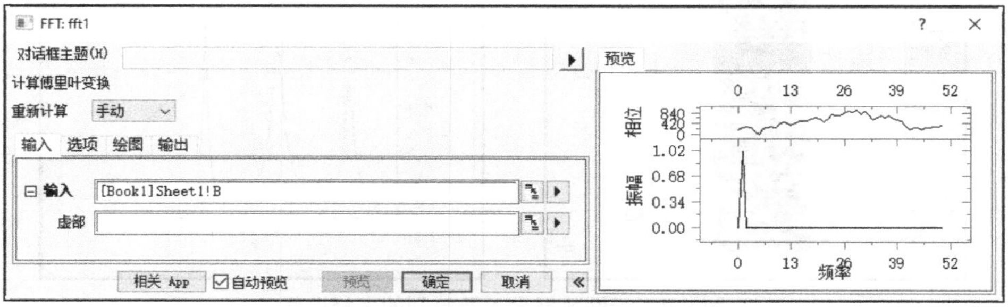

图 8-7 【FFT: fft1】对话框

④ 单击【确定】按钮关闭对话框，处理得到的振幅和相位如图 8-8 左图所示。

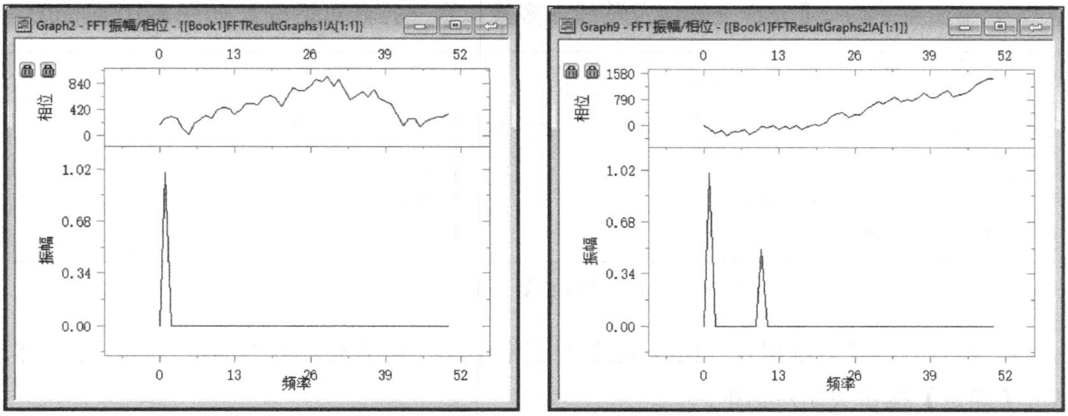

图 8-8 快速傅里叶变换结果

选中 Sheet1 工作表中的 C(Y)列并应用 FFT 分析后的振幅和相位结果如图 8-8 右图所示。

8.2 谱 线 分 析

8.2.1 多峰拟合

示例数据准备：导入<Origin 程序文件夹>\Samples\Curve Fitting\Multiple Peaks.dat 文件中的数据到工作表，然后选中 B 列绘制曲线图，结果如图 8-9 所示。

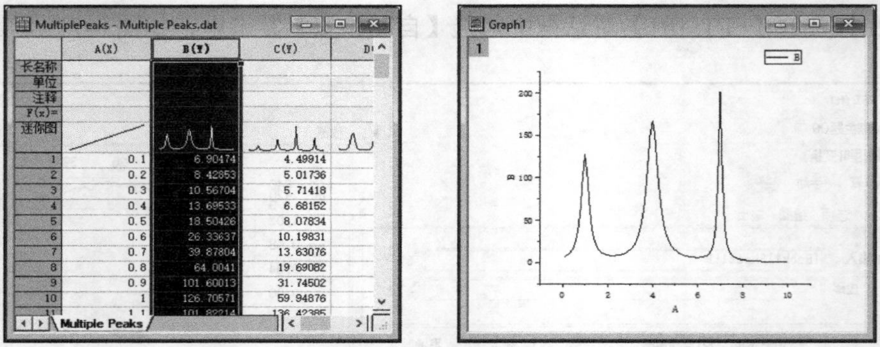

图 8-9　示例数据导入及绘制的多峰曲线

使用示例数据进行多峰拟合的操作步骤如下。

① 单击 Graph1 图形窗口的标题栏将其设置为当前窗口。

② 单击菜单命令【分析→峰值及基线→多峰拟合→打开对话框】，如图 8-10 左图所示。

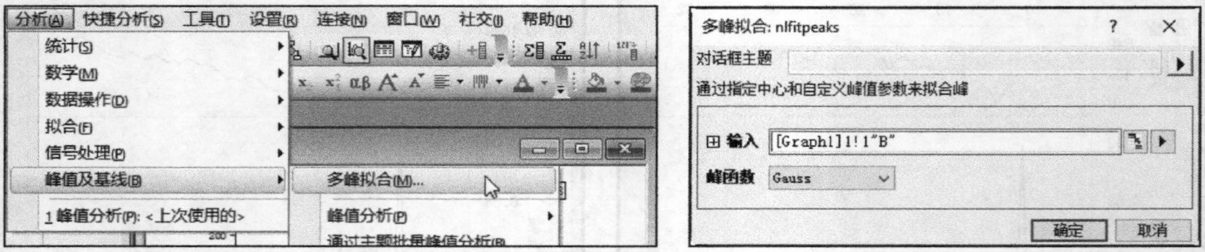

图 8-10　【多峰拟合】菜单命令及对话框

③ 在打开的【多峰拟合: nlfitpeaks】对话框中选择峰函数，如图 8-10 右图所示，然后单击【确定】按钮关闭对话框。

④ 返回如图 8-11 左图所示的图形窗口后依次在各个峰上双击选中，结果如图 8-11 右图所示。

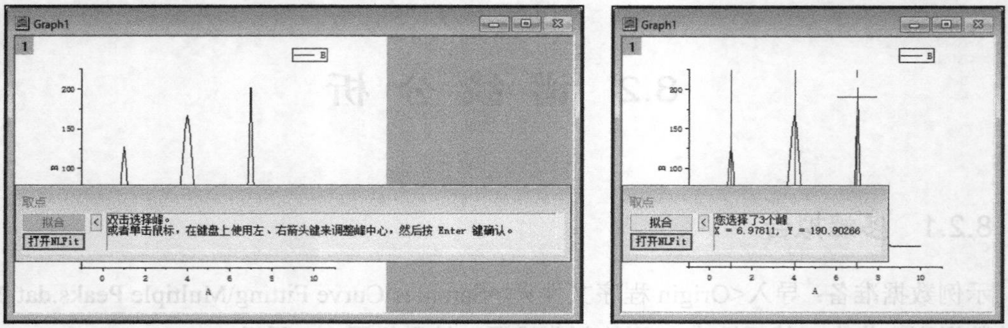

图 8-11　带取点提示的图形窗口

⑤ 单击【拟合】按钮关闭【取点】对话框并确认弹出的提示信息，结果如图 8-12 所示。

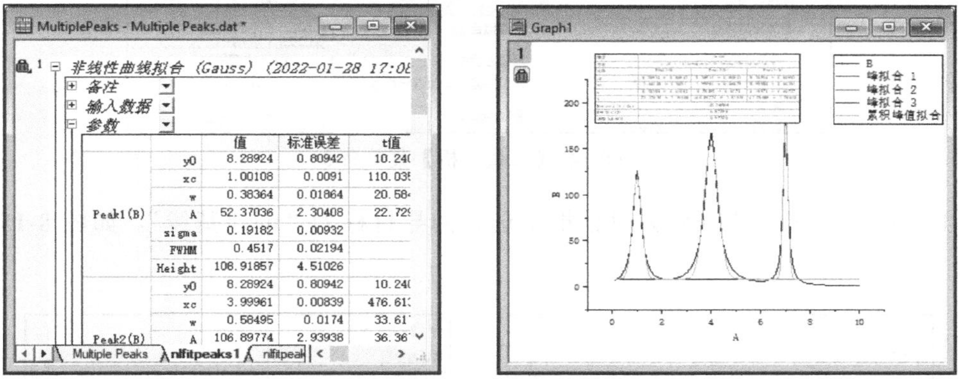

图 8-12　多峰拟合结果

8.2.2 创建基线

示例数据准备：导入<Origin 程序文件夹>\Samples\Spectroscopy\Peaks on Exponential Baseline.dat 文件中的数据到工作表，然后选中 B 列绘制线图，如图 8-13 所示。

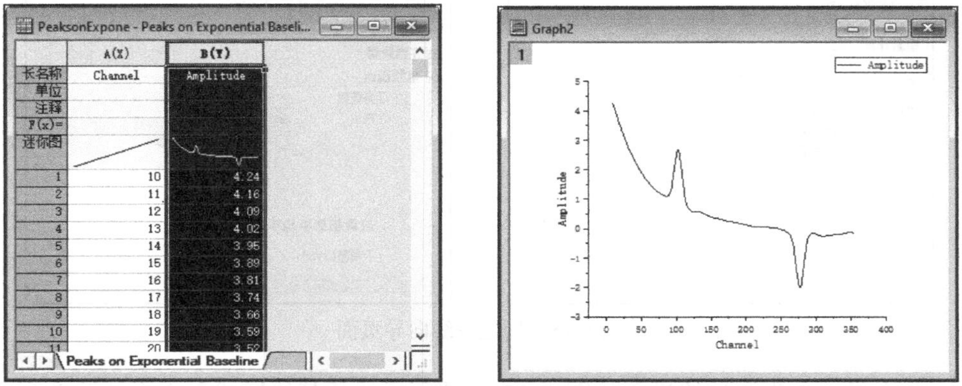

图 8-13　示例数据准备结果

使用示例数据创建基线的操作步骤如下。

① 单击绘图窗口的标题栏将其设置为当前窗口或选中拟扣除基线的数据列。

② 单击菜单命令【分析→峰值及基线→峰值分析→打开对话框】，如图 8-14 所示。

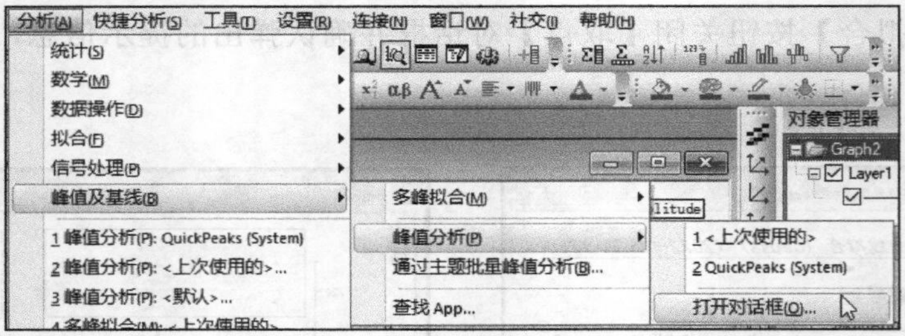

图 8-14 【峰值分析】菜单命令

③ 在打开的【峰值分析】对话框中选择向导目标为“创建基线”，如图 8-15 左图所示。

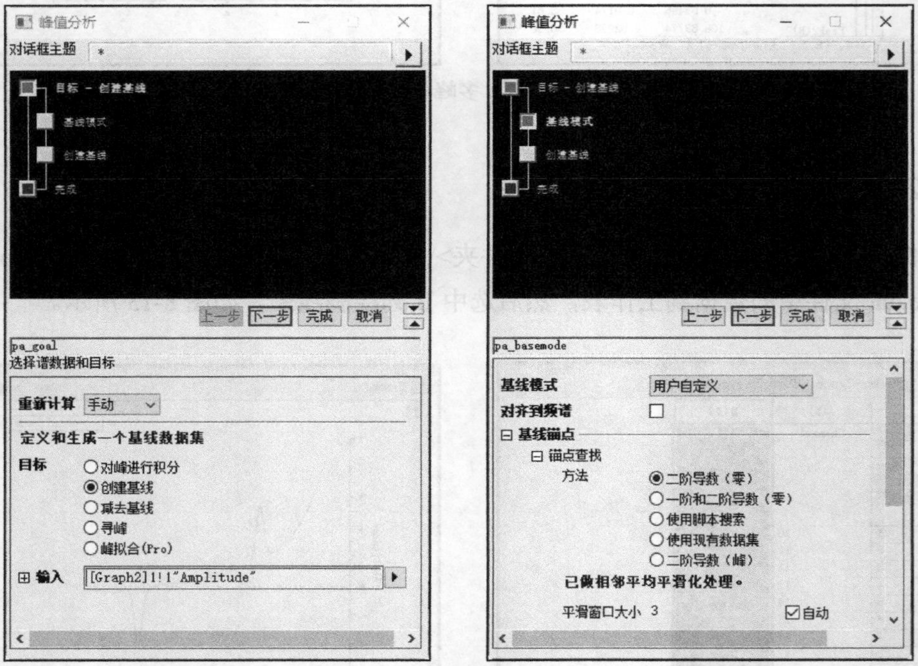

图 8-15　创建基线向导页面

④ 单击【下一步】按钮进入如图 8-15 右图所示的【基线模式】页面，滚动到【要查找的点数】位置输入锚点数为“20”，如图 8-16 左图所示。

⑤ 单击【查找】按钮自动设置基线锚点，然后单击【下一步】按钮进入【创建基线】页面，如图 8-16 右图所示。

⑥ 单击【完成】按钮关闭对话框，基线创建结果如图 8-17 所示。

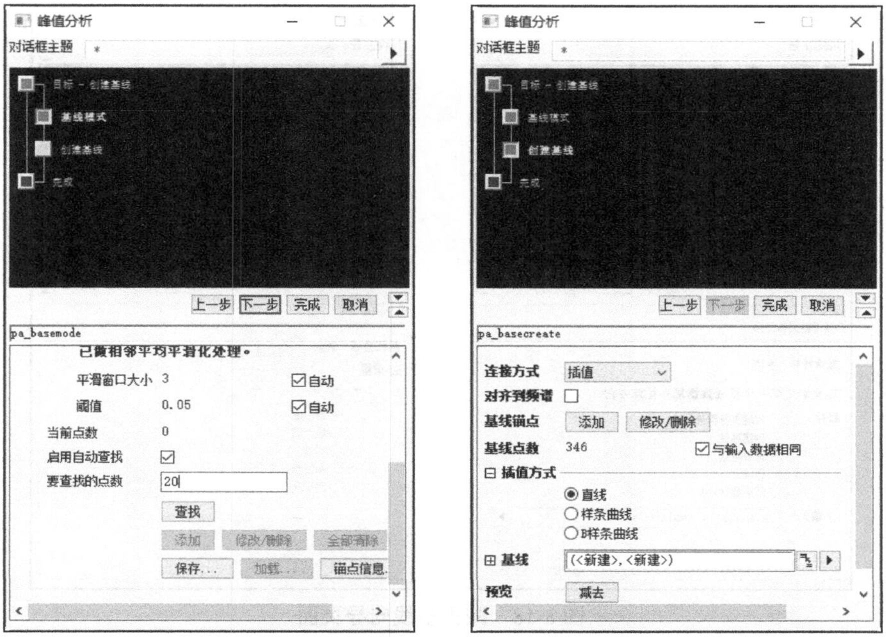

图 8-16 基线锚点设定

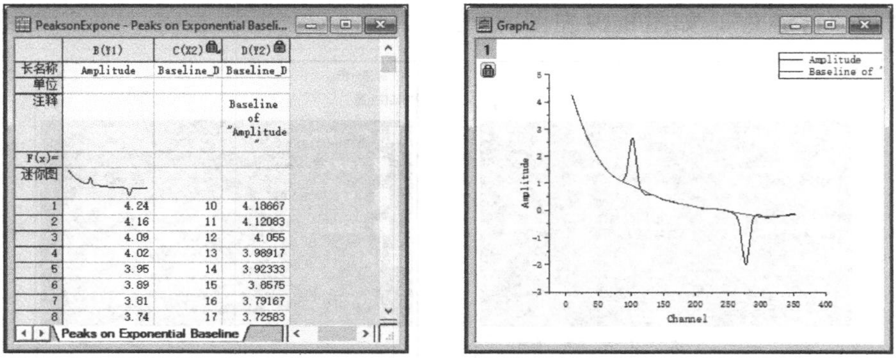

图 8-17 创建基线结果

8.2.3 减去基线

示例数据准备与创建基线相同。使用示例数据减去基线的操作步骤如下。

① 选中拟扣除基线的数据列或单击绘图窗口的标题栏将其设置为当前窗口。

② 单击菜单命令【分析→峰值及基线→峰值分析→打开对话框】。

③ 在打开的【峰值分析】对话框中将向导目标设置为“减去基线”，如图 8-18 左图所示。

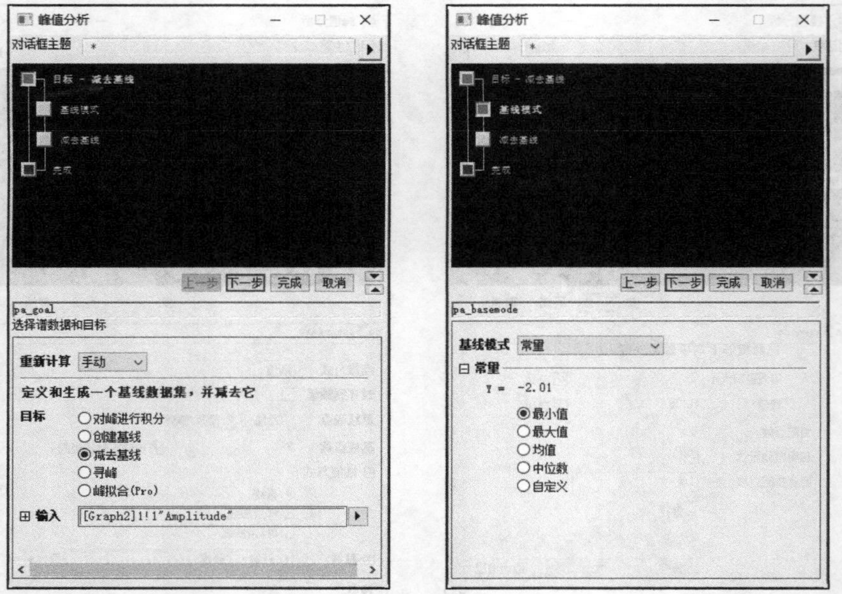

图 8-18　减去基线向导页面

④ 单击【下一步】按钮进入如图 8-18 右图所示的【基线模式】页面，选择【基线模式】为“用户自定义”，如图 8-19 左图所示。

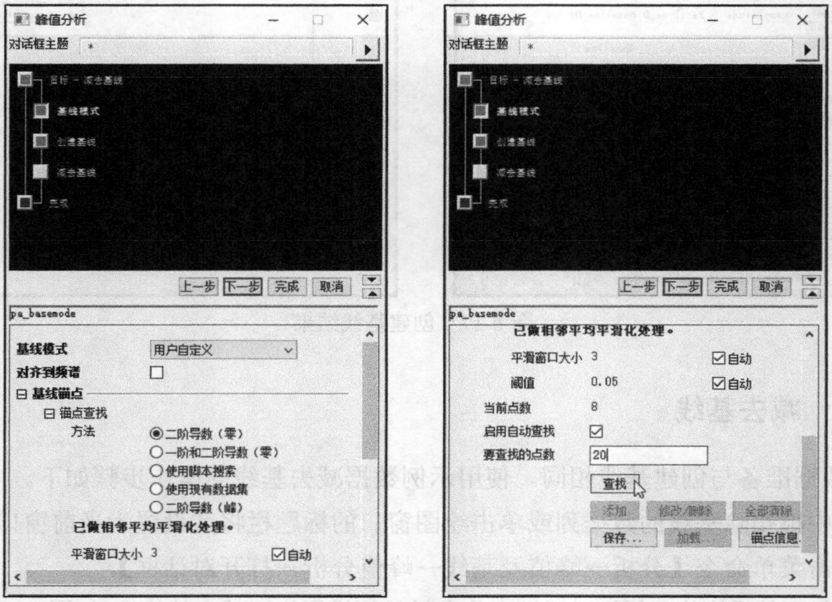

图 8-19　基线模式选择及设定

⑤ 滚动到【要查找的点数】位置输入为“20”，如图 8-19 右图所示。

⑥ 单击【查找】按钮自动设置基线锚点，然后单击【下一步】按钮进入下一向导页面，如图 8-20 左图所示。

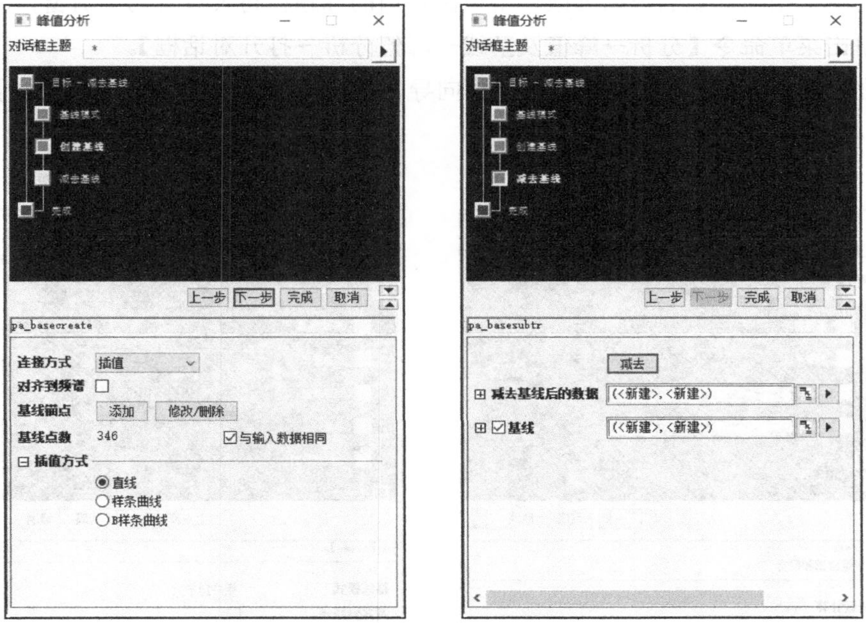

图 8-20 减去基线向导页面

⑦ 单击【下一步】按钮进入如图 8-20 右图所示的【减去基线】页面，单击【完成】按钮关闭对话框，减去基线结果数据及由其绘制的线图如图 8-21 所示。

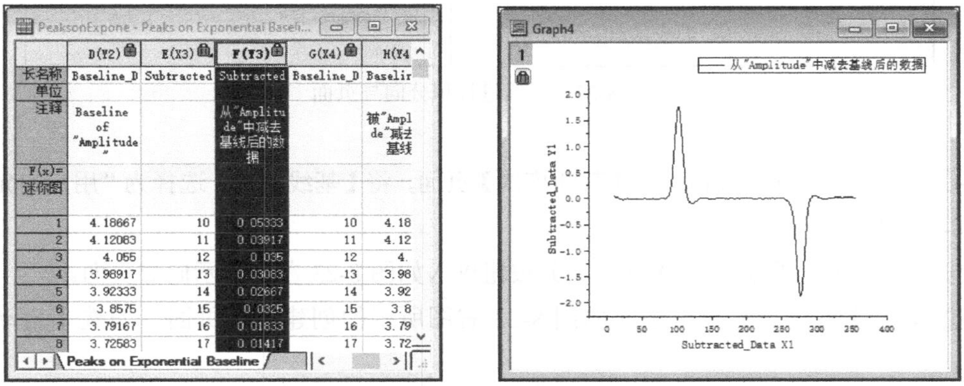

图 8-21 减去基线结果

8.2.4 对峰进行积分

示例数据准备与创建基线相同。使用示例数据对峰进行积分的操作步骤如下。

① 选中拟扣除基线的数据列或单击绘图窗口的标题栏将其设置为当前窗口。

② 单击菜单命令【分析→峰值及基线→峰值分析→打开对话框】。

③ 在打开的【峰值分析】对话框中将向导目标选择为“对峰进行积分”，如图 8-22 左图所示。

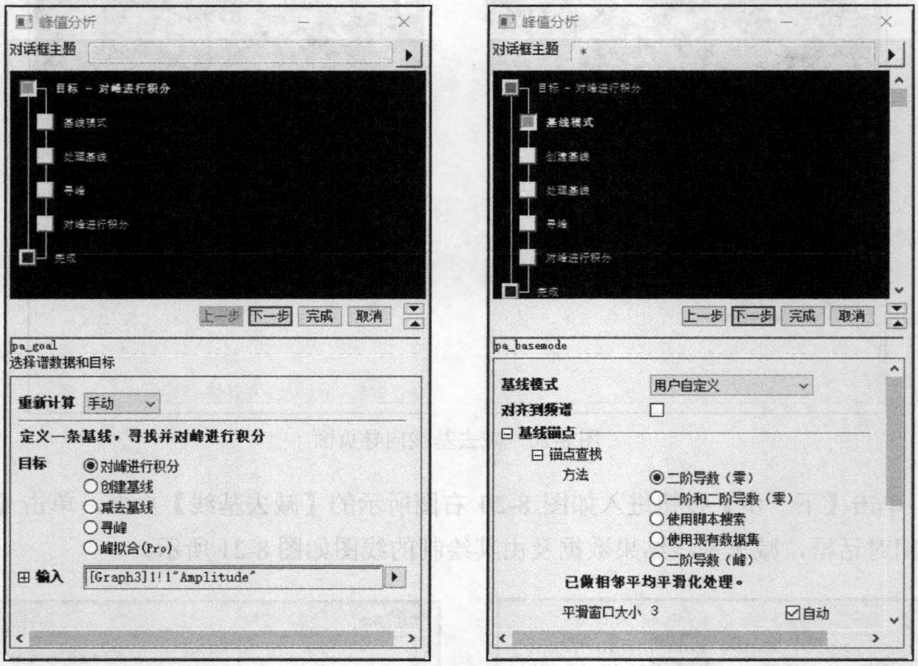

图 8-22　对峰进行积分向导页面

④ 单击【下一步】按钮进入【基线模式】页面，将【基线模式】选择为“用户自定义”，如图 8-22 右图所示。

⑤ 接受默认设置并单击【下一步】按钮进入如图 8-23 左图所示向导页面。

⑥ 单击【下一步】按钮进入如图 8-23 右图所示的创建基线页面，勾选【自动减去基线】。

⑦ 单击【下一步】按钮进入如图 8-24 左图所示的处理基线页面，保持默认设置。

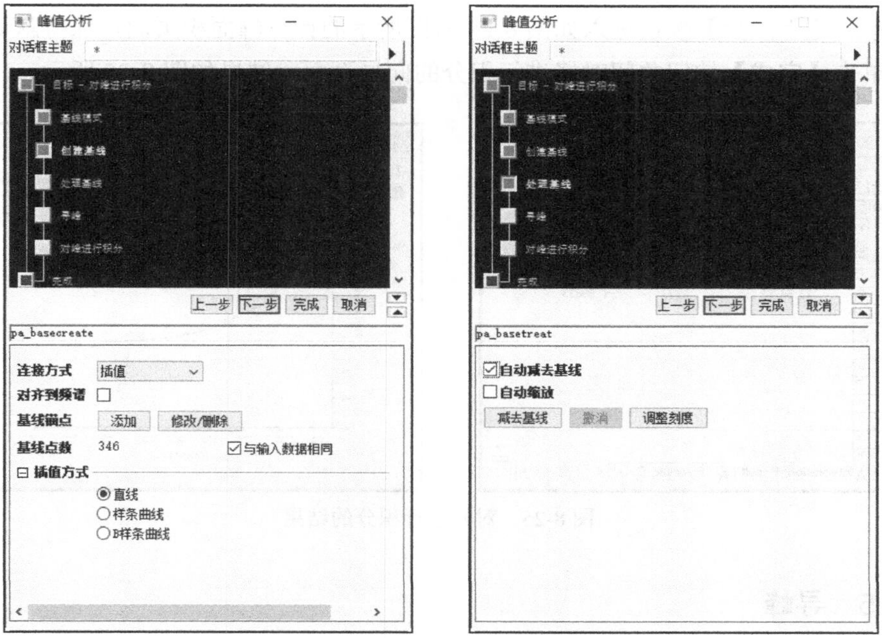

图 8-23　对峰进行积分的向导页面

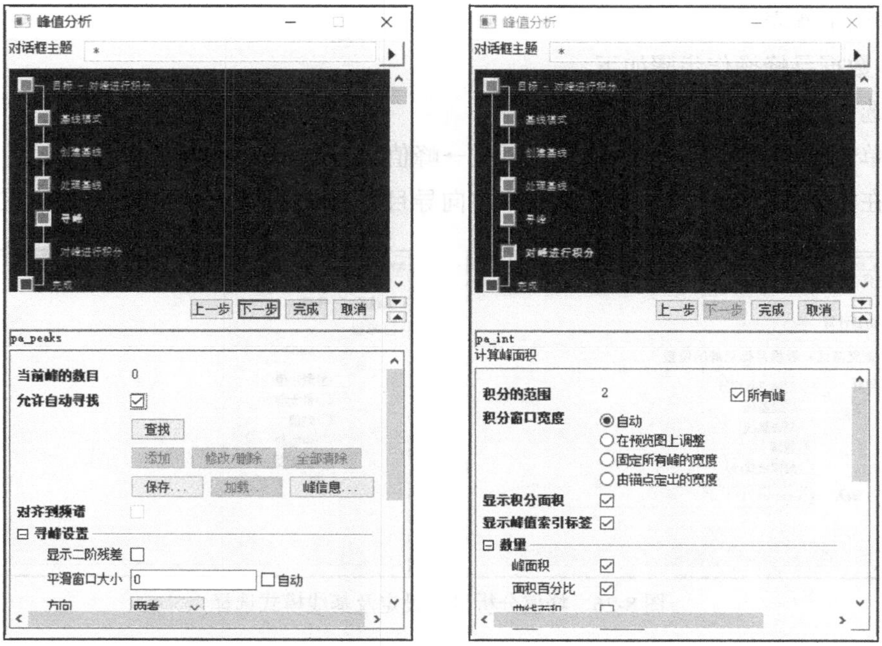

图 8-24　对峰进行积分的向导页面

⑧ 单击【下一步】按钮进入如图 8-24 右图所示的计算峰面积页面，保持默认设置。

⑨ 单击【完成】按钮关闭对峰进行积分的向导页面，结果如图 8-25 所示。

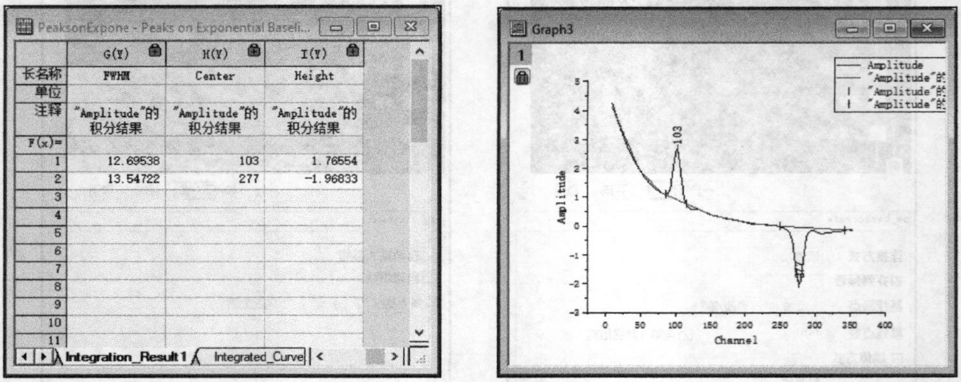

图 8-25　对峰进行积分的结果

8.2.5　寻峰

示例数据准备：导入<Origin 程序文件夹>\Samples\Spectroscopy\Hidden Peaks.dat 文件中的数据到工作表。

示例数据寻峰操作步骤如下。

① 选中拟寻峰的数据列。

② 单击菜单命令【分析→峰值及基线→峰值分析→打开对话框】。

③ 在打开的【峰值分析】对话框中将向导目标选择为“寻峰”，如图 8-26 左图所示。

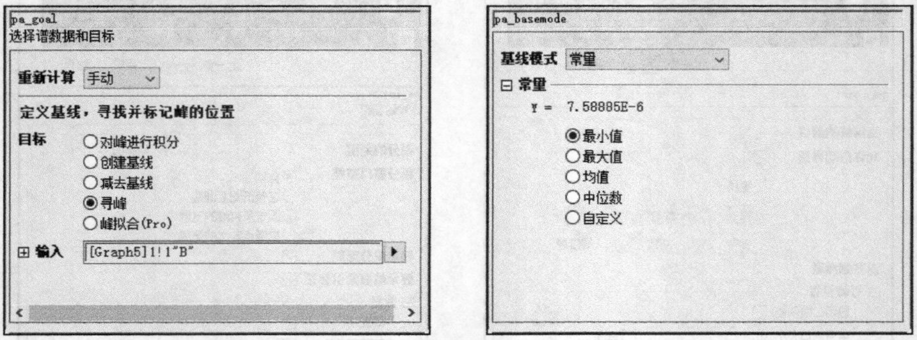

图 8-26　峰值分析目标设定及基线模式选择

④ 单击【下一步】按钮进入如图 8-26 右图所示的【基线模式】页面，根据数据特征

选择为“常量”，其他参数保持默认设置。

⑤ 单击【下一步】按钮进入如图 8-27 左图所示的【处理基线】页面，勾选【自动减去基线】复选框。

⑥ 单击【下一步】按钮进入如图 8-27 右图所示的【寻峰】页面；单击【查找】按钮，寻峰结果如图 8-28 所示（可以发现，隐峰并没有被找到）。

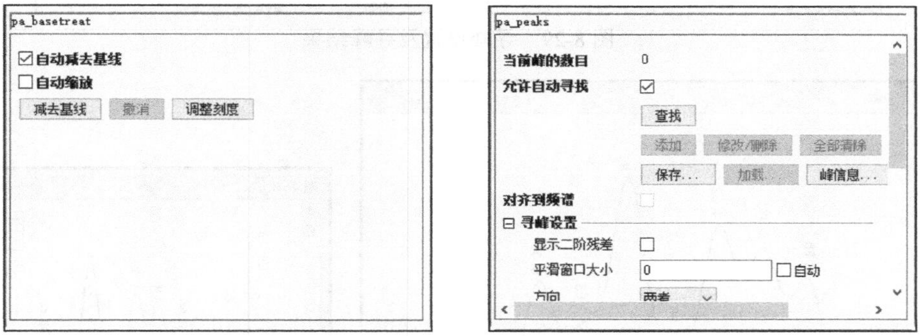

图 8-27 减去基线及寻峰的页面

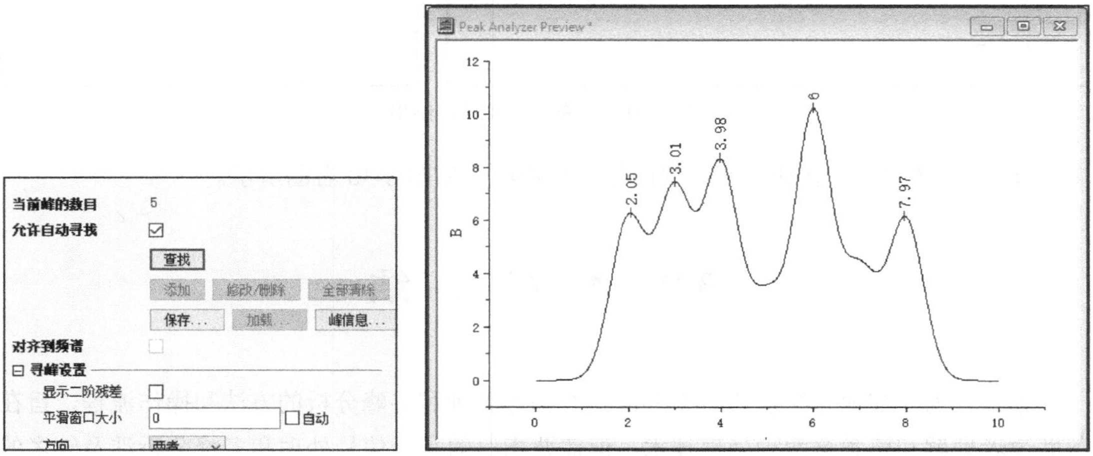

图 8-28 寻峰结果及寻峰预览

⑦ 滚动到【寻峰设置】位置将方法设置为“二阶导数（搜索隐藏峰）”，如图 8-29 左图所示。

⑧ 滚动到【当前峰的数目】位置并单击【查找】按钮，寻找到 7 个峰（如图 8-29 右图），此时寻峰预览如图 8-30 左图所示（可以发现，自动找到 2 个隐峰）。

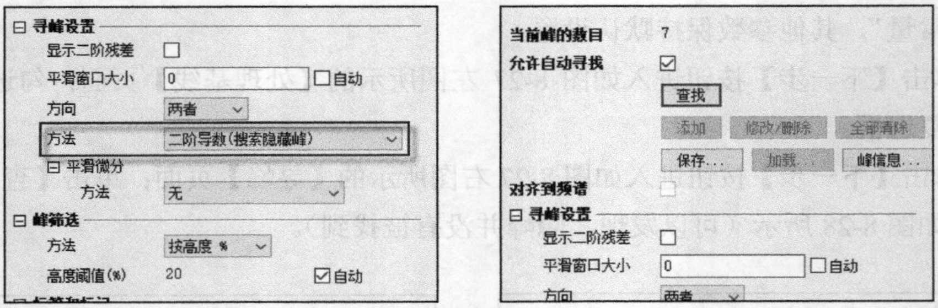

图 8-29　寻峰设置及寻峰结果

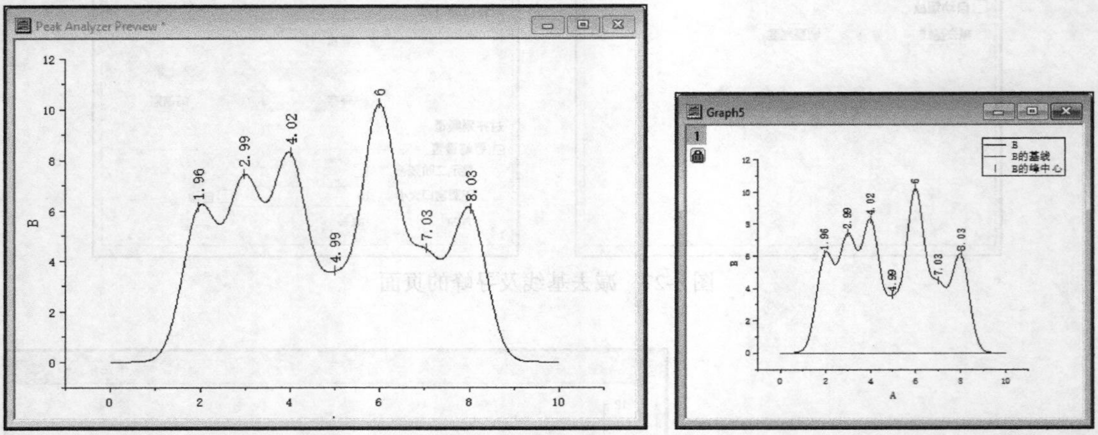

图 8-30　寻峰预览及寻峰结果

⑨ 单击【完成】按钮关闭寻峰向导，寻峰结果如图 8-30 右图所示。

8.3　本 章 小 结

本章较为详细地介绍了使用 Origin 进行信号处理和多峰分析的方法和操作流程，旨在帮助读者理解和熟悉这两种处理技术。但需要指出的是，信号处理和多峰分析涉及较多的专业知识，读者在对照练习之余应该阅读一些相关的背景知识，以便能更快地熟悉和掌握这些技术的应用。

第 9 章　数据和图形输出

本章学习目标

- ■ 熟悉并掌握导出数据为 ASCII、Excel 文件的方法
- ■ 熟悉并掌握导出图为图像、图形文件的方法
- ■ 熟悉并掌握复制数据、绘图到其他应用程序的方法

9.1　数 据 输 出

9.1.1　将数据导出为 ASCII 文件

示例数据准备：导入<Origin 程序文件夹>\Samples\Graphing\AXES.dat 文件数据。将数据导出为 ASCII 文件，操作步骤如下。

① 单击 AXES 工作表的标签。

② 选中要输出的数据（如果要全部输出，则该步骤可省略）。

③ 单击菜单命令【文件→导出→ASCII(A)】，如图 9-1 所示。

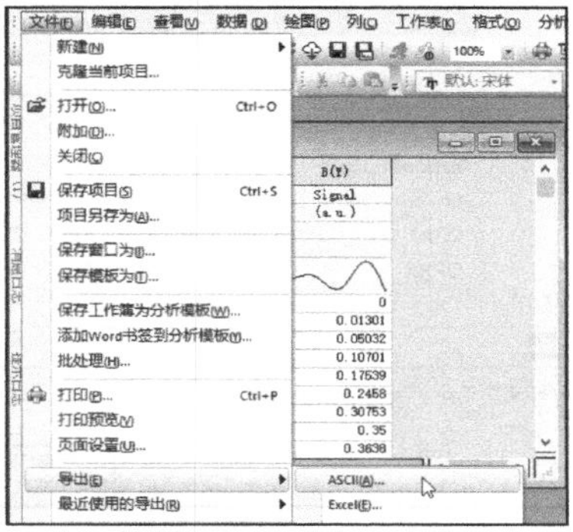

图 9-1　将数据导出为 ASCII 文件

④ 在打开的【ASCIIEXP】对话框中设置保存位置和文件名，如图 9-2 所示，然后单击【保存】按钮。

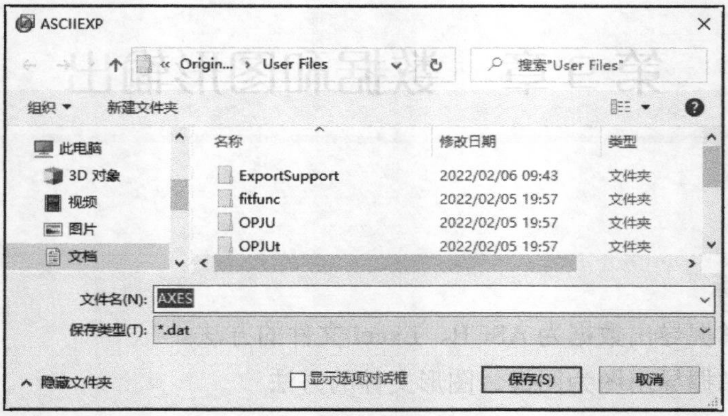

图 9-2 【ASCIIEXP】对话框

9.1.2　将数据导出为 Excel 文件

示例数据准备：导入<Origin 程序文件夹>\Samples\Graphing\AXES.dat 文件数据。将数据导出为 Excel 文件，操作步骤如下。

① 单击 AXES 工作表的标签。

② 选中要输出的数据（如果要全部输出，则该步骤可省略）。

③ 单击菜单命令【文件→输出→Excel(E)】。

④ 在打开的【Excel】对话框中设置拟保存的文件名及位置，如图 9-3 所示。

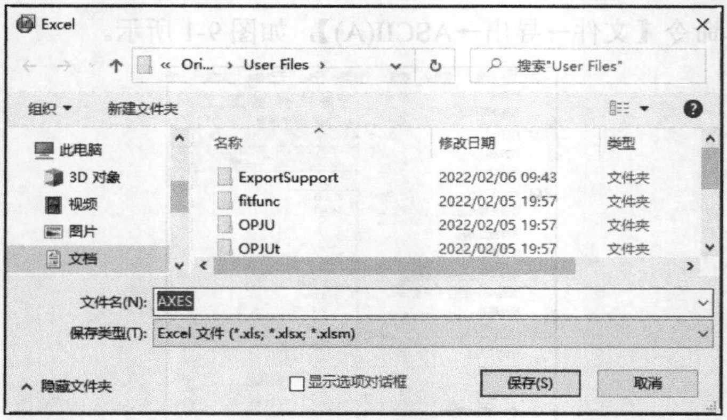

图 9-3 【Excel】对话框

⑤ 单击【保存】按钮将数据输出为 Excel 文件。

9.1.3 复制数据到其他应用程序

复制数据到其他应用程序的操作步骤如下。

① 选中要复制的数据。

② 单击菜单命令【编辑→复制】，如图 9-4 所示。

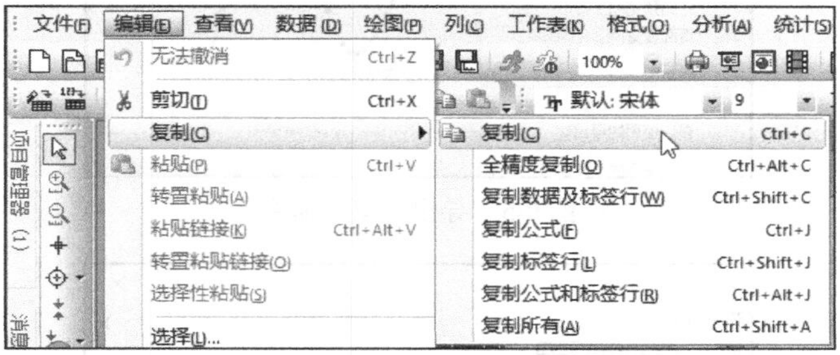

图 9-4 复数数据菜单命令

③ 打开其他应用程序并执行粘贴（Paste）操作。

9.2 图形输出

9.2.1 导出图为常规图像文件

示例数据准备：导入<Origin 程序文件夹>\Samples\Graphing\AXES.dat 文件数据，然后选中 B 列并绘制点线图。

导出图为常规图像文件，操作步骤如下。

① 单击拟导出图形窗口的标题栏将其设置为活动窗口。

② 单击菜单命令【文件→导出图→打开对话框】，如图 9-5 所示。

③ 在打开的【导出图: expG2img】对话框中选择输出生成的图像类型、文件名、保存路径等，如图 9-6 所示。

④ 单击【确定】按钮完成图像输出。

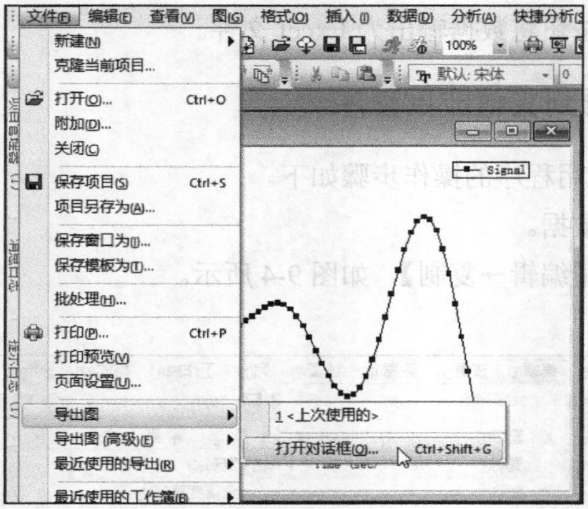

图 9-5 导出图菜单命令

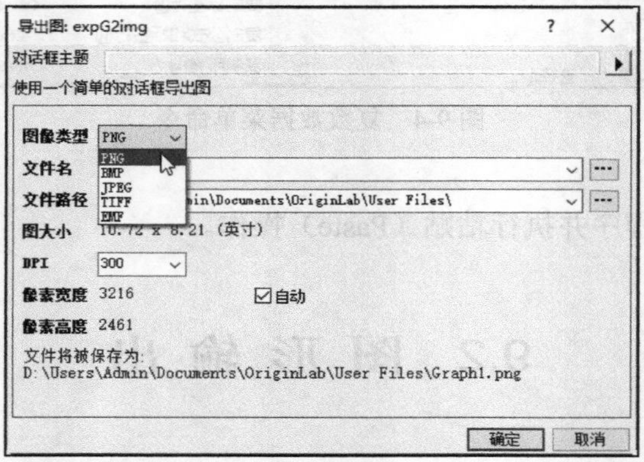

图 9-6 【导出图: expG2img】对话框

9.2.2 导出图为高级图像/图形文件

示例数据准备：导入<Origin 程序文件夹>\Samples\Graphing\AXES.dat 文件数据，然后选中 B 列并绘制点线图。

导出图为高级图像/图形文件的操作步骤如下。

① 单击拟导出图形窗口的标题栏将其设置为活动窗口。

② 单击菜单命令【文件→导出图(高级)】。

③ 在打开的【导出图(高级): expGraph】对话框中选择输出生成的图像/图形类型、文件名、保存路径等，如图 9-7 所示。

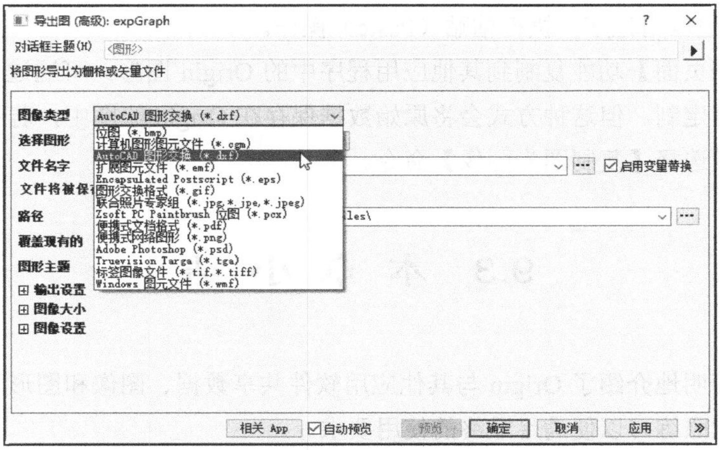

图 9-7 【导出图(高级): expGraph】对话框

④ 单击【确定】按钮完成图形输出。

本示例选择导出为 AutoCAD 文件格式，在这种文件格式中绘图以矢量图形式存储，可供多种绘图程序如 AutoCAD、Adobe Illustrator、Microsoft Visio 等以矢量图格式使用。

9.2.3 复制图形到其他应用程序

复制图形到其他应用程序的操作步骤如下。

① 单击拟复制图形窗口的标题栏将其设置为活动窗口。

② 单击菜单命令【编辑→复制页面】，如图 9-8 所示。

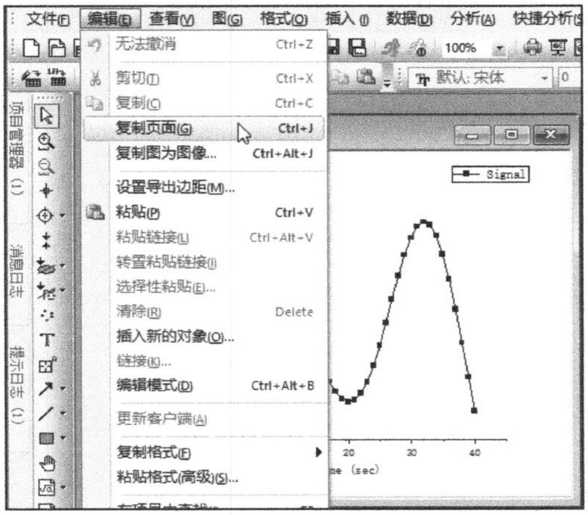

图 9-8 复制图形菜单命令

③ 打开其他应用程序并执行粘贴（Paste）操作。

通过【复制页面】功能复制到其他应用程序中的 Origin 图形，可通过双击打开 Origin 程序对其再进行定制。但这种方式会将原始数据保存在 Origin 绘图中，若不希望原始数据被再输出则可以选择【复制图为图像】命令。

9.3 本章小结

本章较为简明地介绍了 Origin 与其他应用软件共享数据、图像和图形的方法及操作步骤，方便读者对照练习以便满足最终的使用要求。

第 10 章　科技绘图及数据处理示例

本章学习目标

- 熟悉并掌握材料、化学专业中常见谱图的绘制方法
- 熟悉并掌握高分子、材料专业中常用的黏弹数据分析操作方法

10.1　波谱分析谱图

10.1.1　绘制红外光谱图

示例数据准备操作步骤如下。

① 单击拟导入数据的工作表标题栏将其设置为当前工作表。

② 单击菜单命令【数据→从文件导入→多个 ASCII 文件】，如图 10-1 所示。

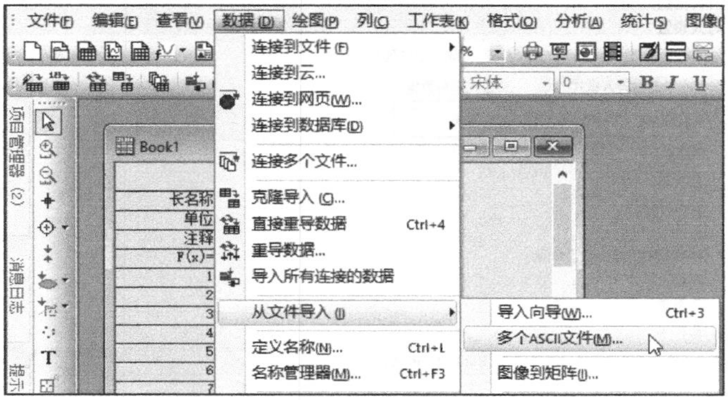

图 10-1　导入多个 ASCII 文件菜单命令

③ 在打开的【ASCII】对话框中通过【查找范围】找到并选中<Origin 程序文件夹>\Samples\

Spectroscopy\IR SPectra Ⅰ.dat 和 IR SPectra Ⅱ.dat 文件，如图 10-2 所示。

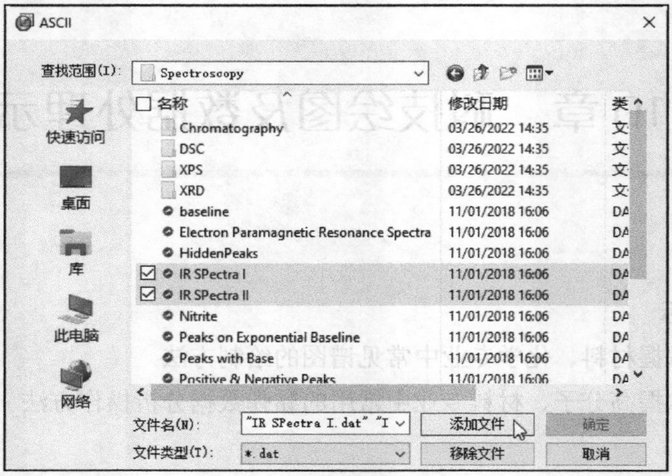

图 10-2　添加数据文件

④ 单击【添加文件】按钮后再点击【确定】按钮，然后在打开的【ASCII: impASC】对话框中将【多文件导入模式】设置为“新建表”，如图 10-3 所示。

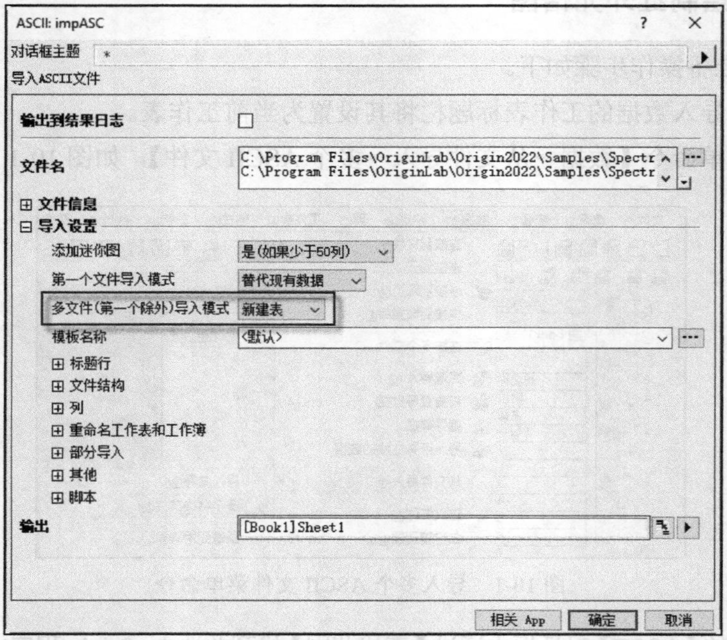

图 10-3　设置导入选项

⑤ 单击【确定】按钮关闭【ASCII: impASC】对话框，导入红外光谱数据结果如图 10-4 所示。

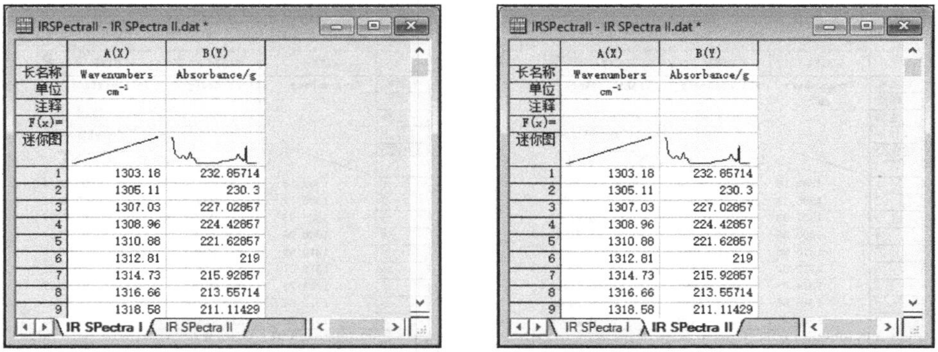

图 10-4　导入示例数据结果

⑥ 单击 “IR SPectra Ⅰ” 工作表的标签卡将其设置为当前工作表。

⑦ 单击常用工具栏中的【添加新列】图标，如图 10-5 所示。

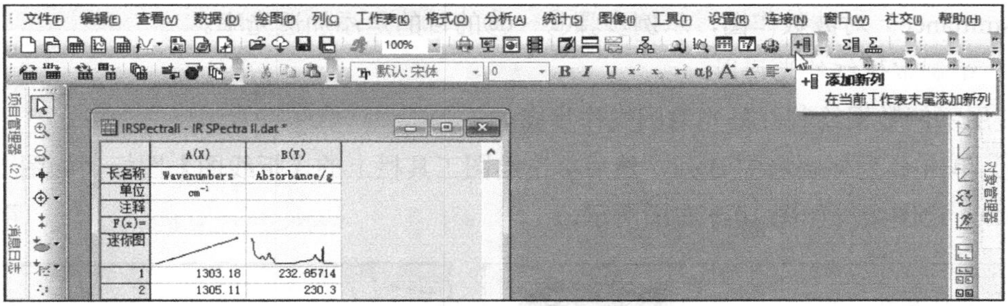

图 10-5　添加新列

⑧ 将新添加列的长名称设置为 “Transmittance”，然后单击新添加列的标题选中该列并单击菜单命令，如图 10-6 左图所示。

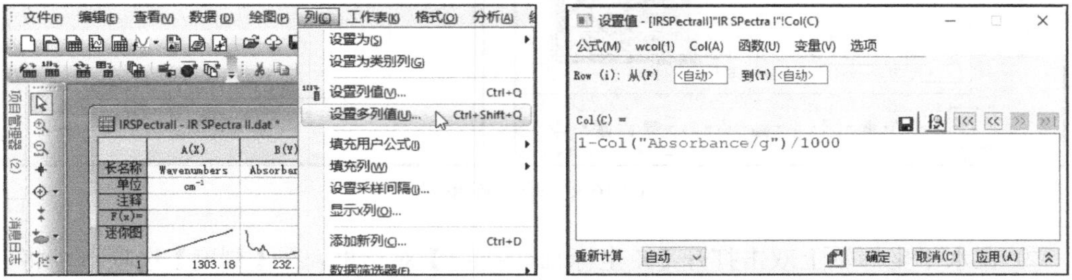

图 10-6　设置列值

⑨ 在【设置值】对话框中设置“Col(C)=1-Col(“Absorbance/g”)/1000”（如图 10-6 右图所示），然后单击【确定】按钮关闭【设置值】对话框，结果如图 10-7 左图所示。

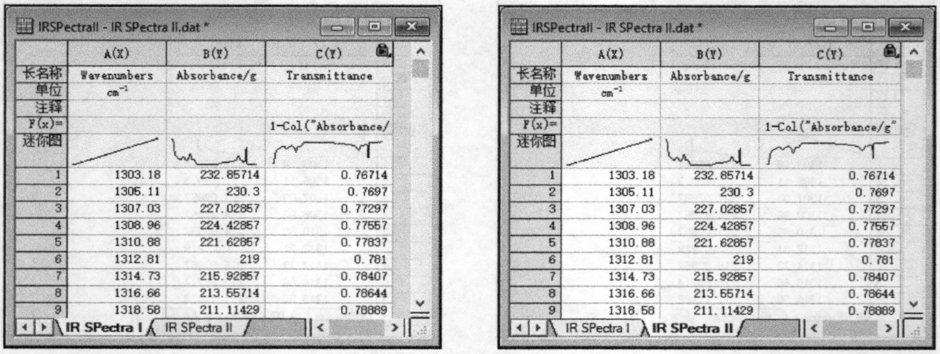

图 10-7　设置值结果

⑩ 单击工作表标题“IR SPectra Ⅱ”，重复步骤⑦～⑨，结果如图 10-7 右图所示。

注：红外图谱既可以使用吸光度（Absorbance）对波数作图，也可以使用透光率（Transmittance）对波数作图，示例步骤⑥～⑩的目的是添加透光率。

1. 绘制常规红外光谱图

使用示例数据绘制红外光谱图操作步骤如下。

① 单击 C 列标题选中 B 列，然后单击绘图工具栏上的【折线图】图标（如图 10-8 左图所示），绘图结果如图 10-8 右图所示。

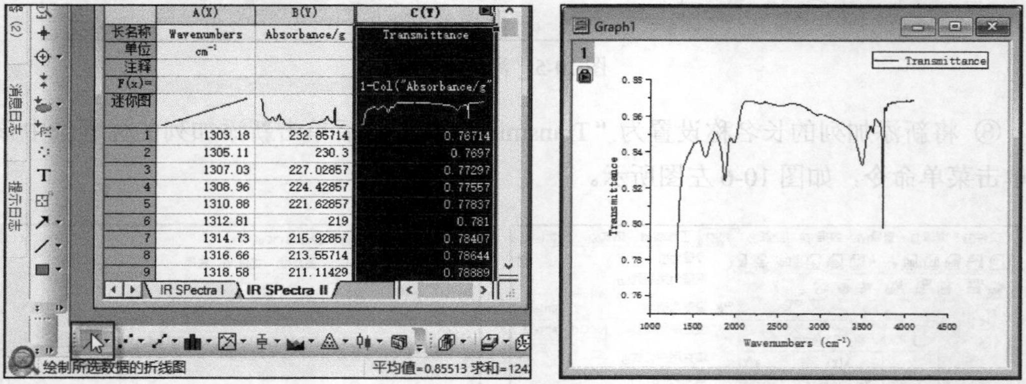

图 10-8　绘制折线图

② 在水平坐标轴上双击打开【X 坐标轴-图层 1】对话框，在【刻度】选项卡中将“起始”和“结束”分别设置为“4000”和“1200”（如图 10-9 左图所示），然后单击【确定】

按钮关闭对话框，结果如图 10-9 右图所示。

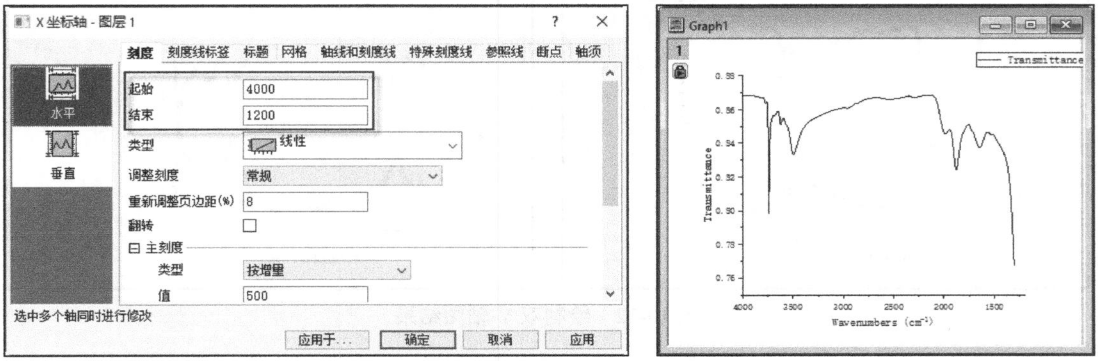

图 10-9 设置坐标轴刻度及设置结果

③ 单击菜单命令【查看→显示→框架】(如图 10-10 左图所示)，结果如图 10-10 右图所示。

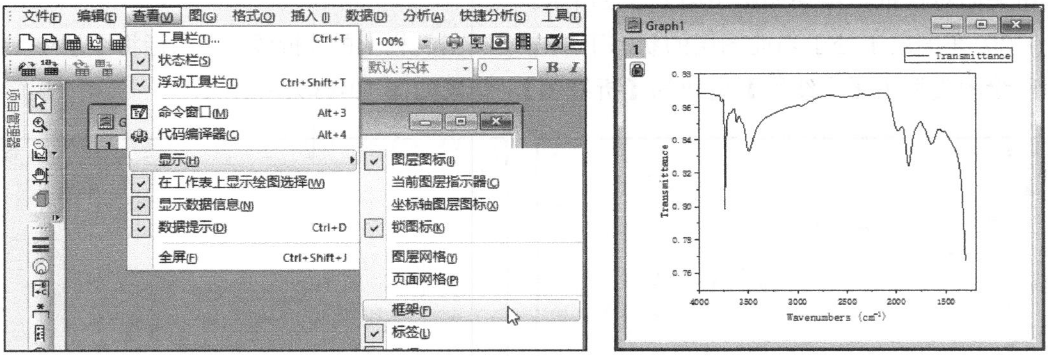

图 10-10 添加框架

2. 绘制双 Y 轴红外光谱图

使用示例数据绘制吸光度和透光率双 Y 轴图操作步骤如下。

① 单击 B、C 列标题选中两列，然后单击菜单命令【绘图→多面板/多轴→双 Y 轴图】(如图 10-11 所示)，绘图结果如图 10-12 左图所示。

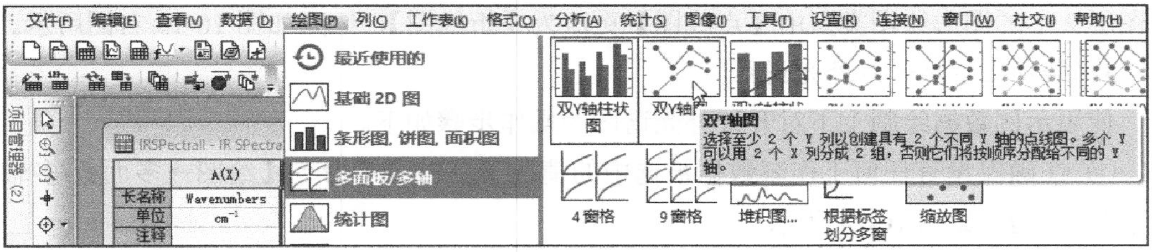

图 10-11 绘制双 Y 轴图菜单命令

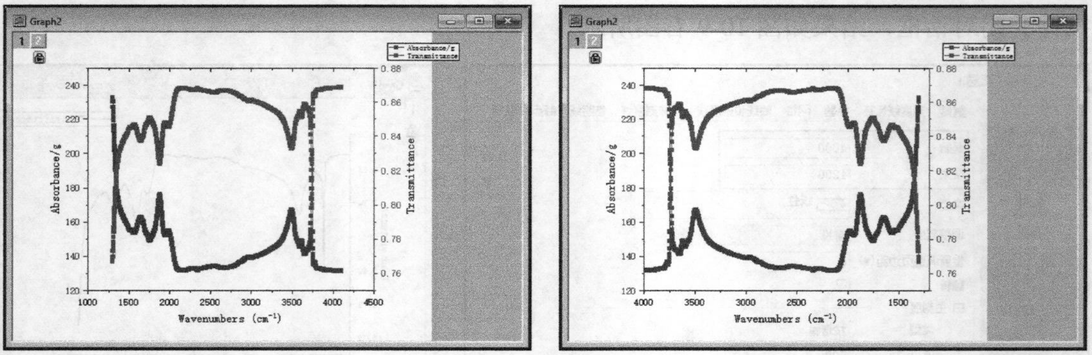

图 10-12 绘制双 Y 轴图结果

② 在水平坐标轴上双击打开【X 坐标轴-图层 1】对话框，在【刻度】选项卡中将“起始”和“结束”分别设置为“4000”和“1200”（如图 10-9 左图所示），然后单击【确定】按钮关闭对话框，结果如图 10-12 右图所示。

③ 在图层 1 处于当前图层的状态下单击绘图工具栏上的【折线图】图标将图层 1 上的图形绘图类型由【点线图】更改为【折线图】，结果如图 10-13 左图所示。

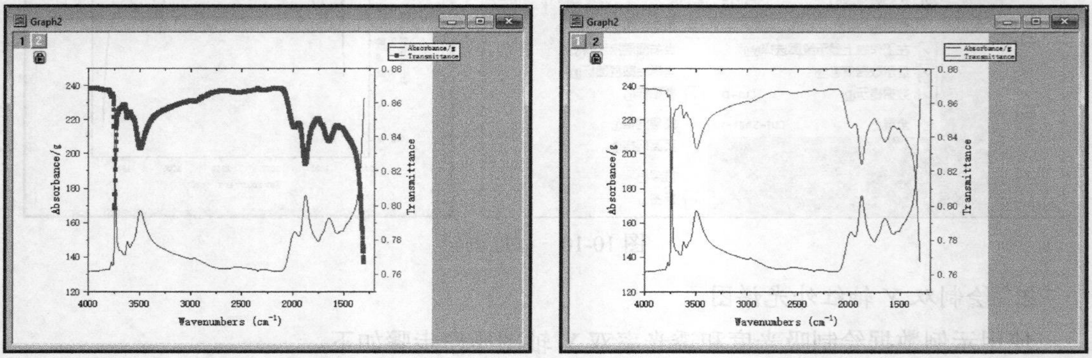

图 10-13 更改绘图类型

④ 单击图层 2 的图层编号将其设置为当前图层并单击绘图工具栏上的【折线图】图标，将图层 2 上的图形绘图类型由【点线图】更改为【折线图】，结果如图 10-13 右图所示。

3．绘制上下对开红外光谱图

使用示例数据绘制上下对开红外光谱图的操作步骤如下。

① 在确保没有任何工作表数据被选中的情况下单击菜单命令【绘图→多面板/多轴→上下对开图】，如图 10-14 所示。

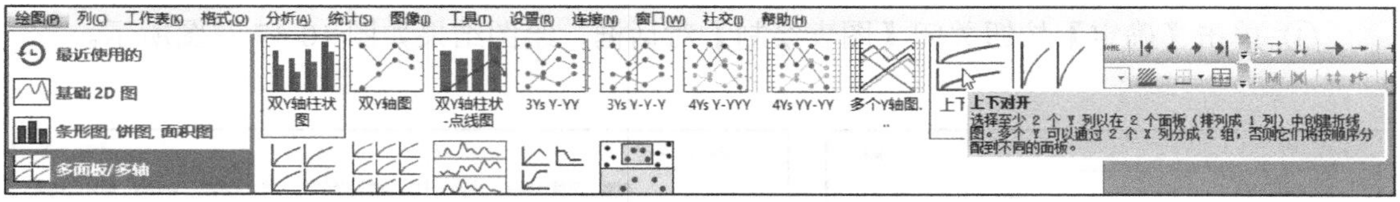

图 10-14　绘制上下对开图菜单命令

② 在打开的【图标绘制】对话框中的【可用数据】区选中“IR SPectra Ⅰ”工作表，然后在【绘图类型】区将 X、Y 绘图设定分别赋予 A、C 列并单击【添加】按钮，如图 10-15 所示。

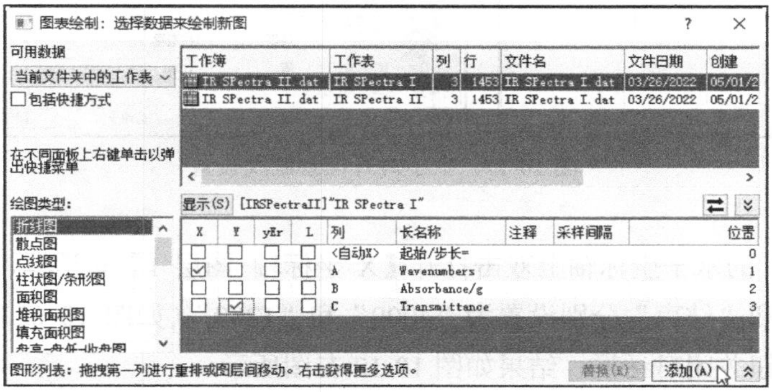

图 10-15　使用【图表绘制】添加绘图数据

③ 在【图形列表】区选中“图层 2”，在【可用数据】区选中“IR SPectra Ⅱ”工作表，然后在【绘图类型】区将 X、Y 绘图设定分别赋予 A、C 列并单击【添加】按钮，如图 10-16 所示。

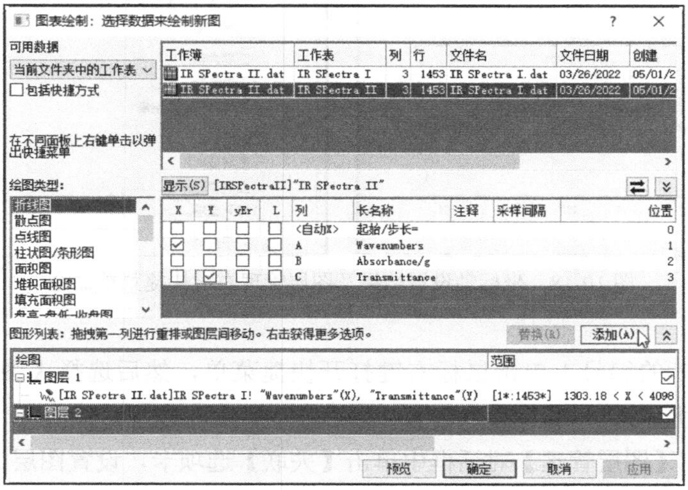

图 10-16　使用【图表绘制】添加绘图数据

④ 单击【确定】按钮关闭【图表绘制】对话框，绘图结果如图 10-17 左图所示。

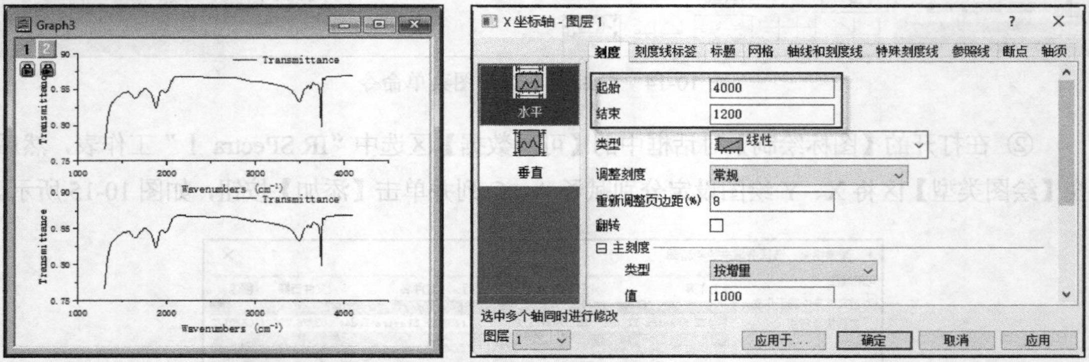

图 10-17　上下对开图绘制及设置

⑤ 在图层 1 的水平坐标轴上双击打开【X 坐标轴-图层 1】对话框，在【刻度】选项卡中将“起始”和“结束”分别设置为“4000”和“1200”（如图 10-17 右图所示），然后单击【确定】按钮关闭对话框，结果如图 10-18 左图所示。

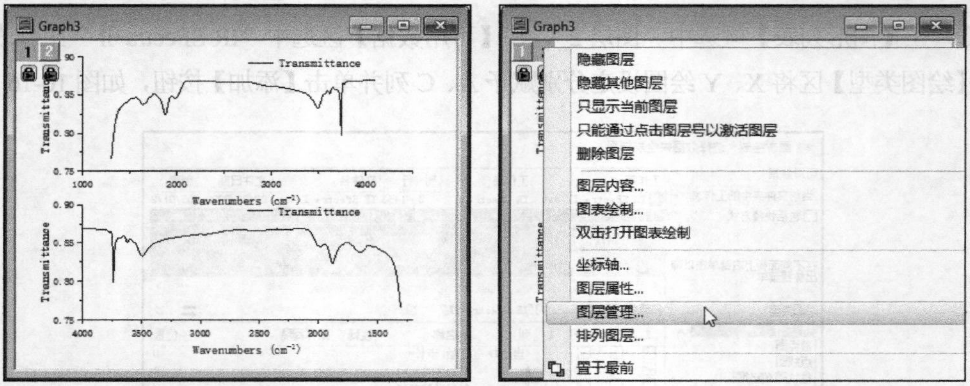

图 10-18　坐标轴设置结果及图层管理右键快捷菜单命令

⑥ 在图层 2 的编号上单击鼠标右键打开快捷菜单，然后选择【图层管理】命令，如图 10-18 右图所示。

⑦ 在打开的【图层管理】对话框中单击【关联】选项卡，设置图层 2 的 X 轴 1∶1 关联到图层的 X 轴，如图 10-19 所示。

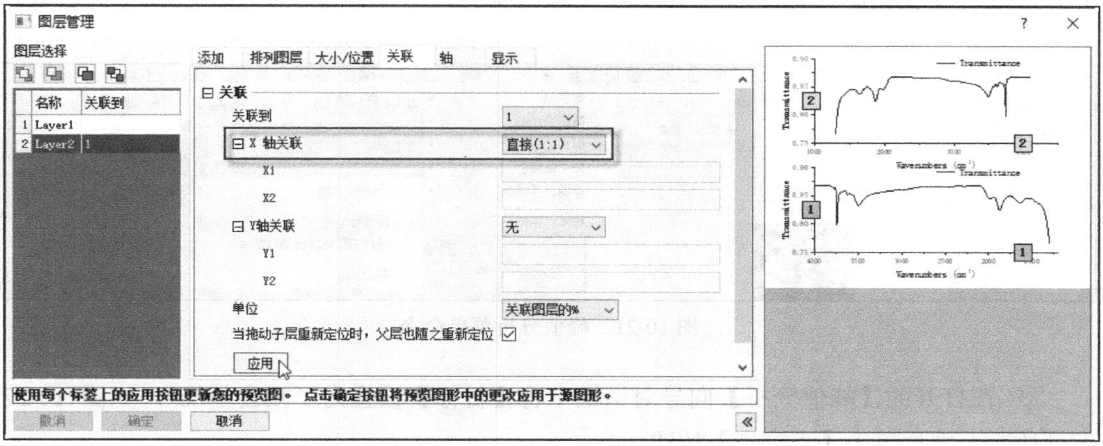

图 10-19 关联坐标轴

⑧ 单击【应用】按钮后再单击【确定】按钮关闭【图层管理】对话框，设置结果如图 10-20 所示。

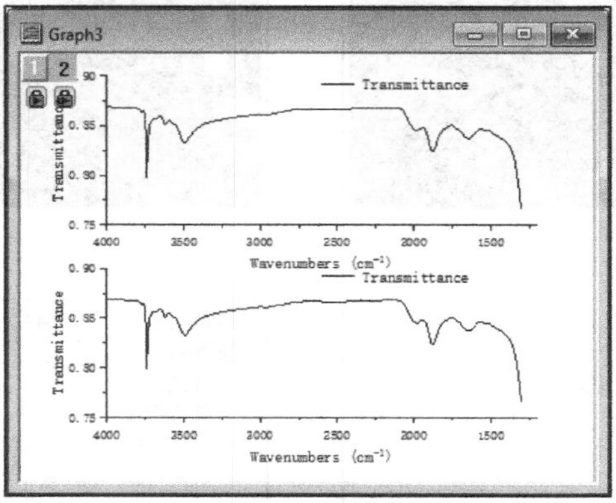

图 10-20 关联坐标轴结果

10.1.2 绘制拉曼散射谱图

示例数据准备操作步骤如下。

① 导入<Origin 程序文件夹>\Samples\Spectroscopy\Raman Baseline.dat 文件中的数据到工作表。

② 单击 B 列标题选中 B 列，然后单击菜单命令【分析→峰值及基线→峰值分析→打

开对话框】，如图 10-21 所示。

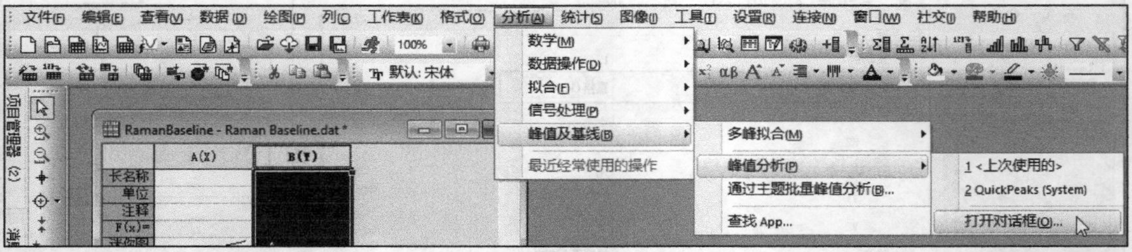

图 10-21　峰值分析菜单命令

③ 在打开的【峰值分析】向导对话框中将【目标】设置为“减去基线”，如图 10-22 左图所示，然后单击【下一步】按钮。

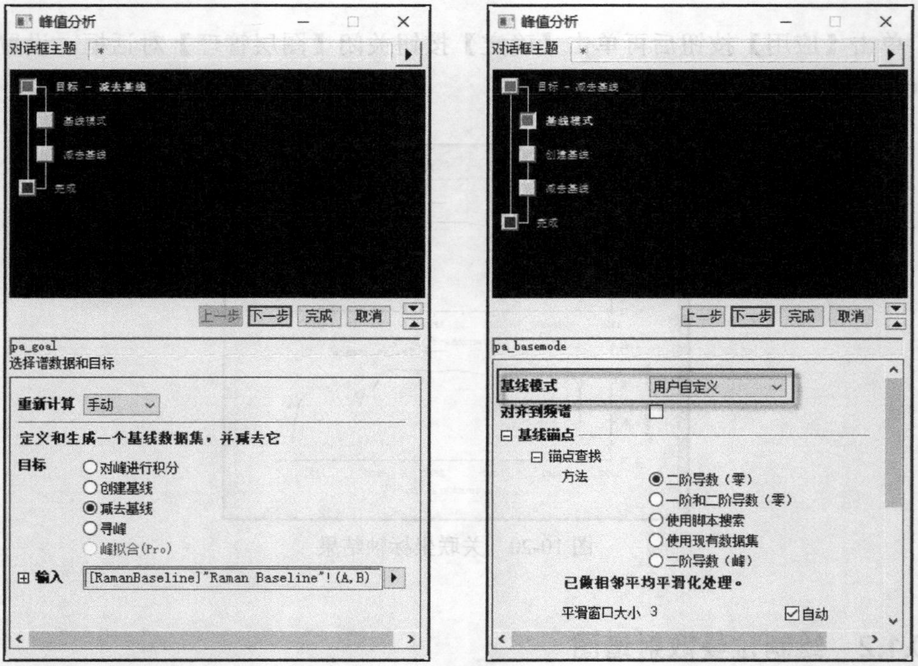

图 10-22　峰值分析向导

④ 将【基线模式】选择为“用户自定义”，如图 10-22 右图所示，然后单击【下一步】按钮。

⑤ 单击基线锚点选项中的【修改/删除】按钮，如图 10-23 所示。

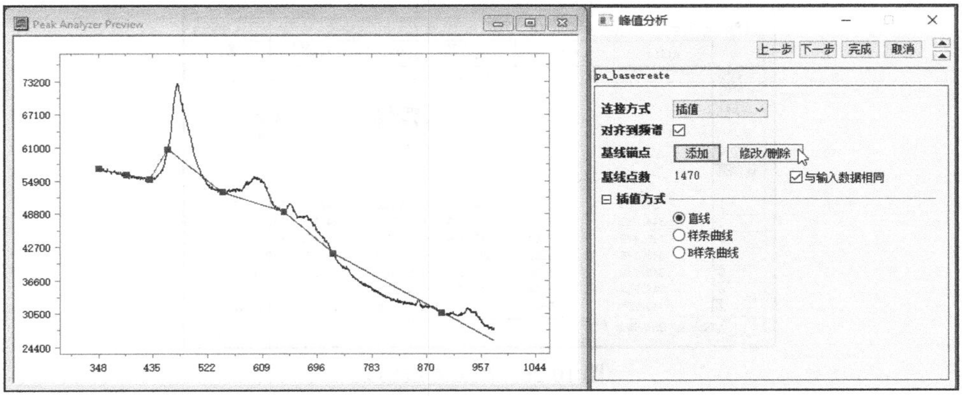

图 10-23 峰值分析向导

⑥ 在【Peak Analyzer Preview】窗口中修改基线锚点，如图 10-24 所示。

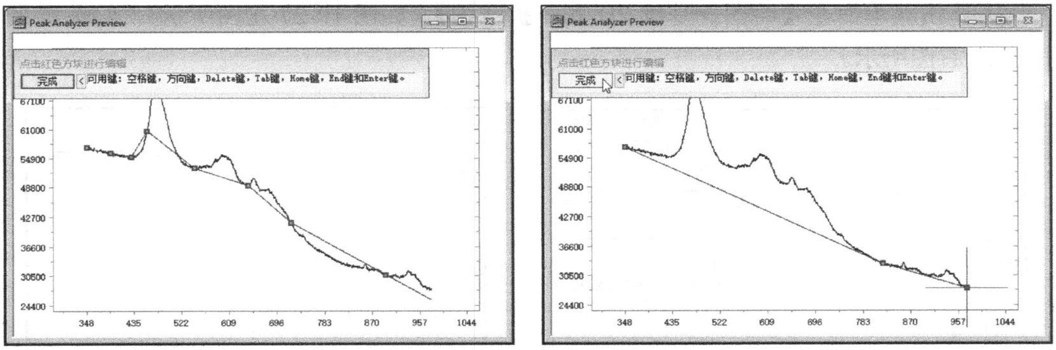

图 10-24 修改基线锚点

⑦ 单击【完成】按钮返回【峰值分析向导】并单击【下一步】按钮，如图 10-25 所示。

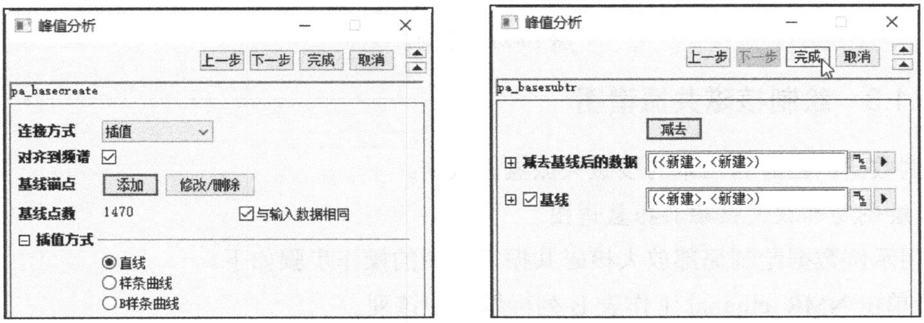

图 10-25 峰值分析向导

⑧ 最后单击【完成】按钮关闭【峰值分析向导】，减去基线结果如图 10-26 所示。

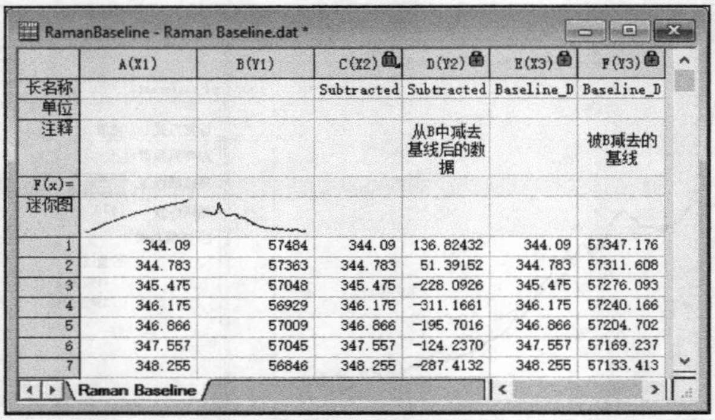

图 10-26 减去基线结果

使用示例数据绘制折线图的操作步骤如下。

① 单击 D 列标题选中该列。

② 单击菜单命令【绘图→基础 2D 图→折线图】(如图 10-27 左图所示),绘图结果如图 10-27 右图所示。

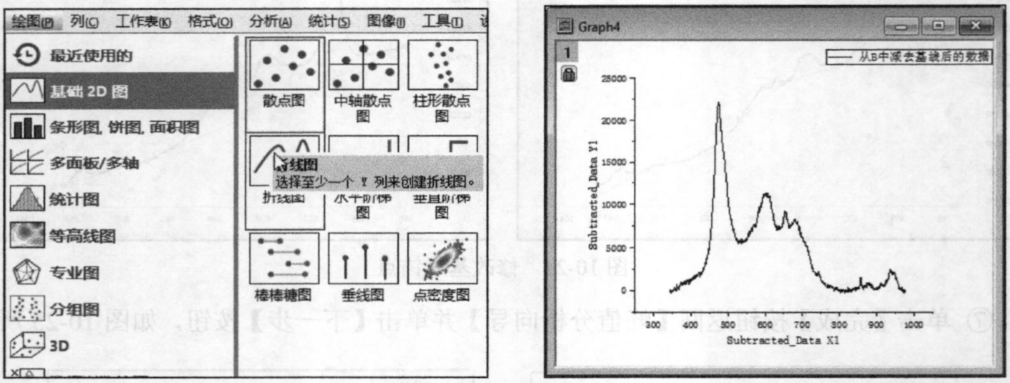

图 10-27 绘制折线图

10.1.3 绘制核磁共振谱图

示例数据:乙醇和乙苯的核磁共振氢谱数据。

1. 绘制局部放大核磁共振氢谱图

使用示例数据绘制局部放大核磁共振氢谱图的操作步骤如下。

① 单击 NMR_ethonal 工作表 B 列标题选中该列。

② 单击菜单命令【绘图→多面板/多轴→缩放图】(如图 10-28 所示),初步绘图结果如图 10-29 左图所示。

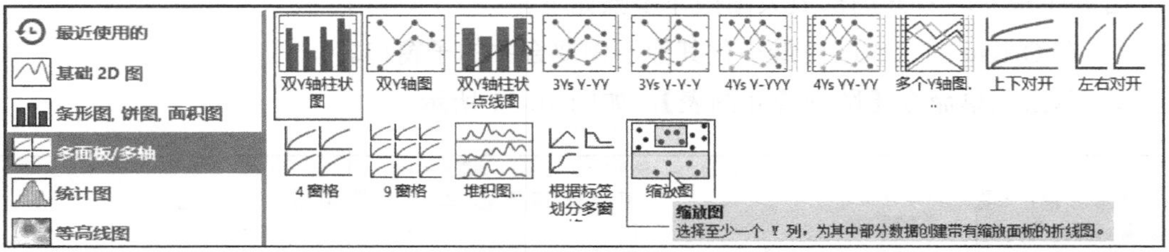

图 10-28 绘制缩放图菜单命令

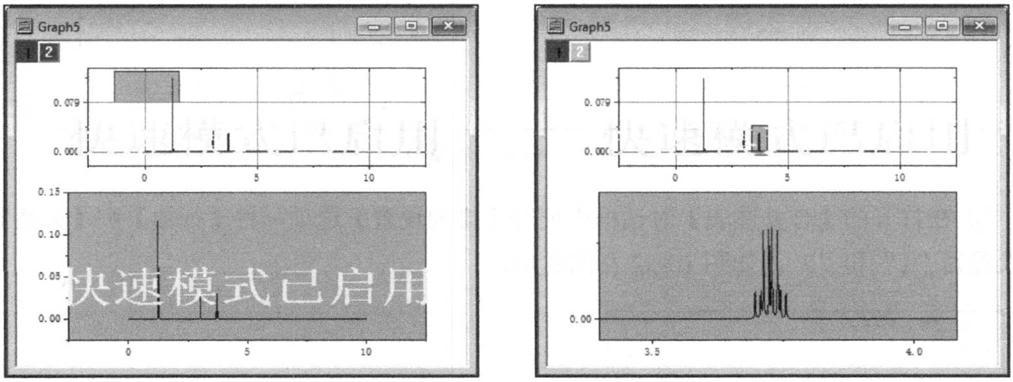

图 10-29 绘制的核磁共振氢谱图

③ 拖曳并改变图层 2 中的放大区域位置和大小，结果如图 10-29 右图所示。

2. 合并生成左右双开局部放大图

示例数据准备：仿照前例绘制 NMR_ethonal 和 NMR_ethylbenzene 两个工作表 B 列的局部放大图并调整好放大区域，结果如图 10-30 所示。

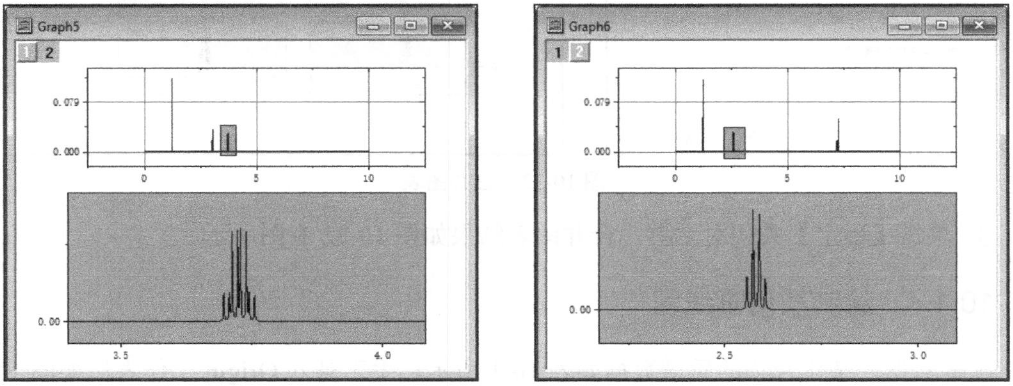

图 10-30 局部放大图

合并生成左右双开局部放大图操作步骤如下。

① 在 Origin 的工作区内最小化其他不需要合并的子窗口。

② 单击菜单命令【图→合并图表】，如图 10-31 所示。

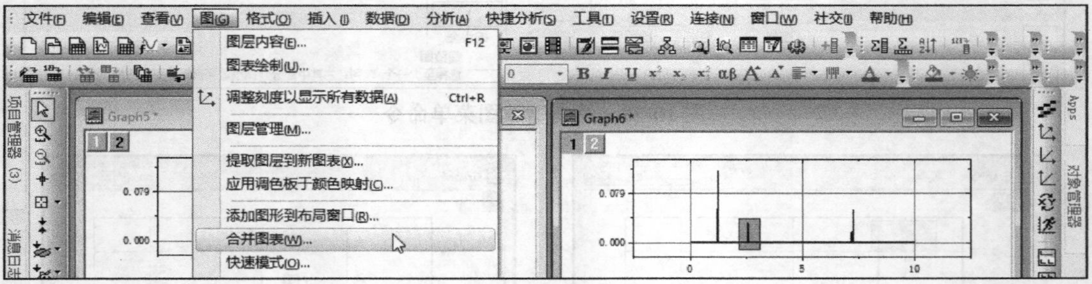

图 10-31　合并图表菜单命令

③ 在打开的【合并图表】对话框中展开【排列设置】选项，将【行数】和【列数】分别设置为“1”和“2”，如图 10-32 左图所示。

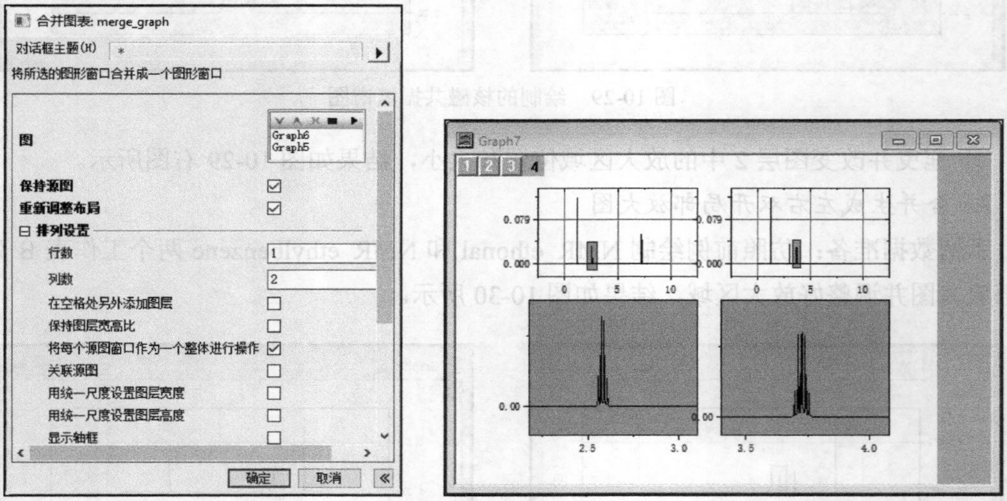

图 10-32　合并图表

④ 单击【确定】关闭对话框，合并图表结果如图 10-32 右图所示。

10.1.4　绘制质谱垂线图

示例数据：某化合物的质谱数据如表 10-1 所示，手工录入 Origin 工作表后如图 10-33 左图所示。

表 10-1 某化合物的质谱数据

m/z	14	15	28	29	30	43	44	45	46	47	60	61	62
relative abundance	0.7	33	56	0.65	0.11	100	2.2	26	0.31	0.1	62	1.48	0.26

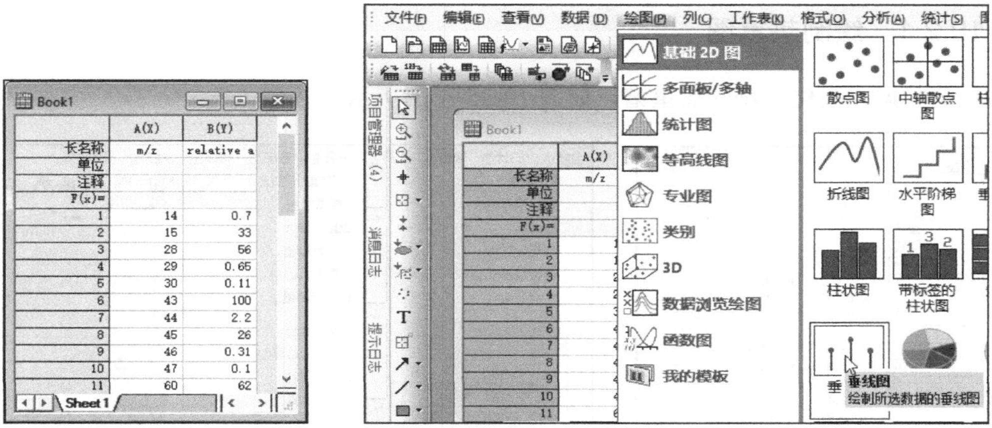

图 10-33 示例质谱数据和绘制垂线图菜单命令

示例数据绘制质谱垂线图操作步骤如下。

① 单击 B 列标题选中该列，然后单击菜单命令【绘图→基础 2D 图→垂线图】(如图 10-33 右图所示)，绘图结果如图 10-34 左图所示。

② 在数据点上单击激活迷你工具栏，然后将符号大小设置为 0(如图 10-34 右图所示)即可。

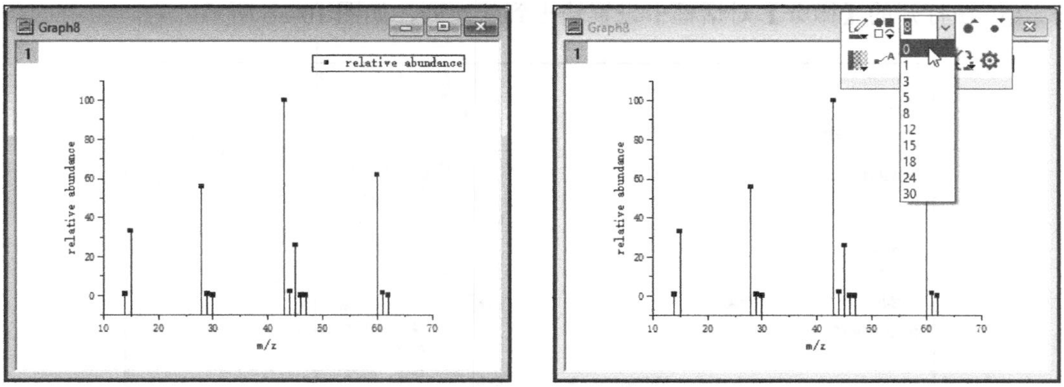

图 10-34 绘图结果

10.2　热分析数据图

10.2.1　绘制热重图

示例数据：某化合物的热重谱，如图 10-35 左图所示。

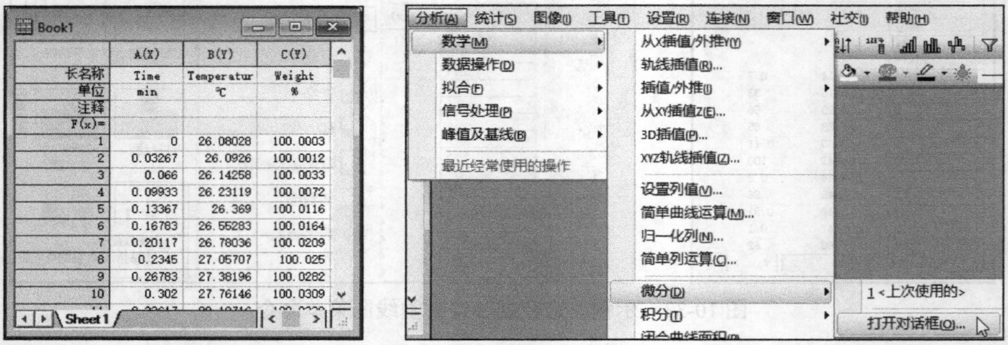

	A(X)	B(Y)	C(Y)
长名称	Time	Temperatur	Weight
单位	min	℃	%
注释			
F(x)=			
1	0	26.08028	100.0003
2	0.03267	26.0926	100.0012
3	0.066	26.14258	100.0033
4	0.09933	26.23119	100.0072
5	0.13367	26.369	100.0116
6	0.16783	26.55283	100.0164
7	0.20117	26.78036	100.0209
8	0.2345	27.05707	100.025
9	0.26783	27.38196	100.0282
10	0.302	27.76146	100.0309

图 10-35　示例数据及微分分析菜单命令

示例数据处理及绘图操作步骤如下。

① 单击示例数据所在工作簿的窗口标题栏将该工作簿设置为当前窗口。

② 单击 C 列标题选中该列，然后单击菜单命令【分析→数学→微分→打开对话框】，如图 10-35 右图所示。

③ 在打开的【微分】对话框中设置输出到新建列，如图 10-36 所示。

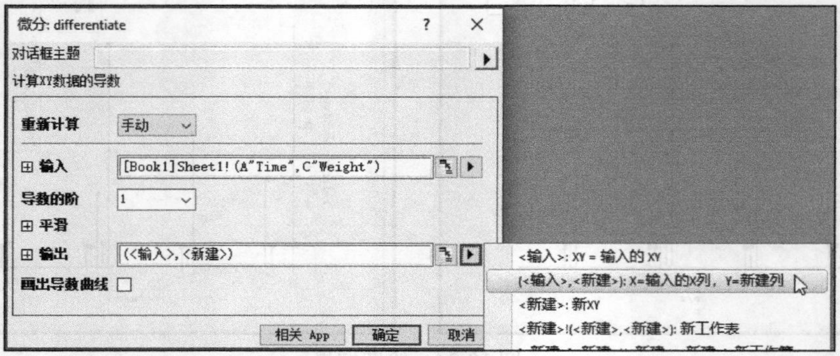

图 10-36　微分分析

④ 单击【确定】按钮关闭对话框，结果如图 10-37 所示。

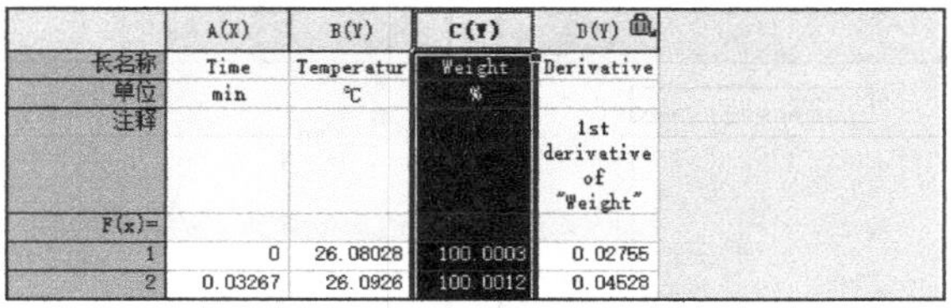

A(X)
B(Y)
C(Y)
D(Y)
长名称
单位
注释
F(x)=
Time
Temperatur
Weight
Derivative
min
℃
%
1st derivative of "Weight"
1
2
0
26.08028
100.0003
0.02755
0.03267
26.0926
100.0012
0.04528

图 10-37 微分结果

⑤ 在工作表的空白处单击取消数据选择，然后单击菜单命令【绘图→多面板/多轴→双 Y 轴图】，打开【图表绘制】对话框。

⑥ 在【绘图类型】区选择“折线图”并将 X 列和 Y 列设定分别赋予 B 列和 C 列，如图 10-38 所示，然后单击【添加】按钮。

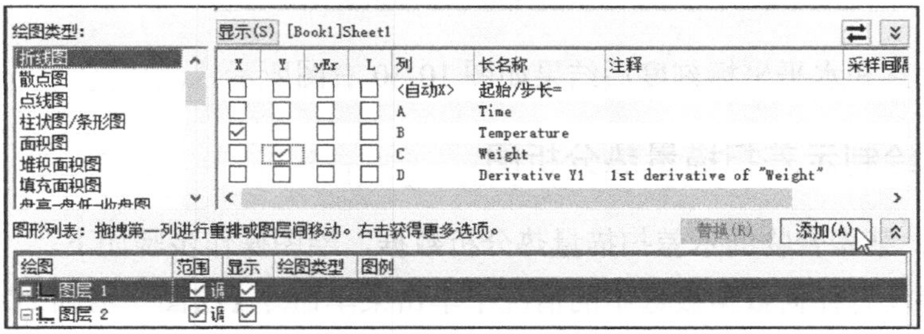

图 10-38 选择绘图类型和添加绘图数据

⑦ 在【图形列表】区单击图层 2 选中，然后在【绘图类型】区将 X 列、Y 列设定分别赋予 B、D 列并单击【添加】按钮，如图 10-39 所示。

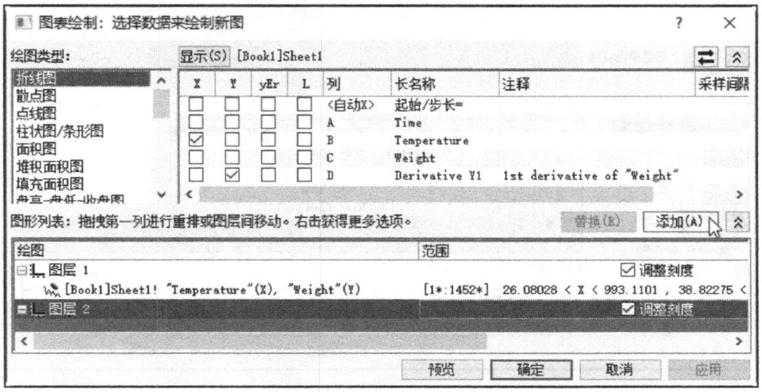

图 10-39 添加绘图数据

⑧ 单击【确定】按钮关闭【图表绘制】对话框，绘图结果如图 10-40 左图所示。

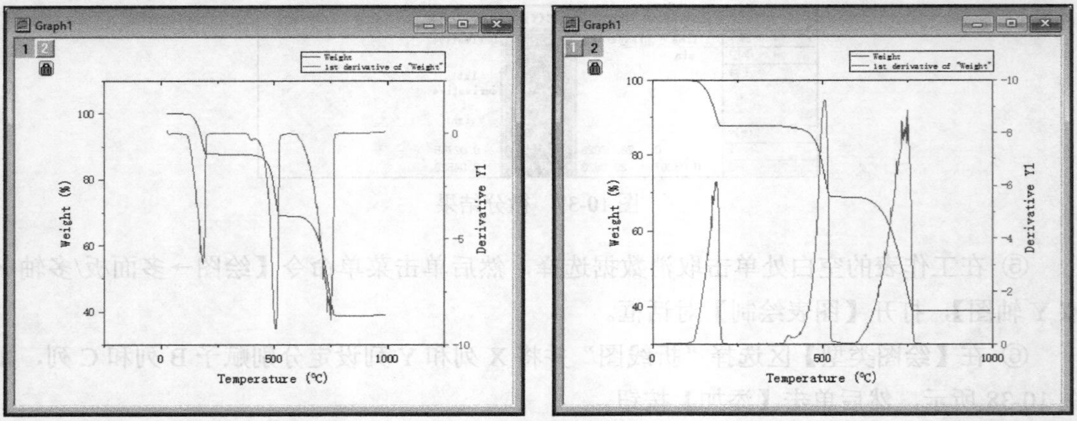

图 10-40　绘图结果

⑨ 设置垂直和水平坐标刻度后结果如图 10-40 右图所示。

10.2.2　绘制示差扫描量热分析图

示例数据：某聚合物的示差扫描量热分析数据。绘图操作步骤如下。

① 在确保没有任何数据被选中的情况下单击菜单命令【绘图→基础 2D→折线图】，打开【图表绘制】对话框。

② 在【绘图类型】区将 X 列、Y 列设定分别赋予 B 列、C 列，如图 10-41 所示。

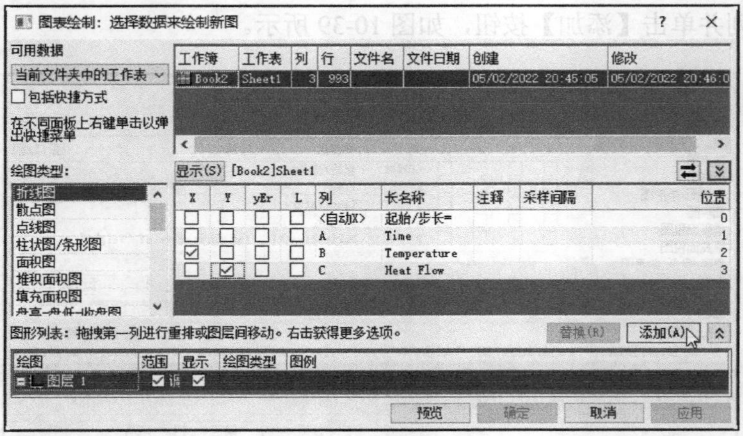

图 10-41　图表绘制

③ 单击【添加】按钮将数据添加到绘图列表，然后单击【确定】按钮关闭对话框，绘图结果如图 10-42 所示。

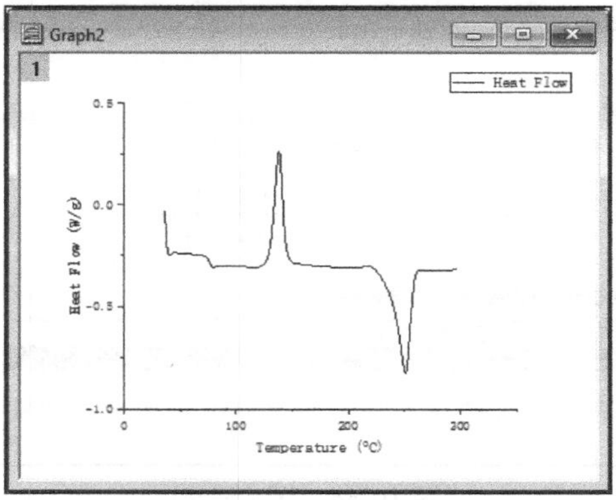

图 10-42 绘图结果

10.2.3 绘制动态力学分析数据

示例数据：某材料的动态小振幅振荡变温测试结果，如图 10-43 所示。

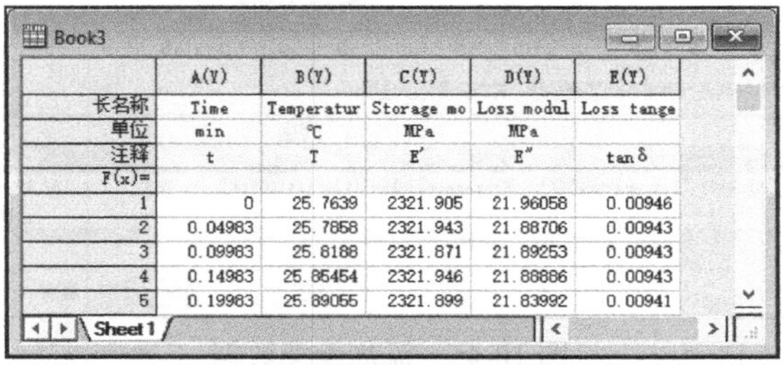

Book3

	A(Y)	B(Y)	C(Y)	D(Y)	E(Y)
长名称	Time	Temperatur	Storage mo	Loss modul	Loss tange
单位	min	℃	MPa	MPa	
注释	t	T	E′	E″	tanδ
F(x)=					
1	0	25.7639	2321.905	21.96058	0.00946
2	0.04983	25.7858	2321.943	21.88706	0.00943
3	0.09983	25.8188	2321.871	21.89253	0.00943
4	0.14983	25.85454	2321.946	21.88886	0.00943
5	0.19983	25.89055	2321.899	21.83992	0.00941

Sheet1

图 10-43 示例数据

使用示例数据绘制双 Y 轴图的操作步骤如下。

① 在确保没有任何数据被选中的情况下单击菜单命令【绘图→多面板/多轴→双 Y 轴图】，打开【图表绘制】对话框。

② 在【绘图类型】区选择“折线图”并将 X 列、Y 列设定分别赋予 B 列和 C 列，如图 10-44 所示，然后单击【添加】按钮。

③ 继续在【绘图类型】区将 X 列、Y 列设定分别赋予 B 列和 D 列，如图 10-45 所示，然后单击【添加】按钮。

④ 在【图形列表】区单击图层 2 选中，然后在【绘图类型】区将 X 列、Y 列设定分别赋予 B 列、D 列并单击【添加】按钮，如图 10-46 所示。

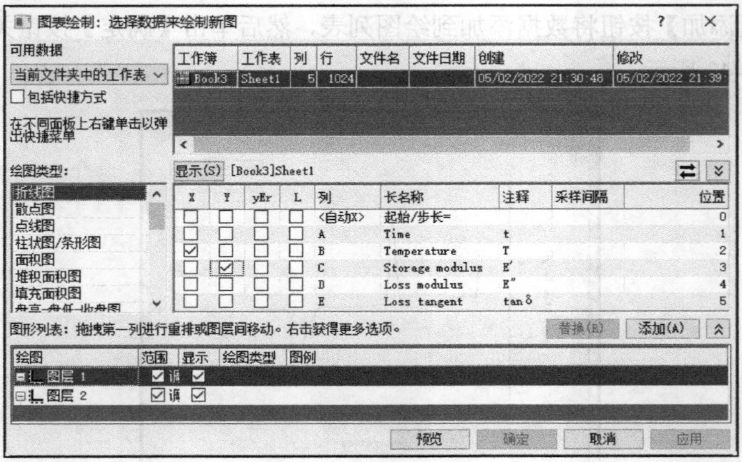

图 10-44 图表绘制

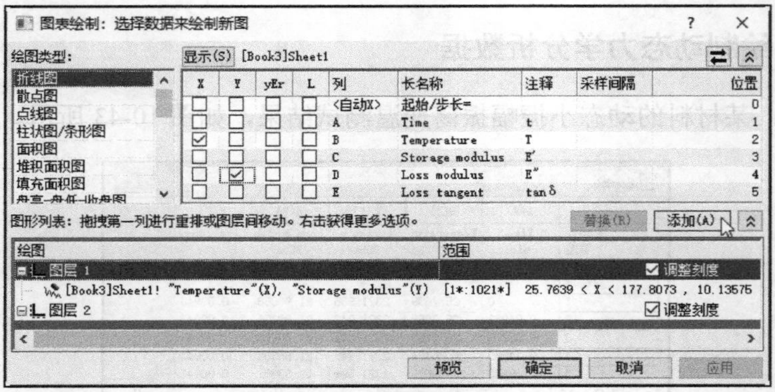

图 10-45 添加绘图数据

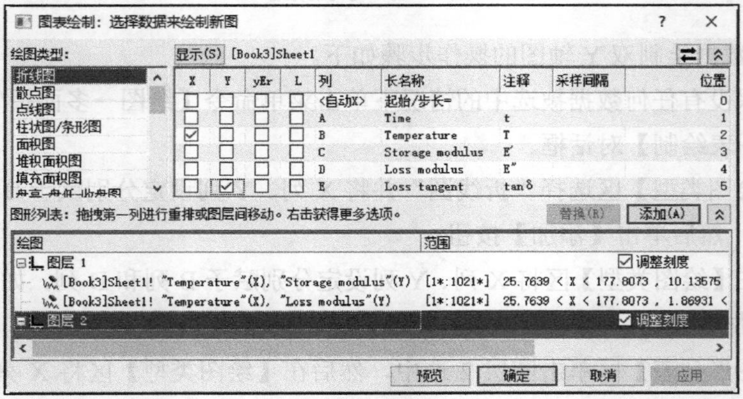

图 10-46 向图层 2 添加绘图数据

⑤ 单击【确定】按钮关闭【图表绘制】对话框，绘图结果如图 10-47 左图所示。

⑥ 依次定制图层 1 垂直坐标轴、坐标轴标题以及绘图图例等结果如图 10-47 右图所示。

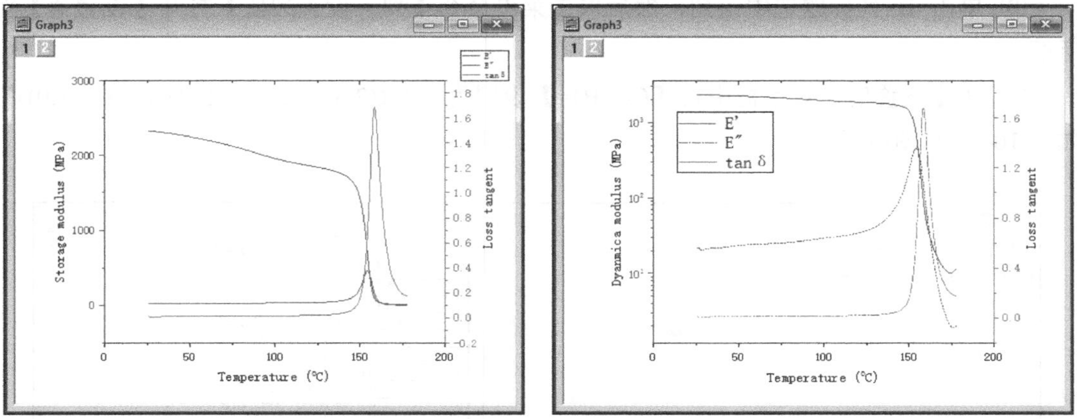

图 10-47 绘图结果

10.3 黏弹分析数据处理

10.3.1 流动曲线模型拟合

1. 示例数据构建

示例数据准备操作步骤如下。

① 在空白工作表的 A 列标题上单击选中该列，然后单击菜单命令【列→设置列值】，如图 10-48 左图所示。

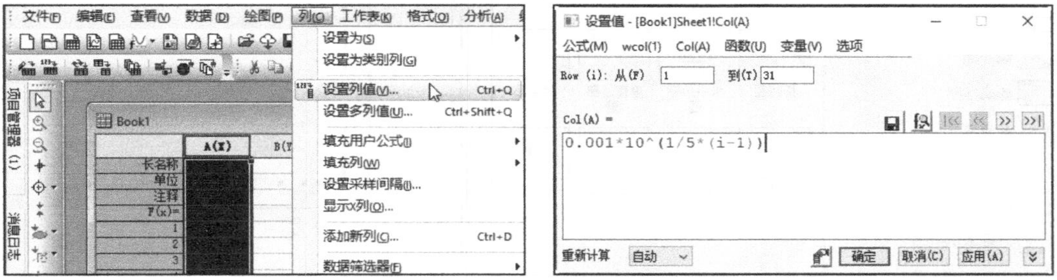

图 10-48 设置 A 列值

② 在打开的【设置值】对话框中，将【Row(*i*):】设置为“从 1 到 31”并将【Col(A)=】设置为“0.001*10^(1/5*(*i*−1))”，如图 10-48 右图所示，然后单击【确定】按钮关闭对话框。

③ 单击 B 列标题选中该列，然后单击菜单命令【列→设置列值】打开【设置值】对话框。

④ 在【设置值】对话框中将【Col(B)=】设置为“2+((2000−2)/(1+(10*Col(A))^1.0))”，如图 10-49 左图所示。

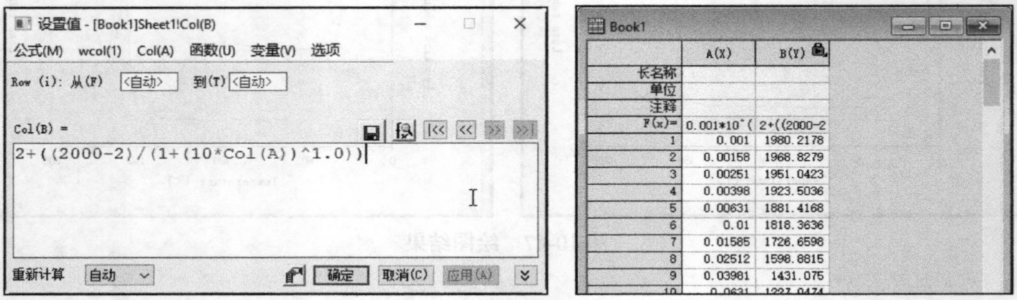

图 10-49　设置列值及其结果

⑤ 单击【确定】按钮关闭对话框，设置列值结果如图 10-49 右图所示。

2. 示例数据绘图

使用示例数据绘图和操作步骤如下。

① 单击 B 列标题选中该列，然后单击菜单命令【绘图→基础 2D 图→散点图】(如图 10-50 左图所示)，初步绘图结果如图 10-50 右图所示。

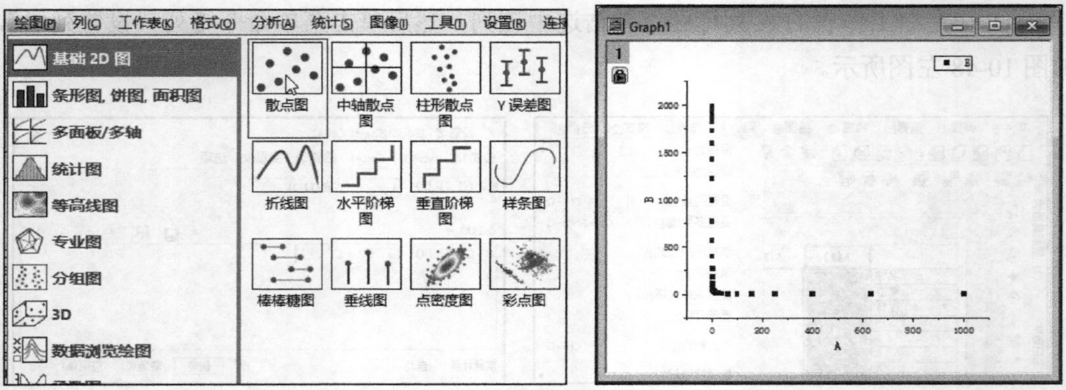

图 10-50　绘制散点图

② 单击刚刚绘制好的图形窗口标题栏将其设置为当前窗口，然后单击菜单命令【格式→轴→X 轴】，如图 10-51 左图所示。

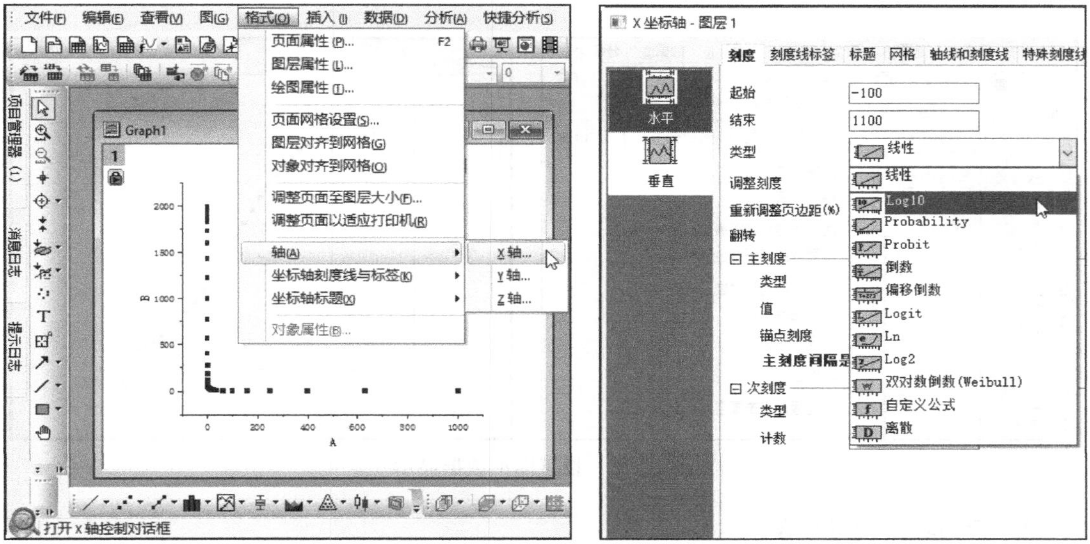

图 10-51 设置坐标轴刻度类型

③ 将水平坐标轴的刻度类型设置为“Log 10”，如图 10-51 右图所示。

④ 单击【垂直】选项将垂直坐标轴设置为当前坐标轴，然后将该坐标轴的刻度类型也设置为“Log 10”，如图 10-52 左图所示。

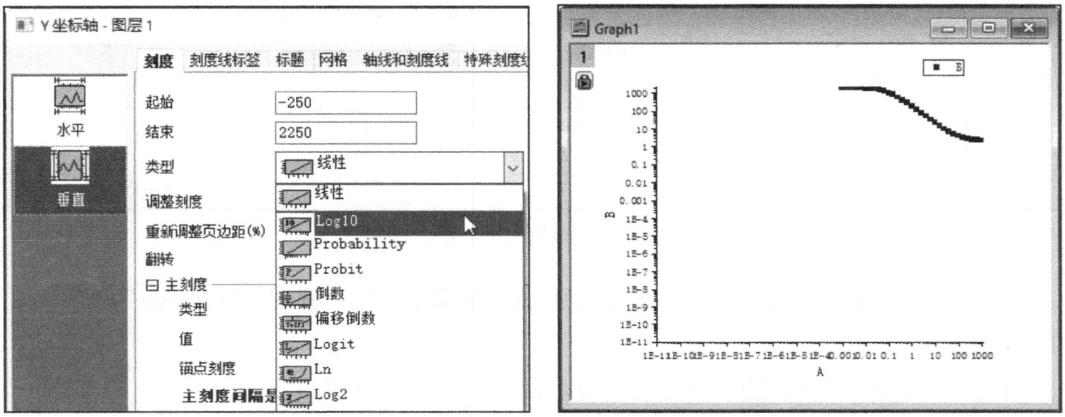

图 10-52 设置坐标轴刻度类型

⑤ 单击【确定】按钮关闭对话框，设置结果如图 10-52 右图所示。

⑥ 单击菜单命令【图→调整刻度以显示所有数据】（如图 10-53 左图所示），结果如图 10-53 右图所示。

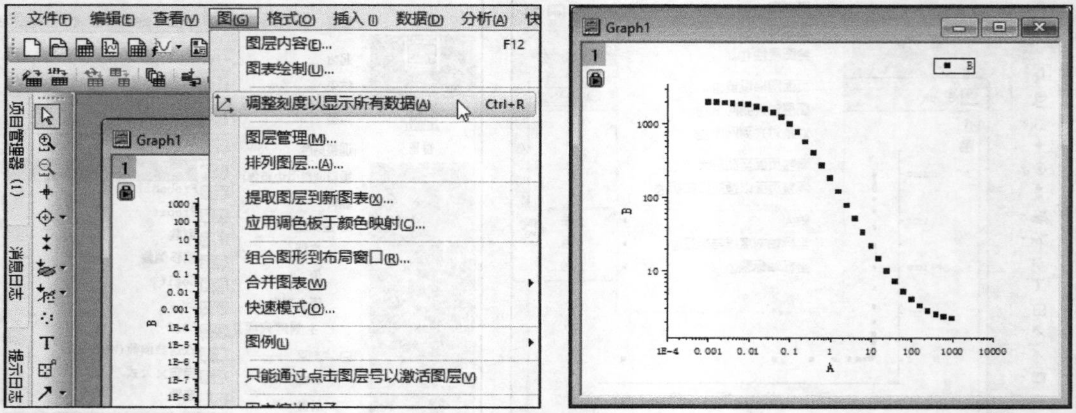

图 10-53　设置图形数据显示

3. 示例数据模型拟合

使用示例数据进行模型拟合的操作步骤如下。

① 单击图形窗口的标题栏将其设置为当前窗口（也可以在工作表选中待拟合的数据）。

② 单击菜单命令【分析→拟合→非线性曲线拟合→打开对话框】，如图 10-54 所示。

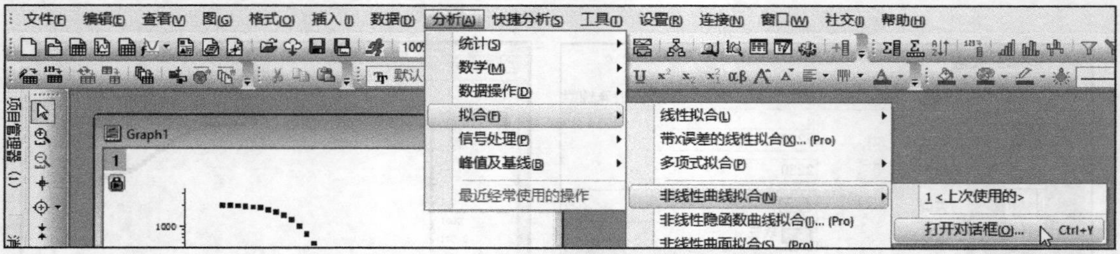

图 10-54　非线性拟合菜单命令

③ 在打开的【NLFit】对话框中将【类别】和【函数】分别设置为“Rheology”和“Cross”，如图 10-55 所示。

④ 单击【拟合】按钮关闭对话框，拟合结果如图 10-56 所示。

对比构造数据所用的参数可以看出，Origin 可以非常精确地拟合出构造数据序列所使用的模型参数。

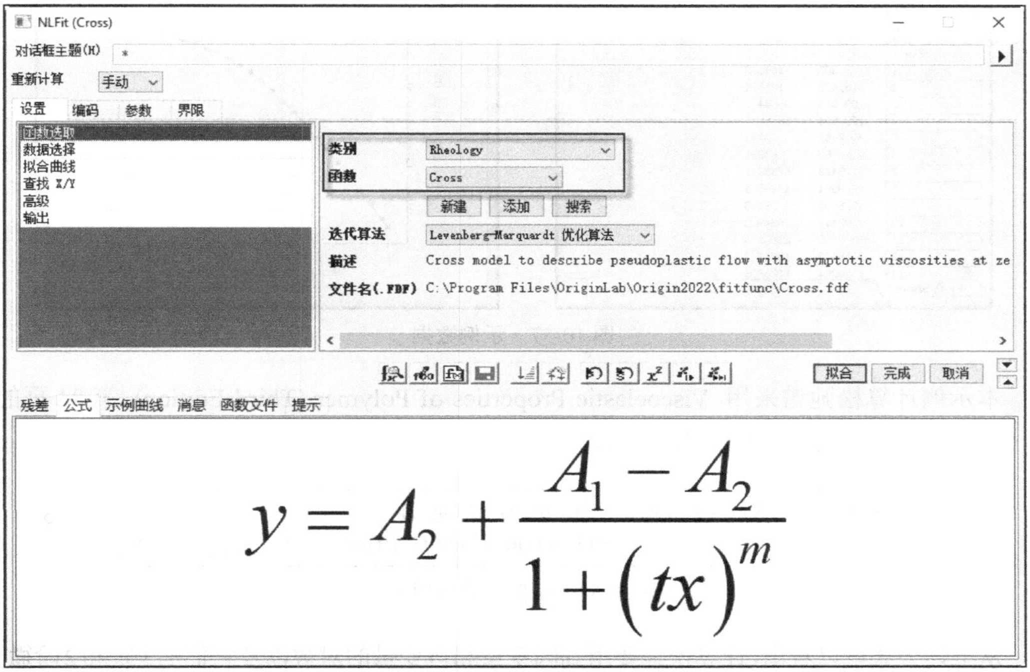

图 10-55　非线性拟合对话框

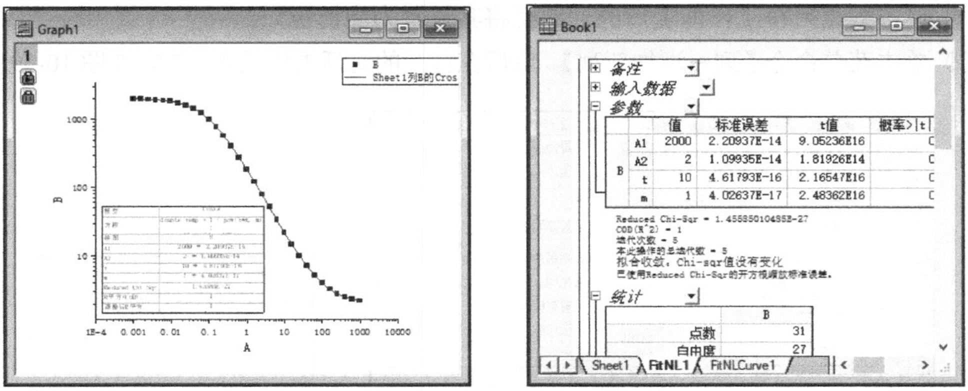

图 10-56　拟合结果

10.3.2 黏弹松弛谱计算

示例数据：聚二甲基硅氧烷在 30℃的动态弹性模量，数据表及绘图如图 10-57 所示。

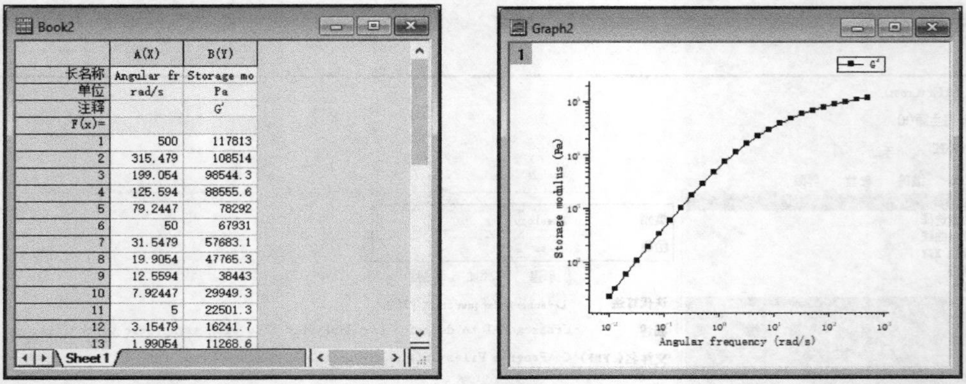

图 10-57　示例数据

本示例计算松弛谱采用 Viscoelastic Properties of Polymer (Third Edition) 第 84 页的公式（18），该公式形式如图 10-58 所示。

$$H(\tau) = G'[d \log G'/d \log \omega - \tfrac{1}{2}(d \log G'/d \log \omega)^2 - (1/4.606)d^2 \log G'/d(\log \omega)^2]|_{1/\omega=\tau/\sqrt{2}} \quad (18)$$

图 10-58　示例计算所用公式

从上述公式可以看出，计算松弛要用到因变量和自变量的对数以及它们的 1 阶和 2 阶微分。使用上述公式计算示例数据的对数和微分的操作步骤如下。

① 单击数据所在工作簿窗口的标题栏将其设置为当前窗口。

② 单击菜单命令【列→添加新列】，然后在打开的对话框中输入“7”，如图 10-59 所示。

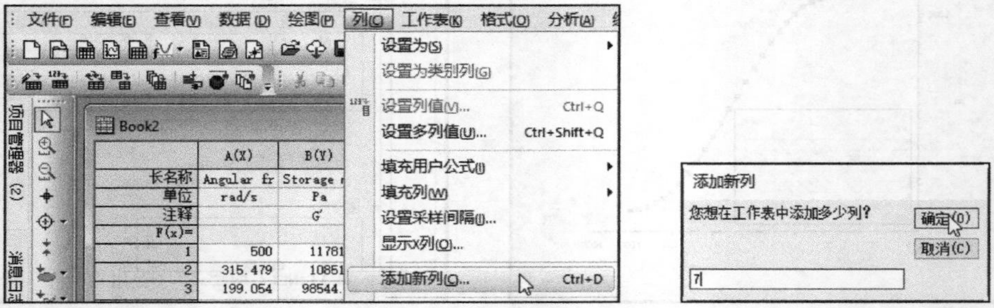

图 10-59　添加新列

③ 单击 C 列标题选中该列，然后单击菜单命令【列→设置为→X】。

④ 单击菜单命令【列→设置列值】，在打开的【设置值】对话框中设置【Col(C)=】为“log(Col("Angular frequency"))”，如图 10-60 左图所示，然后单击【确定】按钮关闭对话框。

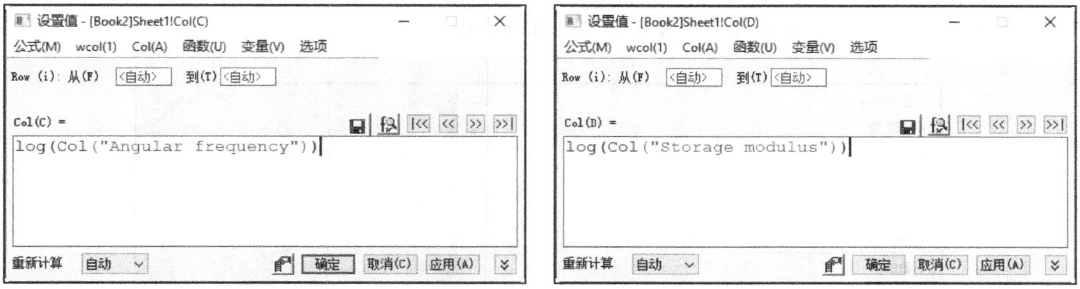

图 10-60 设置列值

⑤ 单击 D 列标题选中该列，然后通过【设置值】将其值设置为“log(Col("Storage modulus"))”，如图 10-60 右图所示。

⑥ 单击【确定】按钮关闭对话框，结果如图 10-61 所示。

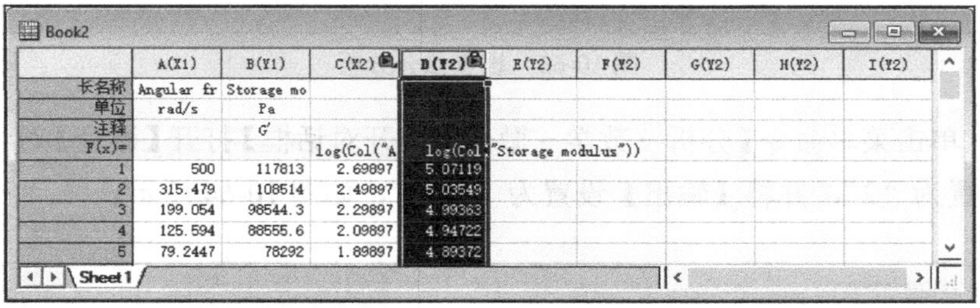

图 10-61 设置列值结果

⑦ 单击菜单命令【分析→数学→微分→打开对话框】，如图 10-62 所示。

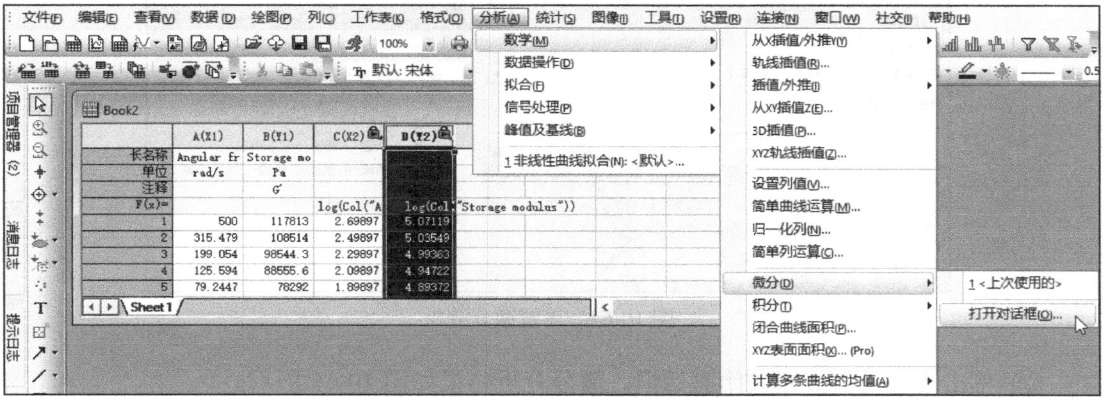

图 10-62 微分分析菜单命令

⑧ 在打开的【微分】对话框中将【导数的阶】设置为“1”，并将【输出】设置为“E(Y)”，

如图 10-63 所示，然后单击【确定】按钮关闭对话框。

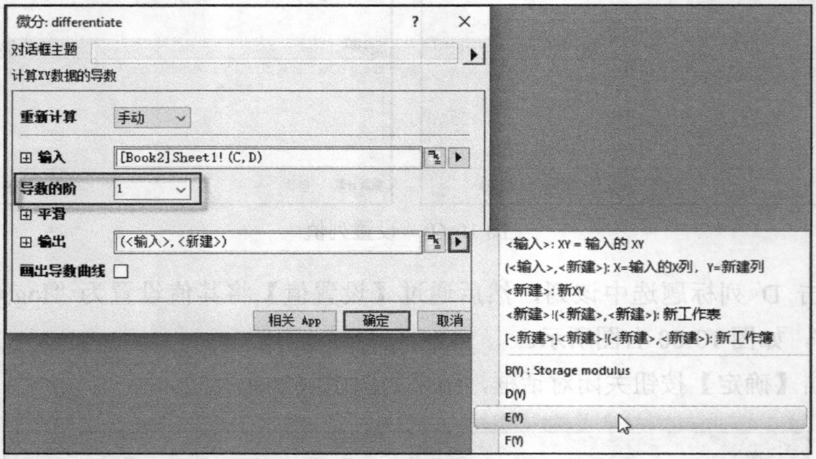

图 10-63　设置微分分析

⑨ 再次单击菜单命令【分析→数学→微分→打开对话框】打开【微分】对话框，将【导数的阶】设置为“2”，并将【输出】设置为“F(Y)”，如图 10-64 所示。

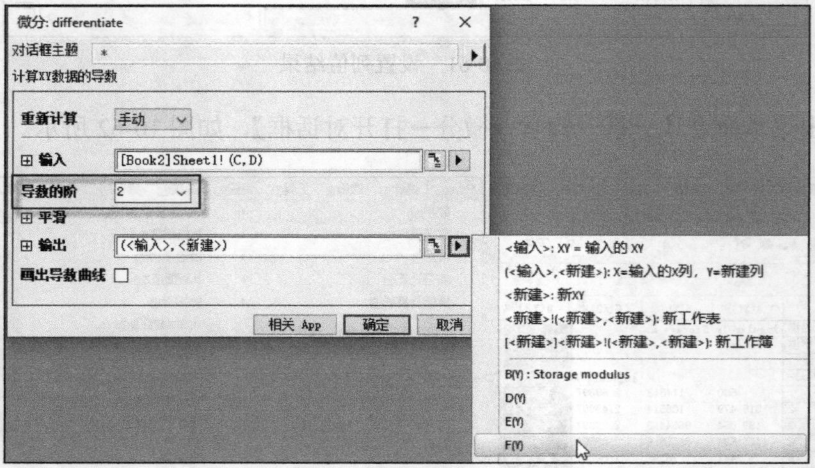

图 10-64　设置微分分析

⑩ 单击【确定】按钮关闭对话框，微分分析结果如图 10-65 所示。

示例数据松弛时间及松弛谱计算操作步骤如下。

① 单击 G 列标题选中该列，然后单击菜单命令【列→设置为→X】。

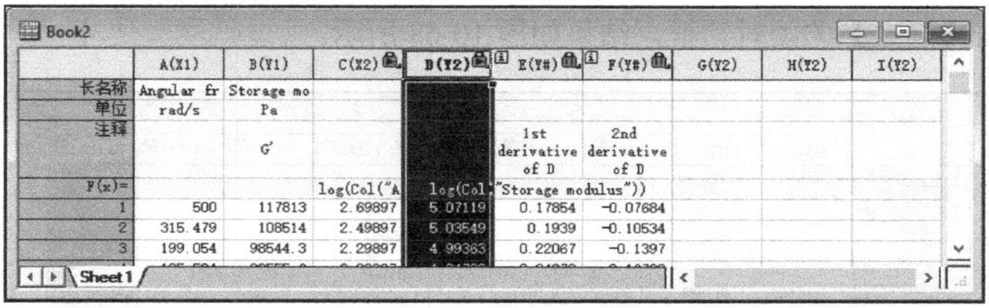

图 10-65 微分分析结果

② 单击菜单命令【列→设置列值】，并在打开的【设置值】对话框中设置【Col(G)=】为“sqrt(2)/Col("Angular frequency")”，如图 10-66 左图所示，然后单击【确定】按钮关闭对话框。

③ 单击 H 列标题选中该列，然后通过【设置值】对话框将其值设置为“Col("Storage modulus")*(E−0.5*(E)^2−F/4.606)”，如图 10-66 右图所示。

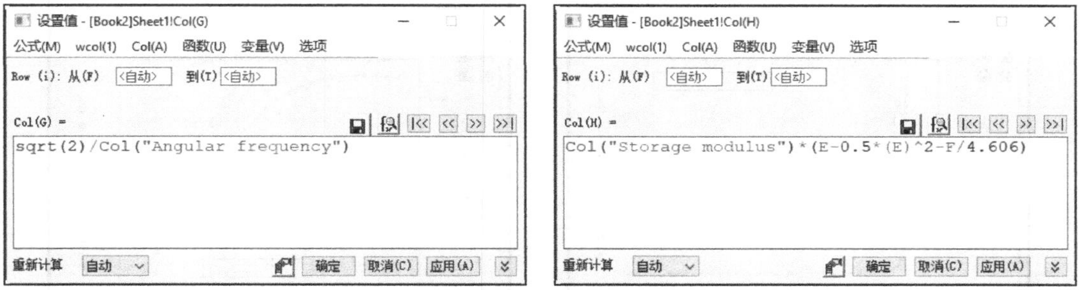

图 10-66 设置列值

④ 单击【确定】按钮关闭对话框。

⑤ 单击 I 列标题选中该列，然后通过【设置值】对话框将其值设置为“G*H”，如图 10-67 所示。

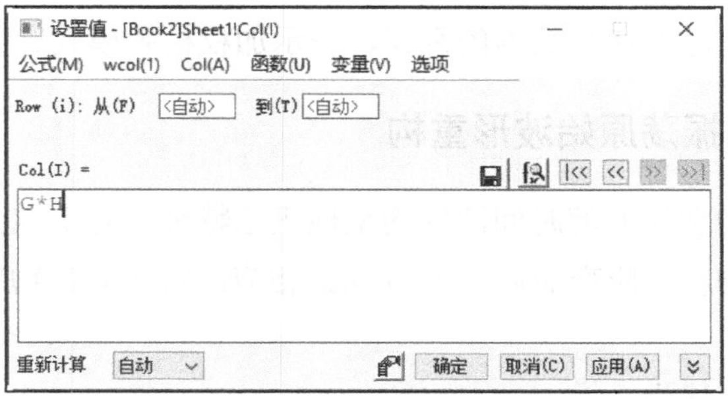

图 10-67 设置列值

⑥ 单击【确定】关闭对话框，结果如图 10-68 所示。

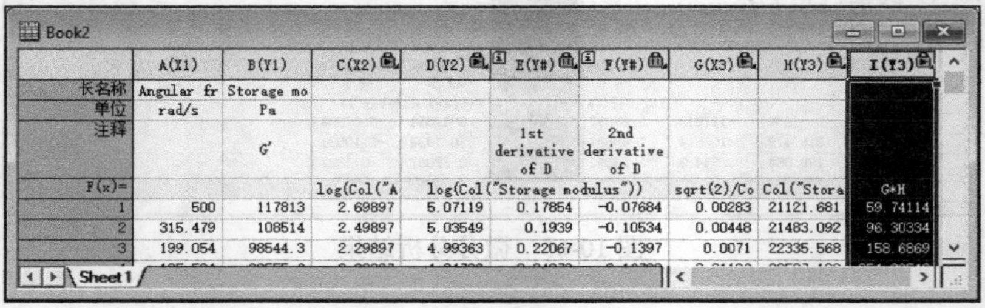

图 10-68　松弛谱计算结果

⑦ 按住【Ctrl】键并单击 H 列和 I 列标题，选中两列，然后单击菜单命令【绘图→多面板/多轴→双 Y 轴图】，绘图结果如图 10-69 左图所示。

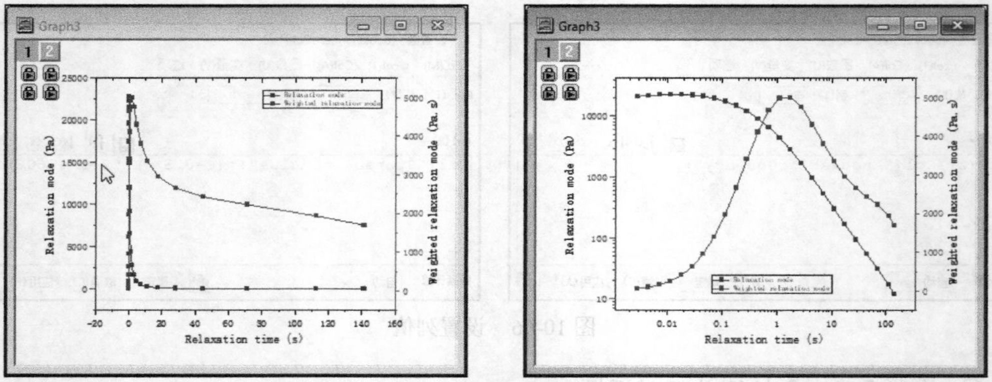

图 10-69　绘图结果

⑧ 设置水平、左垂直坐标轴对数刻度并且调整刻度显示所有数据结果如图 10-69 右图所示。

注：I 列数据为 G 列和 H 列数据的乘积，表示加权松弛模式。

10.3.3　小振幅振荡原始波形重构

小振幅振荡中应力和应变随时间演进均呈现正弦特征；对于纯弹性物质，应力与应变同相位；对于纯黏弹物质，应变滞后于应力 $\pi/2$ 相应；对于黏弹物质，应变滞后于应力一个相位差 δ。

黏弹响应的数学描述为：

$$\gamma = \gamma_0 \sin \omega r$$

$$\sigma = \sigma_0 \sin(\omega t + \delta)$$

式中 γ、σ 分别为应变和应力，γ_0、σ_0 分别为应变和应力振幅，ω 为振荡角频率，δ 为应力与应变之间的相位差。

小振幅振荡原始波形重构操作步骤如下。

① 新建一个空白工作表并添加一个新列。

② 分别将 A、B 和 C 列的长名称分别命名为 Omega*time、Normalized Strain 和 Normalized Stress，如图 10-70 左图所示。

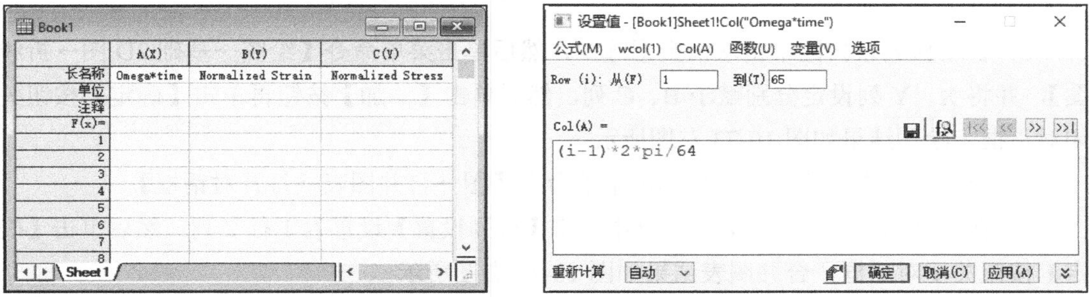

图 10-70 长名称命名和设置列值

③ 点击 A 列标题选中该列，然后单击菜单命令【列→设置列值】。

④ 在打开的【设置值】对话框中，将【Row(*i*):】设置为“从 1 到 65”并将【Col(A)=】设置为“(*i*−1)*2*pi/64”，如图 10-70 右图所示，然后单击【确定】按钮关闭对话框。

⑤ 依次选中 B、C 列并通过设置值命令将其值分别设置为“sin(Col("Omega*time"))”“sin(Col("Omega*time")+pi/6)”（如图 10-71 所示），然后关闭对话框，结果如图 10-71 左图所示。

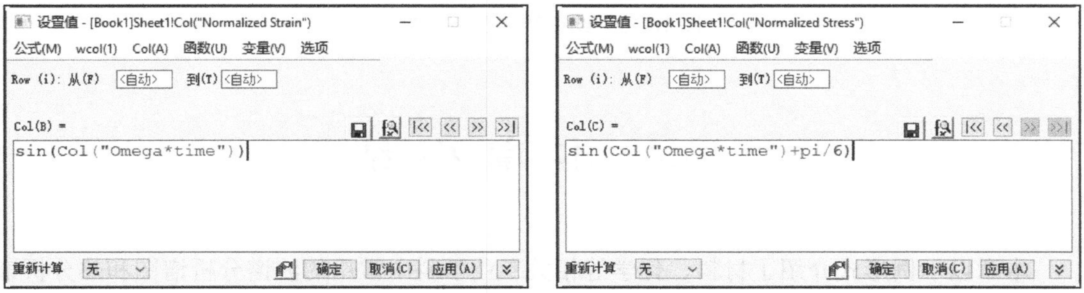

图 10-71 设置列值

⑥ 按住【Ctrl】键并单击 B 列和 D 列，选中这两列，然后单击菜单命令【绘图→多面板/多轴→双 Y 轴图】，绘图结果如图 10-72 右图所示。

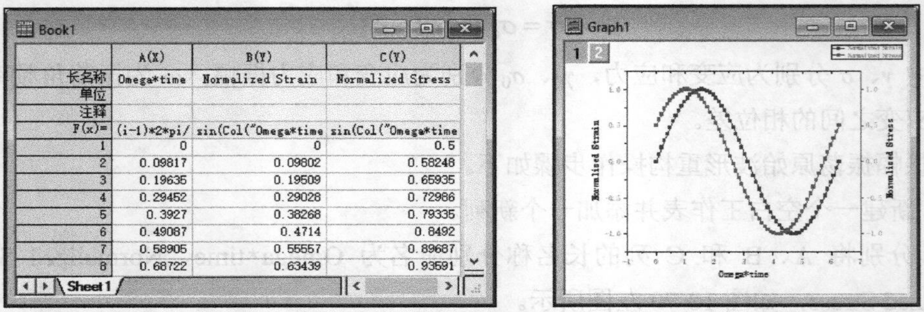

图 10-72 设置值结果和绘制双 Y 轴图结果

⑦ 在工作表空白区单击取消数据选中，然后单击菜单命令【绘图→基础 2D 图→折线图】，并将 X、Y 列设定分别赋予 B、C 列，然后单击【添加】按钮再单击【确定】按钮关闭对话框，绘图结果如图 10-73 左图所示。

⑧ 最小化工作簿窗口，然后单击菜单命令【图→合并图表→打开对话框】。

⑨ 在打开的【合并图表】对话框中，将【排列设置】设置为 1 行 2 列，然后单击【确定】按钮关闭对话框，合并图表结果如图 10-73 右图所示。

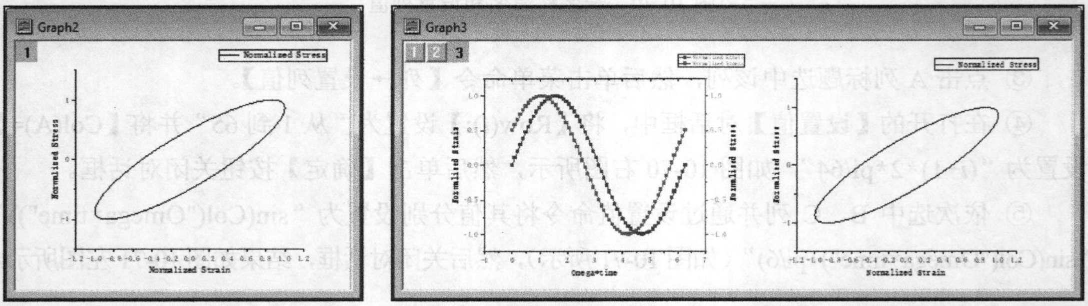

图 10-73 绘图结果及合并图形

10.4 本 章 小 结

本章以示例形式介绍了材料、化学等相关专业学科中常用的波谱分析谱图和热分析谱图的绘制及定制方法，以期帮助相关领域的读者快速掌握这些谱图的绘制。

除常用绘图示例外，本章还介绍了黏弹性能分析处理的方法，方便相关领域的读者在对照练习的同时直接使用这些处理方法。